"十二五"职业教育国家规划教材
经全国职业教育教材审定委员会审定
21世纪建筑工程系列规划教材
国家级精品课程建设配套规划教材

工程招投标与合同管理实务

杨 锐 王 兆 王 颢 编著

U0380670

机械工业出版社

本书在系统介绍建设工程招投标基本理论的基础上，根据建设工程交易过程中招标方与投标方的工作程序和工作内容，重点介绍了招标方和投标方各自应完成的各项工作。本书以招投标工作过程为导向，结合案例与实训，以任务引领的方式将知识应用和实际操作训练贯穿于单元一建筑市场、单元二建设工程招标、单元三建设工程投标、单元四建设工程咨询服务招投标、单元五建设工程项目货物招投标、单元六建设工程合同中。本书在单元七专门编写了综合实训，针对工程、咨询服务、货物招标全过程的实际操作能力进行系统训练，以满足建设工程招投标管理中相关技术领域和岗位工作的操作技能要求，为从事招投标工作奠定良好基础。

本书可作为高等职业院校建筑工程管理类专业教材和实训指导书，也可作为建筑工程与管理类各专业职业资格考试的参考书，还可作为相关技术人员的参考书。

图书在版编目（CIP）数据

工程招投标与合同管理实务 / 杨锐，王兆，王颢编著.
—北京：机械工业出版社，2012.11（2018.8重印）
21世纪建筑工程系列规划教材
ISBN 978-7-111-40286-2

Ⅰ．①工…　Ⅱ．①杨…　②王…　③王…　Ⅲ．①建筑工程-招标-高等职业教育-教材②建筑工程-投标-高等职业教育-教材③建筑工程-经济合同-管理-高等职业教育-教材　Ⅳ．①TU723

中国版本图书馆CIP数据核字（2012）第261108号

机械工业出版社（北京市百万庄大街22号　邮政编码100037）
策划编辑：覃密道　责任编辑：覃密道　何　洋
版式设计：闫玥红　责任校对：张　力
封面设计：路恩中　责任印制：常天培
涿州市京南印刷厂印刷
2018年8月第1版·第5次印刷
184mm×260mm·19.25印张·448千字
标准书号：ISBN 978-7-111-40286-2
定价：45.00元

前　　言

随着《中华人民共和国招标投标法》的深入实施，工程招投标在工程建设、货物采购和服务领域得到了广泛应用。工程招投标是市场经济特殊性的表现，其以竞争性发承包的方式，为招标方提供择优手段，为投标方提供竞争平台。招投标制度对于推进市场经济、规范市场交易行为，提高投资效益发挥了重要的作用。建设工程招投标作为建筑市场中的重要工作内容，在建设工程交易中心依法按程序进行。面对当前快速发展的建筑业，公平竞争、公正评判、高效管理是建筑市场健康发展的保证。

工程招投标与合同管理知识是工程管理人员必须掌握的专业知识，工程招标投标的能力、合同管理能力是工程管理人员必备的能力。

本书结合建设工程招投标市场管理和运行中出现的新政策、新规范、新理念，系统地阐述了建设工程招投标、建设工程咨询服务招标、建设工程项目货物招投标的基本理论，应遵循的工作程序。依据建设工程交易过程中招标方与投标方的工作程序和工作内容，重点介绍了如何做好招标方和投标方的各项工作。本书在编写中力求学习过程与工作过程相一致，理论与实际操作相结合，对工程、咨询服务、货物招标全过程的实务操作能力进行了系统训练，满足建设工程招投标管理中相关技术领域和岗位工作的操作技能要求。

本书结合案例对招投标涉及的相关问题予以说明，理论联系实际，突出实践。对操作性强的相关内容设置了单项训练，培养学生的实际应用和操作能力，使学生更加熟悉招投标各项工作过程和操作要点，为其从事招投标工作奠定良好基础。

本书以招投标工作过程为导向，以任务为引领，训练学生完成实际招投标中各项工作任务的能力，充分体现了工学结合的理念。本书可作为高等职业院校建筑工程管理类相关专业的教材，也可作为建筑工程与管理类各专业职业资格考试的参考书，还可作为相关技术人员的参考书。

为方便教学，本书配有电子课件、综合实训的参考答案及本课程的模拟考试卷，凡选用本书作为教材的老师可登录机械工业出版社教育服务网 www. cmpedu. com 注册下载。咨询邮箱：cmpgaozhi@ sina. com。咨询电话：010 - 88379375。

本书由杨锐、王兆、王颢编著，其中导论、单元一、单元四、单元五由杨锐编写，单元二、单元三由王兆编写，单元六、单元七由王颢编写。全书由杨锐统稿，由江苏博智工程咨询有限公司总经理潘正伟、江苏汉中集团总工程师胡永喜主审。

本书在编写过程中，参考了大量文献资料，在此谨向这些文献的作者表示衷心的感谢。

由于时间和水平有限，书中难免存在不足之处，敬请广大读者赐教。

编者

目　　录

导　　论

引　言

　　自《中华人民共和国招标投标法》颁布以来，招投标在工程建设、货物采购等领域得到了广泛的应用，招投标制度在推进市场经济、规范建筑市场、提高投资效益等方面发挥了重要作用。本章将详细介绍我国的工程招投标机制是如何引入的，我国的招投标制度运行的环境和为保证招投标顺利实施的法律法规体系又是怎样的。

一、工程招投标机制的引入

【案例引入】　工程招投标机制引入实例——鲁布革水电站引水工程招标简介

　　鲁布革水电站装机容量为 60kW·h，位于云贵交界的红水河支流黄泥河上，1982 年 7 月，国家决定将鲁布革水电站的引水工程作为水利电力部第一个利用世界银行货款的工程，并按世界银行规定实行国际公开招标。

　　1. 工程简介

　　鲁布革水电站引水系统工程，由一条内径 8m、长 9.4km 的引水隧洞，一座带上室差动式调压井，两条内径 4.6m、倾角 48°、长 468m 的压力钢管斜井及四条内径 362m 的压力支管等组成。招标范围包括其引水隧洞、调压井和通往电站的压力管等。

　　2. 招标和评标

　　水利电力部委托中国技术进出口公司组织本工程面向国际进行竞争性招标。从 1982 年 7 月编制招标文件开始至工程开标，历时 17 个月。

　　(1) 招标前的准备工作。

　　(2) 编制招标文件。从 1982 年 7 月至 10 月，根据鲁布革工程初步计划并参照国际施工水平，在"施工进度及计划"和工程概算的基础上编制出招标文件。该文件共三卷，第一卷含有招标条件、投标条件、合同格式与合同条款。第二卷为技术规范，主要包括一般要求及技术标准。第三卷为设计图纸。另有补充通知等。鲁布革引水系统工程的标底为 14958 万元。上述工作是由昆明水电勘测设计院和澳大利亚 SMEC 咨询组共同完成的。水利电力部有关总局、水电总局等对招标文件与标底进行了审查。

　　(3) 公开招标。首先在国内有影响的报纸上刊登招标广告，对有参加招标意向的承包人发招标邀请，并发售资格预审须知。提交预审材料的共有 13 个国家的 32 个承包厂商。

　　1982 年 9 月至 1983 年 6 月进行资格预审。资格预审的主要内容是审查承包人的法人地位、财务状况、施工经验、施工方案及施工管理和质量控制方面的措施，审查承包人的人员资历和装备状况，调查承包人的商业信誉。经过评审，确定了其中有 20 家承包人具备投标资格，经与世界银行磋商后，通知了各合格承包人，并通知他们在 6 月 15 日发售招标文件，每套人民币 1000 元。最后有 15 家中外承包人购买了招标文件。7 月中下旬，云南省电力局咨询工程师组织了一次正式情况介绍会，并分三批到鲁布革工程工地考察。承包人在编标与考察工地的过程中，提出了不少问题，对其中简单的问题工程师均以口头作了答复，涉及对招标文件的解释以及对标书的修订，则前后用三次书面补充通知发给所有购买标书并参加工地考察和情况介绍的承包人。这三次补充通知均作为招标文件的组成部分。本次招标规定在投标截止前 28 天之内不再发补充通知。

我国的三家公司分别与外商联合参加工程的招标。由于世界银行坚持中国公司不与外商联营不能投标，因此我国某一公司被迫退出投标。

（4）开标。中国技术进出口公司于 1983 年 11 月 8 日当众开标。根据当日的官方汇率，将外币换算成人民币。

各家厂商标价按顺序排列见表 0-1。

表 0-1　评标折算报价表

序号	公司	折算报价/万元
1	日本大成公司	8463
2	日本前田公司	8800
3	英波吉洛公司（意美联合）	9280
4	中国贵华与原联邦德国霍尔兹曼联合公司	12000
5	中国闽昆与挪威 FHS 联合公司	12120
6	南斯拉夫能源公司	13220
7	法国 SBTP 联合公司	17940
8	原联邦德国某公司	所投标书系技术转让，不符合投标文件要求，作为废标
	标底	14958

根据投标文件的规定，对和中国联营的厂商标价给予优惠，对未享有国内优惠的厂商标价各增加 7.5%。

（5）评标和定标。评标分两个阶段进行。

第一阶段初评。在 1983 年 11 月 20 日至 12 月 6 日，对七家投标文件进行完善性审查，即审查法律手续是否齐全、各种保证书是否符合要求，对标价进行核实，以确认标价无误；同时对施工方法、进度安排、人员、施工设备、财务状况等进行综合对比。经全面审查，七家承包人都是资本雄厚、国际信誉良好的企业，均可完成工程任务。

从标价看，前三家标价比较接近，而居第四位的标价与前三名则相差 2720 ~ 3660 万元。显然，第四名及以后的四家承包人已不具备竞争能力。

第二阶段终评于 1984 年 1 月至 6 月进行。终评的目标是从前三家承包人中确定一家中标。但由于这三家承包人实力相当，标价接近，所以终标工作就较为复杂，难度较大。

为了进一步弄清三家承包人在各自投标文件中存在的问题，分别于 1983 年 12 月 12 日和 12 月 23 日两次向三家承包人电传询问，并于 1984 年 1 月 18 日前，收到了各家的书面答复。1984 年 1 月 18 日至 1 月 26 日，又分别与三家承包人举行了为时各三天的投标澄清会议。在澄清会谈期间，三家公司都认为自己有可能中标，因此竞争十分激烈。他们在工期不变、标价不变的前提下，都按照我方意愿，修改施工方案和施工布置，此外，还都主动提出不少优惠条件，以达到夺标的目的。例如在原标书上，大成公司和前田公司都在进水口附近布置了一条施工支洞，显然这种施工布置就引水系统而言是合理的，但会对首部枢纽工程产生干扰。经过在澄清会上说明，大成公司同意放弃施工支洞。前田公司也同意取消，但改用接近首部的一号支洞，到3月4日，前田公司意识到这方面处于劣势时，又立即电传答复放弃使用1号支洞。从而改善了首部工程的施工条件，保证了整个工程的重点。

关于压力钢管外混凝土的输送方式。在原标书上，大成公司和前田公司分别采用溜槽和溜管，这对倾角48°、高差达308.8m的长斜井施工质量难以保证，也缺乏先例。澄清会谈之后，为了符合业主的意愿，3月8日，大成公司电传表示：改变原施工方法，用设有操作阀的混凝土泵代替。尽管由此而增加了水泥用量，也不为此而提高标价。前田公司也电传表示更改原施工方案，用混凝土运输车沿铁轨送混凝土，仍保证工期，不变标价。再如，根据投标书，前田公司投入的施工力量最强，不仅开挖和混凝土施工设备数量多，而且全部都是最新的，设备价值最高达2062万元。为了吸引业主，在澄清会上，前田公司提出在完工后愿将全部施工设备无偿地赠与中国并附赠送备件价值84万元。

英波吉洛公司为缩小和日本大成公司、前田公司在标价上的差距，在澄清会中提出了书面说明，若能中标，可向鲁布革工程提供2500万元的软贷款，年利仅为2.5%。同时表示愿与中国的昆水公司实行标后联营，并愿同业主的下属公司联营共同开展海外合作。

日本大成公司为了保住标价最低的优势，也提出以41台新设备替换原来标书中所列的旧施工设备，在完工之后也都赠与中国，还提出免费培训中国技术人员和转让一些新技术的建议。

大成公司听说业主认为他们在水工隧洞方面的施工经验不及前田公司，便立即大量递交大成公司的工程履历，又单方面地做出了与前田公司的施工经历对比表，以争取业主的信任。由于三家实力雄厚的承包人之间进行了激烈的竞争，并按业主的意图不断改进各自的不足，差距不断缩小，形势发展越来越对业主有利。

在这期间，业主对三家承包人标函进行了认真的、全面的比较和分析。

1）标价的比较分析，即总价、单价比较及计日工单价的比较。从商家实际支出考虑，把标价中的工商税扣除作为分离依据，并考虑各家现金流不同及上涨率和利息等因素，比较后相差虽然微弱，但原标序仍未变。

2）有关优惠条件的比较分析，即对施工设备赠予、软贷款、技术协作和转让、标后联营等问题逐项作具体分析。对此既要考虑国家的实际利益，又要符合国际招标中的惯例和世界银行所规定的有关规则。经反复分析，认为英波吉洛公司的标后贷款在评标中不予考虑。大成公司和英波吉洛公司提出的与昆水公司标后联营也不予考虑。而对大成和前田公司的设备赠予、技术协作和免费培训则应当在评标中作为考虑因素。

3）有关财务实力的比较分析，即对三家公司的财务状况和财务指标即外币支付利息进行比较。在三家承包人中大成公司资金最雄厚。但不论哪一家公司都有足够资金承担本项工程。

4）有关施工能力和经历的比较分析，三家公司都是国际上较有信誉的大承包人，都有足够的能力、设备和经验来完成工程。例如从水工隧洞的施工经验上来比较，20世纪60年代以来，英波吉洛公司共完成内径6m以上的水工隧洞34条，全长4万余米；前田公司是17条，1.8万余米；大成公司为6条，0.6万余米。从投入本工程的施工设备上来看，前田公司最强，在满足施工强度、应付意外情况的能力方面具有优势。

5）有关施工进度和方法的比较分析，日本两家公司的施工方法类似，对引水隧道都采用全断面圆形开挖和全断面衬砌，而英波吉洛公司的开挖则按传统的方法分两阶段施工。引水隧洞平均每个工作面的开挖月进尺，大成公司为190m，前田公司为220m，英波吉洛公司为上部230m，底部350m；引水隧洞衬砌，日本两家公司都采用针梁式钢模新工艺，每月衬砌速度分别为160m和180m，英波吉洛公司采用底拱拉模，边顶拱折叠式模板，边顶衬砌速度每月为450m，底拱每月730m（综合效率为280m/月）；压力钢管斜井开挖方法，三家承包人均采用阿利克爬罐施工反导井，之后正向扩大的方法。调压井的开挖施工，大成公司和英波吉洛公司均采用爬罐，而前田公司则采用钻井法；调压井混凝土衬砌，三家都是采用滑模施工。在隧洞施工通风设施上，前田公司在三家中最好，除设备总功率最大外，还沿隧洞轴线布置了5个直径为1.45m的通风井。

在施工工期方面，三家均可按期完成工程项目。但前田公司的主要施工设备数量多、质量好，所以对工期的保证程度与应变能力最高。而英波吉洛公司由于施工程序多、强度大，工期较为紧张，应变能力差。大成公司在施工工期方面居中。

评标组织以原经贸部与原水电部组成协调小组为决策单位，下设以水电总局为主的评价小组为具体工作机关，鲁布革工程管理局、昆明水电勘测设计院、水电总局有关处室以及澳大利亚SMEC咨询组都参加了这次评标工作。通过有关问题的澄清和综合分析，认为英波吉洛公司标价高，所提的附加优惠条件不符合招标条件，已失去竞争优势，所以首先予以淘汰，对日本两承包人的评审意见不一。经过有关方面反复研究讨论，为了尽快完成招标，以利于现场施工的正常进行，最后选定最低标价的日本大成公司为中标承包人。中标价为8463万元，比标底14958万元降低43%，合同工期为1597天。

1984年4月13日评标结束，业主于4月17日正式通知世界银行。同时鲁布革工程管理局、第十四工程局分别与大成公司举行谈判，草签了设备赠与和技术合作的有关协议，以及劳务、当地材料、生活服务等有关备忘录。世界银行于6月9日回电表示对评标结果无异议。业主于1984年6月16日向日本大成公司发出中标通知书。至此评标工作结束。

1984年7月14日，业主和日本大成公司签订了鲁布革电站引水系统功能工程的承包合同。

1984年7月31日，鲁布革工程管理局向日本大成公司正式发布了开工命令。

3. 国内公司失标的原因分析

（1）标价计算过高，束缚了自己的手脚，投标过程中对市场信息的掌握也稍差。

（2）工效有差距，当时国内隧洞开挖月进尺最高为112m，前田公司为220m/月，大成公司为190m/月。

（3）施工工艺落后，隧洞开挖国外采用控制爆破，超挖可控制在12～15cm以内，我国以往数据一般为超挖40～50cm。国外开挖方法采用圆形断面，一次开挖成洞，比我国习惯用的先挖成马蹄形断面，然后用混凝土回填的方法，每米隧洞可减少石方开挖和混凝土各7m³。在隧洞衬砌上，国外采用水泥裹砂技术，每立方米混凝土比我国一般情况下约少用70kg，闽昆公司与挪威联营的公司比大成公司要多用4万t，按进口水泥运达工地价计算，差额约为1000万元人民币。

4. 工程管理

日本大成公司实行总承包制，管理和技术人员仅30人左右，雇我国公司分包。该公司采用科学的项目管理方法，竣工工期为 1475 天，提前 122 天，工程质量综合评定为优良。包括除汇率风险以外的设计变更、物价涨落、索赔及附加工程量等增加费用在内的工程初步结算价为 9100 万元，仅为标底的 60.8%，比合同价增加了 7.53%。

鲁布革工程按照国际惯例招标和管理的成功经验，创造了鲁布革工程项目管理经验，在全国掀起了鲁布革工程管理经验的热潮，也加快了我国工程建设体制改革的步伐。

鲁布革工程的管理经验主要有以下几点：

（1）把竞争机制引入工程建设领域，实行工程招投标制。

（2）施工管理采用全过程总承包和科学的项目管理制。

（3）严格的合同管理，实施费用调整、工程变更及索赔，获取综合经济效益。根据世界银行规定，当时采用了国际咨询工程师联合会（FIDIC）的《土木工程施工国际通用合同条件》（第三版）。

（4）实施和推行了建设工程监理制。

二、工程招投标及其发展历程

我国有较完整史料记载的招投标活动发生在清朝末期。但是，新中国正式进入国际招投标市场却是在 1979 年以后。

从 20 世纪 80 年代初开始，我国逐步实行了招投标制度，并先后在利用国外贷款、机电设备进口、建设工程发包、科研课题分配、出口商品配额分配等领域推行。从我国招投标活动的发展进程与特点来看，大致可分为五个发展阶段。

1. 19 世纪初期到新中国成立前：萌芽时期

早在 19 世纪初期，一些资本主义国家便先后形成了较为完善的招投标制度，主要用于土建工程。当时的中国由于外国资本的入侵，商品经济有所发展，工程招投标也曾较多地用于土建工程。据史料记载，1902 年，张之洞在创办湖北制革厂时，采用了招商比价（招投标）方式承包工程，五家营造商参加投标比价，结果张同升以 1270.1 两白银的开价中标，并签订了以质量保证、施工工期、付款办法为主要内容的承包合同。1918 年，汉阳铁厂的两项扩建工程曾在汉口《新闻报》上刊登通告，公开招标。到 1929 年，当时的武汉市采办委员会曾公布招标规则，规定公有建筑或一次采购物料大于 3000 元以上者，均须通过招标决定承办厂商。但是，当时中国特殊的封建、半封建社会形态导致招投标在中国近代并未像西方社会那样得到发展。

2. 从新中国成立到十一届三中全会召开：停滞时期

中华人民共和国成立以后，逐渐形成了高度集中的计划经济体制。在这一体制下，政府部门、国有企业及其相关的公共部门，其基础建设和采购任务都由行政主管部门用指令性计划下达，企业经营活动由主管部门安排，招投标一度被中止了。

3. 1979～1999 年：恢复与全面展开时期

随着党的十一届三中全会的胜利召开，中心工作开始转移到经济建设上来，并实行了改革开放、科教兴国的战略，招投标制度从建筑业中的建设工程开始进行试点，并逐渐推广到了其他领域。

1979 年，我国几家大的土建安装企业最先参与国际市场竞争，以国际招投标方式，在亚洲、非洲和中国港澳地区开展国际工程承包业务，积攒了国际工程投标的经验与信誉。

世界银行在1980年提供给中国的第一笔贷款，即大型发展项目时，以国际竞争性招标方式在中国开展了其项目采购与建设活动。在以后的几年里，中国先后利用国际招标的形式完成了许多大型项目的建设与引进，如中国南海莺歌海盆地石油资源的开采、华北平原盐碱地改造项目、八城市淡水养鱼项目以及闻名全国的云南鲁布格水电站工程等。

1980年10月7日，国务院在《关于开展和保护社会主义竞争的暂行规定》中首次提出，为了改革现行经济管理体制，进一步开展社会主义竞争，对一些适宜于承包的生产建设项目和经营项目，可以试行招投标的方法。

1981年，吉林省吉林市和广东省经济特区深圳市率先试行工程招投标，取得了良好效果，这个尝试在全国起到了示范作用，并揭开了中国招投标的新篇章。

1983年6月7日，城乡建设环境保护部颁布了《建筑安装工程招标投标试行办法》。该办法规定"凡经国家和省、市、自治区批准的建筑安装工程均可按本办法的规定，通过招标择优选定施工单位"。这是建设工程招投标的第一个部门规章，为中国推行招投标制度奠定了法律基础。从此全面拉开了中国招投标制度的序幕。

1984年9月18日，国务院又颁布了《关于改革建筑业和基本建设管理体制若干问题的暂行规定》，提出"大力推行工程招标承包制"，要改变单纯用行政手段分配建设任务的老办法，实行招投标；1984年11月，国家计委和城乡建设环境保护部联合制定了《建设工程招标投标暂行规定》，从"试行办法"到"暂行规定"，招投标行为从"均可通过招标，择优选定施工单位"到"均按规定进行招标"，标志着我国基本建设领域招投标走上了制度化的轨道。

随着国际招标业务在我国的进一步发展，中国机械进出口总公司、中国化工建设总公司、中国仪器进出口总公司相继成立了国际招标公司。1985年，国务院决定成立中国机电设备招标中心，并在主要城市建立招标机构，对进口机电设备全面推行招标采购。

1986年6月，我国能够独立参加国际投标的公司数量上升到70多家。通过在国际招投标市场的锻炼，我国企业对外投标的竞争能力得到加强，由原来只对一些小金额合同的投标，发展到对一亿美元以上的大项目的投标。

1992年12月30日，由建设部发布了《工程建设施工招标投标管理办法》。规定"凡政府和公有制企、事业单位投资的新建、改建、扩建和技术改造工程项目的施工，除某些不适宜招投标的特殊工程外，均应按照本办法实行招标投标。"

1999年，国家颁布了《中华人民共和国招标投标法》，以法规的形式确立了招投标的法律地位，标志着我国工程建设项目招投标进入了法制化、程序化时代。

上述政策的出台和实践经验的积累，极大地推动了建设工程招投标工作在全国范围的开展。据有关部门统计，1984年招投标面积占当年施工面积的4.8%；1985年上升到13%；1986年为15%；1987年为18%；1988年为21.7%；1989年为24%；1990年为29.5%；1996年达到54%，个别省份如陕西、河北、江苏等则已达到90%以上。1999年，全国实行招标的工程已占应招标工程的98%，2000年以后，全国已基本全面实行工程招投标。

4. 2000年至今：法制管理时期

自《中华人民共和国招标投标法》在全国实施之后，我国建设工程招投标工作开始全面进入了法制管理阶段。建设行政主管部门先后制定了招标代理管理办法、评标专家库的管理等办法，建立与健全有形建筑市场，下发了建设工程施工标准招标文件及资格预审示范文本等。通过完善制度、深化招投标的改革，我国建设工程招投标工作在法制的轨道上得到了健康有序的发展。

在工程建设施工招投标取得了显著成绩并积累了一定经验之后，国家也开始通过采用招投标制度来推动其他领域的市场化，以形成竞争机制。通常在以下的领域内实行招投标制度。

（1）基本建设项目的设计、建设、安装、监理和设备、材料供应。1997 年，国家计委在系统总结实践经验的基础上，顺应社会主义市场经济体制的发展要求，制定并发布了《国家基本建设大中型项目实行招标投标的暂行规定》，指出建设项目主体工程的设计、建设、安装、监理和主要设备、材料供应，以及工程总承包单位，除特殊情况或要求外，都要实行招投标。例如三峡工程、小浪底工程都采用了公开招标的方式。

（2）科技项目承担者筛选。长期以来，中国科技工作主要是靠行政手段进行管理。从科研课题的确定到开发，直到试验、生产都由国家指令计划安排，这种做法在政策上具有一定的盲目性，而且在实施过程中存在着项目重复、部门分割、投入分散、人情照顾等弊端，使有限的科技投入难以发挥最优的功效。为了克服这些弊端，1996 年 4 月，国家科委（现科学技术部）首次对国家重大科技产业工程项目——"高清晰度电视功能样机研究开发工程项目"实行公开招标。1997 年 5 月，国家科委组织了重大科技产业项目——"工厂化高效农业示范工程"，有 16 项工程关键技术和重大研发课题面向全国公开招标。这两次招标活动在国内科技界产生了积极反响，为进一步推动中国科技项目实行招标奠定了基础。

三、招投标法律法规与政策体系

（一）招投标法律法规与政策体系的构成

1. 招投标法律法规分类

招投标法律法规按我国法律规范的渊源分类，可分为四类：

（1）法律。法律由全国人大及其常委会制定，由国家主席颁布。

（2）法规（含行政法规和地方性法规）。行政法规由国务院制定，地方性法规由省、自治区、直辖市及较大的市人大及其常委会制定，通常以地方人大公告的方式公布，一般使用条例、实施办法等名称。

（3）规章（含国务院部门规章和地方政府规章）。地方政府规章由省、自治区、直辖市、省政府所在地的市、经国务院批准的主要城市的政府制定。

（4）行政规范性文件。各级政府及其所属部门和派出机关制定的规定。如《国务院办公厅印发国务院有关部门实施招标投标活动行政监督的职责分工意见的通知》。

2. 招投标法律法规与政策体系的效力层级

（1）纵向效力层级。由高到低，按照《中华人民共和国立法法》（以下简称《立法法》）的规定，依次为宪法、法律、行政法规、地方性法规、规章、行政规范性文件。

（2）横向效力层级。特殊优于一般，按照《立法法》的规定，"同一机关制定的法律、行政法规、地方性法规、规章，特别规定与一般规定不一致的，适用特别规定。"

（3）时间序列效力层级。新法优于旧法，从时间序列上看，同一机关新规定的效力高于旧规定。

（4）特殊情况处理原则。地方性法规与部门规章之间对同一事项规定不一致，不能确定如何适用时，由国务院提出意见。国务院认为适用地方性法规的，应当决定在该地区适用地方性法规的规定；认为适用部门规章的，应当提请全国人大常委会裁决。

（二）我国现行招投标相关法律法规

改革开放以来，我国已颁布了多项法律、法规，从而奠定了建筑市场与建设工程管理的法律基础。我国的招投标制度也是伴随着改革开放和市场经济的发展逐步建立，并在法律法规的指导下运行和完善的。

1984 年，国家计委、城乡建设环境保护部联合下发了《建设工程招标投标暂行规定》，倡导实行建设工程招投标。我国由此开始推行招投标制度。

1992 年 12 月 30 日，建设部颁发了《工程建设施工招标投标管理办法》。

1994 年 12 月 16 日，建设部、国家体改委再次发出《全面深化建筑市场体制改革的意见》，强调了建筑市场管理环境的治理。文中明确提出大力推行招投标，强化市场竞争机制。此后，各地也纷纷制定了各自的实施细则，使我国的工程招投标制度趋于完善。

1999 年，我国工程招投标制度面临重大转折。首先是 1999 年 3 月 15 日全国人大通过了《中华人民共和国合同法》，并于同年 10 月 1 日起生效实施，由于招标和投标是合同订立过程中的两个阶段，因此，该法对招投标制度产生了重要的影响。其次是 1999 年 8 月 30 日全国人大常委会通过了《中华人民共和国招标投标法》，并于 2000 年 1 月 1 日起施行。这部法律基本上是针对建设工程发包活动而言的，其中大量采用了国际惯例或通用做法，必将带来招标体制的巨大变革。

2000 年 5 月 1 日，国家计委令第 3 号发布了《工程建设项目招标范围的规模标准规定》。确定必须进行招标的工程建设项目的具体范围和规模标准，以规范招投标活动。

2000 年 7 月 1 日，国家计委又发布了《工程建设项目自行招标试行办法》和《招标公告发布暂行办法》。

2001 年 7 月 5 日，国家计委等七部委联合发布《评标委员会和评标办法暂行规定》。其中有三个重大突破：关于低于成本价的认定标准；关于中标人的确定条件；关于最低价中标。在这里第一次明确了最低价中标的原则。这与国际惯例是接轨的。这一评标定标原则必然给我国现行的定额管理带来冲击。在这一时期，建设部也连续颁布了第 79 号令《工程建设项目招标代理机构资格认定办法》、第 89 号令《房屋建筑和市政基础设施工程施工招标投标管理办法》（2001 年 6 月 1 日施行）以及《房屋建筑和市政基础设施工程施工招标文件范本》（2003 年 1 月 1 日施行）、第 107 号令《建筑工程施工发包与承包计价管理办法》（2001 年 11 月 5 日施行）等，对招投标活动及其发承包中的计价工作作出进一步的规范。

2003 年 2 月 22 日，国家计委令第 29 号颁布了《评标专家和评标专家库管理暂行办法》，加强对评标专家和评标专家库的监督管理，健全评标专家库制度，于 2003 年 4 月 1 日起施行。

2003 年 3 月 8 日，国家计委、建设部、铁道部、交通部、信息产业部、水利部、民用航空总局第 30 号令联合颁布了《工程建设项目施工招标投标办法》，规范工程建设项目施工招投标活动，在 2003 年 5 月 1 日起实施后，2013 年又进行了修改，于 2013 年 5 月 1 日起实施。

2003 年 6 月 12 日，国家发改委、建设部、铁道部、交通部、信息产业部、水利部、民用航空总局、广电总局令第 2 号令联合颁布了《工程建设项目勘察设计招标投标办法》，规范工程建设项目勘察设计招投标活动，提高经济效益，保证工程质量，于 2003 年 8 月 1 日执行。

2004 年 6 年 21 日，国家发改委、建设部、铁道部、交通部、信息产业部、水利部、民用航空总局令第 11 号联合颁布了《工程建设项目招标投标活动投诉处理办法》，建立公正、高效的招投标投诉处理机制，规范招投标活动，保护国家利益、社会公共利益和招投标当事人的合法权益，于 2004 年 8 月 1 日执行。

为深入贯彻党的十六届三中全会精神，整顿和规范市场经济秩序，创造公开、公平、公正的市场经济环境，推动反腐败工作的深入开展，必须加强和改进招投标行政监督，进一步规范招投标活动。2004 年 7 月 12 日，国办发 [2004] 56 号颁布了《国务院办公厅关于进一步规范招投标活动的若干意见》。

2005 年 1 月 18 日，国家发改委、建设部、铁道部、交通部、信息产业部、水利部、民用航空总局令第 27 号颁布了《工程建设项目货物招标投标办法》，规范工程建设项目的货物招投标活动，保护国家利益、社会公共利益和招投标活动当事人的合法权益，保证工程质量，提高投资效益，于 2005 年 3 月 1 日执行。

为贯彻《国务院办公厅关于进一步规范招投标活动的若干意见》（国办发 [2004] 56 号），促进招投标信用体系建设，健全招投标失信惩戒机制，规范招投标当事人行为，招标投标部际协调机制各成员单位决定建立招投标违法行为公告制度，2008 年 9 月 1 日，国家发展改革委、工业和信息化部、监察部、财政部、住房和城乡建设部、交通运输部、铁道部、水利部、商务部、法制办联合颁布《招标投标违法行为记录公告暂行办法》（发改法规 [2008] 1531 号）的通知（2009 年 1 月 1 日执行）。

2007 年 1 月 11 日，建设部令第 154 号发布了《工程建设项目招标代理机构资格认定办法》，于 2007 年 3 月 1 日起施行。其目的是为了加强对工程建设项目招标代理机构的资格管理，维护工程建设项目招投标活动当事人的合法权益。

自 2007 年 9 月 1 日起实施的《建筑业企业资质管理的规定》中明确规定对我国建筑业企业实行资质管理，违反资质管理的企业其处罚办法就是逐步建立建筑市场的清出制度。

2007 年 11 月 1 日，为了规范施工招标资格预审文件、招标文件编制活动，促进招投标活动的公开、公平和公正，国家发改委、财政部、建设部、铁道部、交通部、信息产业部、水利部、民用航空总局、广播电影电视总局联合颁布了 56 号令《〈标准施工招标资格预审文件〉和〈标准施工招标文件〉试行规定》于 2008 年 5 月 1 日执行。

自 2009 年 1 月 1 日起实施的《招投标违法行为记录公告暂行办法》，建立了招投标违法记录的制度，完善了招投标信用体系。

在认真总结招投标法实施以来的实践经验基础上，2011 年国务院 163 号令下发了《中华人民共和国招标投标法实施条例》，进一步完善了有关规定，维护招投标活动的正常秩序。2013 年住建部 16 号令对《建筑工程施工发包与承包计价管理办法》进行了修改，与 2014 年 2 月 1 日期实施。

四、工程招投标概述

（一）工程招投标的概念

招投标是在市场经济条件下进行工程建设、货物买卖、财产出租、中介服务等经济活动的一种竞争形式和交易方式，是引入竞争机制订立合同（契约）的一种法律形式。

1. 招标

招标目前有几种定义，这些定义各从一个侧面对招标进行了解释，均有助于我们更好地理解招标的含义。现在流行的招标的定义有以下几种：

（1）招标是业主就拟建工程准备招标文件、发布招标广告或信函以吸引或邀请承包人来购买招标文件，进而使承包人投标的过程。

（2）招标是指招标人（业主）以企业承包项目、建筑工程设计和施工、大宗商品交易等为目的，将拟买卖的商品或拟建工程等的名称、自己的要求和条件、有关的材料或图纸等对外公布，招来合乎要求条件的投标人参与竞争，招标人通过比较论证，选择其中条件最佳者为中标人并与之签订合同。

（3）招标是利用报价的经济手段择优选购商品的购买行为。

（4）招标是一种买卖方法，是业主选择最合理供货商、承建商或劳务提供者的一种手段，是实施资源最优、合理配置的前提，招标全过程是选择实质性响应标的过程，因而招标也是各方面利益比较、均衡的过程。

（5）招标是将项目的要求和条件公开告示，让合乎要求和条件的承包者（各种经济形式的企业）参与竞争，从中选择最佳对象为中标者，然后双方订立合同，这个过程称之为招标。

（6）已广泛运用的工程招标，则是指建设单位（招标单位）在发包建设工程项目前，发表招标公告，由多家工程承包企业（咨询公司、勘察设计单位、建筑公司、安装公司等）前来投标，最后由建设单位从中择优选定承包企业的一种经济行为。

2. 投标

所谓投标，是对招标的回应，是竞争承包的行为。它是指竞标者按照招标公告的要求与条件提出投标方案的法律行为。

投标是利用报价的经济手段竞争销售商品的交易行为。

一般情况下，投标是在投标人详细认真研究招标文件的内容基础上，并充分调查情况之后，根据招标书所列的条件、要求，开列清单、拟出详细方案并提出自己要求的价格等有关条件，在规定的投标期限内向招标人投函申请参加竞选的过程。

3. 招投标

招投标是指招标人对工程建设、货物买卖、劳务承担等交易业务，事先公布选择采购的条件和要求，招引他人承接，若干或众多投标人作出愿意参加业务承接竞争的意思表示，招标人按照规定的程序和办法择优选定中标人的活动。

招投标是一种有序的市场竞争交易方式，也是规范选择交易主体、订立交易合同的法律程序。

从招标交易过程来看必然包括招标和投标两个最基本的环节，前者是招标人以一定的方式邀请不特定或一定数量的潜在投标人组织投标，后者是投标人响应招标人的要求参加投标竞争。没有招标就不会有承包人的投标；没有投标，招标人的招标就不会得到响应，也就没有开标、评标、定标和合同签订等。

招投标是由招标人提出自己的要求和条件，利用投标企业之间的竞争，进行"货比三家"、"优中选优"，达到投资省或付款省、工程质量高或机器设备好、工期短或供货时间快、服务上乘等目的。它是市场交易活动的一种运作方式。它的特点是由专一的买主设定包括商品质量、价格、期限为主的标的，邀请若干卖主通过秘密报价实行竞争，由买主选择优胜者，与之达成交易协议，签订合同，随之按合同实现标的。

4. 工程招投标

工程招标一般是指建设单位（或业主）就拟建的工程发布通告，用法定方式吸引建设项目的承包单位参加竞争，进而通过法定程序从中选择条件优越者来完成工程建设任务的法律行为。建设工程投标一般是指经过特定审查而获得投标资格的建设项目承包单位，按照招标文件的要求，在规定的时间内向招标单位填报投标书，并争取中标的法律行为。

5. 招标标的

招标标的是指招标的项目。由于招标标的涉及的范围广泛，其定义正处于不断被修正的过程中。从我国的招标实践上看，招标标的可以分为货物、工程和服务三类。其中，在货物方面主要是指机电设备和大宗原辅材料；在工程方面主要包括工程建设和安装；在服务方面主要包括科研课题、工程监理、招标代理、承包租赁等项目。

（二）工程招投标的性质与特点

工程招投标能规范竞争、优胜劣汰、优化资源配置、提高社会和经济效益。招投标的竞争性，是社会主义市场经济的本质要求，也是招投标的根本特性。随着我国市场经济体制改革的不断深入，招投标这种反映公平、公正、有序竞争的有效方式也得到不断完善，具有如下特点：

（1）程序规范。按照目前各国做法及国际惯例，招投标程序和条件由招标机构率先拟定，在招投标双方之间具有法律效力，一般不能随意改变。当事人双方必须严格按既定程序和条件进行招投标活动。招投标程序由固定的招标机构组织实施。

（2）多方位开放，透明度高。招标的目的是在尽可能大的范围内寻找合乎要求的中标人，一般情况下，邀请承包人的参与是无限制的。为此，招标人一般要在指定或选定的报刊或其他媒体上刊登招标公告，邀请所有潜在的投标人参加投标；提供给承包人的招标文件必须对拟招标的工程作出详细的说明，使承包人有共同的依据来编写投标文件；招标人事先要向承包人明确评价和比较投标文件以及选定中标者的标准（仅以价格来评定，或加上其他的技术性或经济性标准）；在提交投标文件的最后截止日公开地开标；严格禁止招标人与投标人就投标文件的实质内容单独谈判。这样，招投标活动完全置于公开的社会监督之下，可以防止不正当的交易行为。

（3）投标过程统一、能够有效地监管。大多数依法必须进行强制招标的招标项目必须在有形建筑市场内部进行，招标过程统一、透明度高。工程建设招投标是招投标双方按照法定程序进行交易的，双方的行为都受法律约束，在建筑市场内能够实施有效监管。

（4）公平、客观。招投标全过程自始至终按照事先规定的程序和条件，本着公平竞争的原则进行。在招标公告或投标邀请书发出后，任何有能力或资格的投标人均可参加投标。招标人不得有任何歧视任何一投标人的行为。同时，评标委员会的组建必须公正、客观，其在组织评标时也必须公平、客观地对待每一个投标人；中标人的确定由评委会负责，能在很大程度上减少腐败行为的发生。

（5）双方一次成交。一般交易往往在进行多次谈判之后才能成交。招投标则不同，禁止交易双方面对面的讨价还价。交易主动权掌握在招标人手中，投标人只能应邀进行一次性报价，并以合理的价格定标。

（三）工程招投标应遵循的原则

《中华人民共和国招标投标法》第五条规定："招标投标活动应当遵循公开、公平、公正和诚实信用的原则。"

（1）公开原则。公开是指招投标活动应有较高的透明度，具体表现在建设工程招投标的信息公开、条件公开、程序公开、结果公开上。

（2）公平原则。招投标属于民事法律行为，公平是指民事主体的平等。因此应当杜绝一方把自己的意志强加于对方，严禁招标方压价或订合同前无理压价以及投标人恶意串标、提高标价损害对方利益等违反公平原则的行为。

（3）公正原则。公正是指按招标文件中规定的统一标准，实事求是地进行评标和决标，不偏袒任何一方。

（4）诚实信用的原则。诚实是指真实和合法，不可歪曲或隐瞒真实情况去欺骗对方。违反诚实的原则招投标是无效的，且应对由此造成的损失和损害承担责任。信用是指遵守承诺，履行合约，不见利忘义、弄虚作假，甚至损害他人、国家和集体的利益。诚实信用的原则是市场经济的基本前提。在社会主义条件下一切民事权利的行使和民事义务的履行，均应遵循这一原则。

（四）工程招投标的分类

建设工程招投标多种多样，按照不同的标准可以进行不同的分类。

1. 按照工程建设程序分类

按照工程建设程序，可以将建设工程招投标分为建设项目可行性研究招投标、工程勘察设计招标投标、工程施工招标投标。建设项目可行性研究招标投标，是指对建设项目的可行性研究任务进行的招标投标。中标的承包人要根据中标的条件和要求，向发包人提供可行性研究报告，并对其负责。承包人提供的可行性研究报告，应获得发包人的认可。工程勘察设计招标投标，是指对工程建设项目的勘察设计任务进行的招标投标。中标的承包人要根据中标的条件和要求，向发包人提供勘察设计成果，并对其负责。工程施工招标投标，是指对建设工程项目的施工任务进行的招标投标。中标的承包人必须根据中标的条件和要求提供建筑产品。

2. 按照行业业务性质分类

按照行业业务性质，可以将建设工程招标投标分为勘察招标投标、设计招标投标、施工招标投标、工程咨询服务招标投标、建设监理招标投标和工程设备安装招标投标、货物采购招标投标等。

3. 按照工程建设项目的构成分类

按照工程建设项目的构成，可以将建设工程招标投标分为建设项目招标投标、单项工程招标投标和单位工程招标投标。建设项目招标投标，是指对一个工程建设项目（如一所学校）的全部工程进行的招标投标。单项工程招标投标，是指对一个工程建设项目中所包含的若干单项工程进行的招标投标。单位工程招标投标，是指对一个单项工程所包含的若干单位工程进行的招标投标。

4. 按照工程发包承包的范围分类

按照工程发包承包的范围，可以将建设工程招标投标分为工程总承包招标投标、建筑安装工程招投标和专项工程招投标。

5. 按有无涉外关系分类

按有无涉外关系，可以将建设工程招标投标分为国际招标和国内招标。

国家经济贸易委员会将国际招标界定为"是指符合招标文件规定的国内、国外法人或其他组织，单独或联合其他法人或者其他组织参加投标，并按招标文件规定的币种结算的招标活动"；国内投标则为"是指符合招标文件规定的国内法人或其他组织，单独或联合其他国内法人或其他组织参加投标，并用人民币结算的招标活动"。

五、本课程学习的目的与任务

通过前面对招投标引入案例和招投标基本概念的学习可知，工程招投标是在建筑市场上通过竞争完成工程发承包的经济活动。工程招投标与合同管理课程阐述了建筑市场的一般规律，指出了市场主体应遵循的原则和建设工程招投标与合同管理的方法。本课程以建筑工程项目为载体，以招投标工作能力为主线，培养学生独立完成工程招标与投标、签订施工承包合同等相关工作的能力。工程招投标与合同管理是工程管理人员必须掌握的专业知识，工程招投标的能力、合同管理能力是工程管理人员的核心能力。

本门课程要求有很广泛的技术、经济、管理、法律知识，并强调技术与其他知识的有机结合。在编写招标文件及投标文件时，涉及较多的技术问题，特别是关于投标文件中技术方案（施工组织设计）的编写，必须有较好的工程技术基础；招投标的过程必须依法进行，合同属于法的范畴，因而要求学生必须熟悉建筑相关法律法规；招投标过程涉及组织管理、人力资源管理、方案优化、技术经济评价、风险分析等众多的管理知识。编制招标文件中的清单与投标文件中的投标报价又要有很强的工程计量与计价的基本功。所以本门课程的前导课程是建筑工程施工技术、建筑工程计量与计价和建筑工程施工组织。

通过本课程学习，学生应掌握建设工程招投标的基本概念和原理，掌握建设工程招投标的程序和基本工作内容，掌握招投标文件的编制，掌握工程投标报价技巧及索赔理论与方法。要求能熟练独立完成招投标各环节的工作，会编制招标文件，编制工程标底，组织开标，编制投标文件，拟定合同条款，基本具备从事招投标工作的能力。招投标过程必须是依法进行的，招标人的招标有许多工作在开标前是要保密的，而投标竞争是参与投标的企业核心竞争力的体现，企业的投标过程必须是在保密的情况下进行。因此，在教学过程中要培养学生树立遵纪守法的意识，同时要渗透诚实守信和对所服务的企业保持忠诚度的教育。

单元一　建筑市场

引　言

本单元主要介绍建筑市场的主客体，有形建筑市场工程交易流程，建筑市场管理体制，建设工程交易中心的功能、建设工程发承包的模式以及建筑工程总承包的模式。

学习目标

知识目标：掌握建筑市场的准入制度。

熟悉有形建筑市场工程交易流程。

熟悉建设工程发承包的模式。

熟悉建设工程总承包的模式。

了解建筑市场的概念及特点。

了解建设工程交易中心的基本功能。

能力目标：会查找工程相关的各种信息。

能在交易中心完成相应的工作。

【案例引入】

某市经批准的重大投资项目计划中，已列入新城区医院一期建设工程，建筑面积为 8 万 m^2，其中门诊楼 3 万 m^2，病房楼 5 万 m^2，预计总投资 35000 万元人民币，工期 36 个月。建设内容包括土建、给水排水、强弱电、消防、电梯等安装工程及附属配套工程。该项目必须要进入建筑市场通过招投标的方式完成发承包任务。那么该建设项目的主体都有哪些？对参与该建设项目的主体资格的要求又有哪些？该建设项目完成交易的场所和流程是什么？通过本单元的学习，请对上述问题提出解决方案。

任务一　认识建筑市场

一、建筑市场概述

（一）建筑市场的概念

建筑市场也称为建设市场或建筑工程市场。

建筑市场反映社会生产和社会需求之间、建筑产品可供量和有支付能力的需求之间、建筑产品生产者和消费者之间、国民经济各部门之间的经济关系。对建筑市场可以从狭义和广义两方面来理解。狭义的建筑市场，是指以建筑产品为交换内容的场所；广义的建筑市场，则是指建筑产品供求关系的总和。广义的建筑市场包括有形市场和无形市场，包括与工程建设有关的建筑材料市场、建筑劳务市场、建筑资金市场、建筑技术市场等各种要素市场，为工程建设提供专业服务的中介组织体系，靠广告、通信、中介机构等媒介沟通买卖双方或通过招投标等多种方式成交的各种交易活动，还包括建筑商品生产过程及流通过程中的经济联系和经济关系。可以说，广义的建筑市场是工程建设生产和交易关系的总和。

（二）建筑市场的特点

（1）建筑市场交易的直接性与交易过程的长期性。建筑产品的市场交易，一般采取需求者向生产者直接订货后再生产的方式，并且产品是和土地相联系的，具有生产周期长、投资耗费大、生产过程中不同阶段对承包单位的要求不同等特点，因而建筑市场交易贯穿于建筑产品生产的整个过程，从工程建设的决策、设计、施工任务的发承包开始，到工程竣工、保修期结束为止，发包人与承包人进行的各种交易活动，都是在建筑市场中进行的。生产活动与交易活动交织在一起，使得建筑市场在许多方面不同于其他产品市场。

（2）建筑市场交易关系的复杂性。建筑产品的形成过程涉及勘察、设计、施工各方以及供货商、采购人等，不同利益的当事人，在同一经济事务中发生一定的关系。但同时也要求各方按建设程序和国家的法律法规组织实施，确保各方的利益得以实现。

（3）建筑市场是以招投标为主的不完全竞争市场。建筑市场引入竞争机制，是为了杜绝国有资产投资建设发包中的腐败现象，提高固定资产投资效益，同时也是为了与国际工程市场接轨。我国于20世纪90年代初全面推行招投标制。1999年，我国颁布了《中华人民共和国招标投标法》（以下简称《招标投标法》），进一步规范市场招投标行为，从而使我国建设工程承发包市场向透明化、健康化与法制化方向发展。但是由于建筑产品的地域性、发包人的行业性和建筑产品自身的特殊性对施工资质的要求，决定了业主在发包时必然会对承包人的投标行为设立很多限制性约束条件，使建筑工程市场成为一个不完全竞争的市场。

（4）严格的市场准入制度。为了保证建设工程市场的有序，建设行政主管部门与行业协会都明文制定了相应的市场准入制度和生产经营规则，以规范业主、承包人及中介服务组织的生产经营行为，如业主必须具备法人资格、业主自行招标必须具备一定条件、施工方必须具备相应资质条件并在资质允许范围内承揽工程、主要技术人员与岗位人员应有执业资格证书等。

（5）建筑市场竞争激烈。建筑市场是国民经济总市场中的一个组成部分，有其自身的运行规律，同时，它又服从一般市场的运行规律。竞争是市场运行的突出特点。所有市场参与者平等进入市场从事交易活动，并在此基础上凭借各自的经济实力全方位地开展竞争，通过公平竞争，实现优胜劣汰。由于不同的建筑产品生产者在专业特长、管理和科技水平、生产组织的具体方式、对建筑产品所在地各方面情况了解和市场熟练程度以及竞争策略等方面存在较大的差异，因而建筑产品的价格会有较大差异，使得建筑市场以建筑产品价格为核心的竞争更加激烈。

二、我国建筑市场体系

建筑市场经过过去几年来的发展已形成以发包人、承包人和工程咨询服务以及市场组织管理者组成的市场主体；以有形建筑产品和无形建筑产品组成的市场客体；以招投标为主要交易形式的市场竞争机制；以资质管理为主要内容的市场监督管理体系；以及我国特有的有形建筑市场——工程交易中心等，构成了我国的建筑市场体系，如图1-1所示。

（一）建筑市场的主体

建筑市场是市场经济的产物。从一般意义上去观察，建筑市场交易是业主给付建设费、

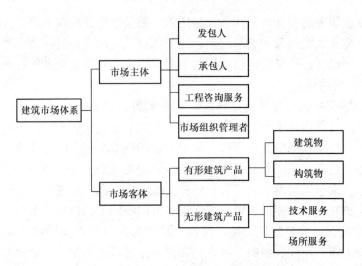

图 1-1　建筑市场体系

承包人交付工程的过程。实际上，建筑市场交易包括很复杂的内容，其交易贯穿于建筑产品生产的全过程。在这个过程中，不仅存在业主和承包人之间的交易，还有承包人与分包商、材料供应商之间的交易，业主还要同设计单位、设备供应单位、咨询单位进行交易，以及与工程建设相关的商品混凝土供应、构配件生产、建筑机械租赁等活动一同构成建筑市场生产和交易的总和。参与建设生产交易过程的各方构成建筑市场的主体。

1. 发包人

发包人是指既有某项工程建设需求，又具有该项工程建设相应的建设资金和各种准建手续，在建筑市场中发包工程建设的勘察、设计、施工任务，并最终得到建筑产品的政府部门、企事业单位或个人。

发包人有时也称发包单位、建设单位或业主、项目法人。在我国工程建设中，发包人或业主，只有在发包工程或组织工程建设时才成为市场主体。因此，发包人或业主作为市场主体具有不确定性。我国对发包人或业主行为进行的约束和规范，是通过法律和经济的手段实现的。

业主责任制，即项目法人责任制，是在我国市场经济体制条件下，为了建立投资责任约束机制、规范项目法人行为提出的。由项目法人对项目建设全过程负责管理，主要包括进度控制、质量控制、投资控制、合同管理和组织协调。

项目业主在项目建设中的主要责任有：

1）建设项目立项决策。

2）建设项目的资金筹措与管理。

3）办理建设项目的有关手续。

4）建设项目的招标与合同管理。

5）建设项目的施工管理。

6）建设项目竣工验收和试运行。

7）建设项目的统计与文档管理。

2. 承包人

承包人是指拥有一定数量的建设装备、流动资金、工程技术经济管理人员，取得建筑资质证书和营业执照的，能够按照业主的要求提供不同形态的建筑产品并最终得到相应工程价款的建筑业企业。

按照生产的主要形式不同，它们主要分为勘察、设计单位，建筑安装企业，混凝土预制构件及非标准预制构件等生产厂家，商品混凝土供应站，建筑机械租赁单位以及专门提供建筑劳务的企业等。按其所从事的专业可分为铁路、公路、房建、水电、市政工程等专业公司；按照承包方式，也可分为承包人和分包人。它们作为建筑市场的主体，是长期和持续存在的。因此，对承包人一般都要实行从业资格管理，建设部于2007年重新修订了《建筑业企业资质管理规定》，对资质序列、类别和等级、资质许可、监督管理、法律责任等作了明确规定。

3. 工程咨询服务机构

工程咨询服务机构是指具有一定注册资金，一定数量的工程技术、经济、管理人员，取得建设咨询资质和营业执照，能为工程建设提供估算测量、管理咨询、建设监理等智力型服务并获取相应报酬的企业。

工程咨询服务企业可以开展勘察设计、工程管理、工程造价咨询、招标代理、工程监理等多种业务，这类企业主要是向业主提供咨询与管理服务，弥补业主对工程过程不熟悉的缺陷。这类企业在国际上一般称为咨询公司。在我国目前数量最多并有明确资质标准的是工程勘察、工程设计院，工程监理公司和工程造价、招标代理、工程管理等咨询类企业。

工程咨询服务机构虽然不是工程发承包的当事人，但其受业主聘用，作为项目技术、咨询单位，对项目的实施具有相当重要的作用与责任。

4. 市场组织管理者

根据原建设部798号文《建筑市场管理规定》，建筑市场管理是指各级人民政府建设行政主管部门、工商行政管理机关等有关部门，按照各自的职权，对从事各种房屋建筑、土木工程、设备安装、管线敷设等勘察设计、施工（含装饰装修，下同）、建设监理以及建筑构配件、非标准设备加工生产等发包和承包活动的监督、管理。

从事建筑市场活动，实施建筑市场监督管理，应当遵循统一开放、公开、公平、公正、竞争有序的原则。

建筑市场中的经济活动是一个有机整体，其各个组成部分之间相互联系、相互制约，各组成部分自我控制、自我平衡，使得建筑市场的经济活动不断运转与发展。

（二）建筑市场的客体

建筑市场的客体是建筑产品，是建筑市场的交易对象，既包括有形建筑产品，也包括无形建筑产品——各类型智力型服务。

建筑产品不同于一般的工业产品。在不同的生产交易阶段，建筑产品表现为不同的形态：可以是承包人生产的各类建筑物和构筑物；可以是生产厂家提供的混凝土构件、供应的商品混凝土；可以是工程设计单位提供的设计方案、施工图纸、勘察报告；还可以是咨询公司提供的咨询报告、咨询意见或其他服务。

三、建筑市场管理

国家住房与城乡建设部负责制定相关的法律、法规、规范和标准。例如，住房与城乡建设部建筑市场监管司，负责拟定规范建筑市场各方主体行为、房屋和市政工程项目招投标、施工许可、建设监理、合同管理、工程风险管理的规章制度并监督执行；拟定工程建设、建筑业、勘察设计的行业发展政策、规章制度并监督执行；拟定建筑施工企业、建筑安装企业、建筑装饰装修企业、建筑制品企业、建设监理单位、勘察设计咨询单位资质标准并监督执行；认定从事各类工程建设项目招标代理业务的招标代理机构的资格。省市各级人民政府建设行政主管部门在住房与城乡建设部的领导下开展本地区的建筑市场管理工作。

（一）建筑市场运行管理

政府对建筑市场的管理任务有：

（1）贯彻国家有关工程建设的法规和方针、政策，会同有关部门草拟或制定建筑市场管理法规。

（2）总结、交流建筑市场管理经验，指导建筑市场的管理工作。

（3）根据工程建设任务与设计、施工力量，建立平等竞争的市场环境。

（4）以资质管理为主要内容的市场监督管理，实行单位资质与个人执业资格注册管理相结合的市场准入制度。审核工程发包条件与承包人的资质等级，监督检查建筑市场管理法规和工程建设标准（规范、规程）的执行情况。

（5）国家监管安全和质量，依法查处违法行为，维护建筑市场秩序。

（二）建筑市场的准入制度

建筑活动的专业性与技术性都很强，且建设工程投资大、周期长，建筑工程的质量与安全关系到人民群众的生命和财产的安全，因此，对从事建设活动的单位和专业技术人员必须进行严格的资质管理，实行对从业企业资质管理与专业技术人员执业资格注册管理相结合的市场准入制度。

1. 从业企业资质管理

《中华人民共和国建筑法》规定对从事建筑活动的施工企业、勘察单位、设计单位和工程咨询机构实施资质管理。

（1）建筑业企业资质管理。为了加强对建筑活动的监督管理，维护公共利益和建筑市场秩序，保证建设工程质量安全，建设部颁布了第159号令《建筑业企业资质管理规定》。

建筑业企业，是指从事土木工程、建筑工程、线路管道设备安装工程、装修工程的新建、扩建、改建等活动的企业。《建筑业企业资质管理规定》将建筑业企业资质分为施工总承包、专业承包和劳务分包三个序列。施工总承包企业可以承接施工总承包工程。施工总承包企业可以对所承接的施工总承包工程内各专业工程全部自行施工，也可以将专业工程或劳务作业依法分包给具有相应资质的专业承包企业或劳务分包企业。专业承包企业可以承接施工总承包企业分包的专业工程和建设单位依法发包的专业工程。专业承包企业可以对所承接的专业工程全部自行施工，也可以将劳务作业依法分包给具有相应资质的劳务分包企业。劳务分包企业可以承接施工总承包企业或专业承包企业分包的劳务作业。施工总承包资质、专业承包资质、劳务分包资质序列按照工程性质和技术特点分别划分为若干资质类别。各资质类别按照规定的条件划分为若干资质等级。施工总承包企业按工程性质分为房屋建筑工程、公路工程、铁路工程、通信工程、港口与航道工程、水利水电工程、电力工程、矿山工程、冶炼工程、石油化工工程、市政公用工程、机电安装12个资质类别。专业承包企业按工程性质和技术特点划分为60个类别。劳务分包企业按技术特点划分为13个标准。

建筑业企业资质等级标准和各类别等级资质企业承担工程的具体范围，由国务院建设主管部门会同国务院有关部门制定。工程施工总承包企业资质等级分为特级、一级、二级、三级；施工专业承包企业资质等级分为一级、二级、三级；劳务分包企业资质等级分为一级和二级。建筑业企业资质划分见图1-2。

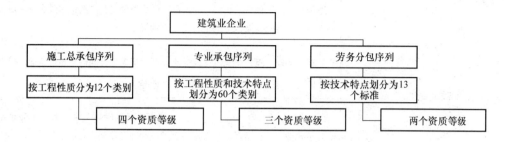

图1-2 建筑业企业资质划分

工程施工总承包企业、施工专业承包企业的资质许可实行分级审批。施工总承包序列特级资质、一级资质由国务院建设主管部门实施；施工总承包序列二级资质、专业承包序列一级资质、专业承包序列二级资质、专业承包序列不分等级资质由企业工商注册所在地省、自治区、直辖市人民政府建设主管部门实施；施工总承包序列三级资质、专业承包序列三级资质、劳务分包序列资质，由企业工商注册所在地设区的市人民政府建设主管部门实施；新设立的建筑业企业资质等级，按照最低等级核定，并设一年的暂定期，经审查合格的，由有权力的资质管理部门颁发相应等级的建筑业企业资质证书。建筑业企业承担工程范围见表1-1。

表1-1 建筑业企业承担工程范围

企业类别	资质等级	承担工程范围
施工总承包企业	特级	房屋建筑工程施工总承包特级企业：可承担各类房屋建筑工程的施工
	一级	房屋建筑工程施工总承包一级企业：可承担单项建安合同额不超过企业注册资本金5倍的下列房屋建筑工程的施工： （1）40层及以下、各类跨度的房屋建筑工程 （2）高度240m及以下的构筑物 （3）建筑面积20万m² 及以下的住宅小区或建筑群体
	二级	房屋建筑工程施工总承包二级企业：可承担单项建安合同额不超过企业注册资本金5倍的下列房屋建筑工程的施工： （1）28层及以下、单跨跨度36m及以下的房屋建筑工程 （2）高度120m及以下的构筑物 （3）建筑面积12万m² 及以下的住宅小区或建筑群体
	三级	房屋建筑工程施工总承包三级企业：可承担单项建安合同额不超过企业注册资本金5倍的下列房屋建筑工程的施工： （1）14层及以下、单跨跨度24m以下的房屋建筑工程 （2）高度70m及以下的构筑物 （3）建筑面积6万m² 及以下的住宅小区或建筑群体

（续）

企业类别	资质等级	承担工程范围
专业承包企业	一级	地基与基础工程专业承包一级企业：可承担各类土石方工程的施工
	二级	地基与基础工程专业承包二级企业：可承担单项合同额不超过企业注册资本金5倍且60万m³及以下的土石方工程的施工
	三级	地基与基础工程专业承包三级企业：可承担单项合同额不超过企业注册资本金5倍且15万m³及以下的土石方工程的施工
劳务分包企业	一级	砌筑作业分包一级企业：可承担各类工程砌筑作业（不含各类工业炉窑砌筑）分包业务，但单项业务合同额不超过企业注册资本金的5倍
	二级	砌筑作业分包二级企业：可承担各类工程砌筑作业（不含各类工业炉窑砌筑）分包业务，但单项业务合同额不超过企业注册资本金的5倍

（2）工程咨询单位资质管理。在我国目前数量最多并有明确资质标准的是工程勘察、工程设计、工程监理企业和工程咨询、工程造价咨询、招标代理、工程管理咨询等各类企业。

我国建设工程勘察设计资质分为工程勘察资质和工程设计资质。工程勘察资质分为工程勘察综合资质、工程勘察专业资质和工程勘察劳务资质；工程设计资质又分为工程设计综合资质、工程设计行业资质和工程设计专项资质。

建设工程勘察、设计企业应当按照其拥有的注册资本、专业技术人员、技术装备和勘察设计业绩等条件申请资质，经审查合格，取得建设工程勘察、设计资质证书后，方可在资质等级许可的范围内从事建设工程勘察、设计活动。取得资质证书的建设工程勘察、设计企业可以从事相应的建设工程勘察、设计咨询和技术服务。

工程监理企业资质分为综合资质、专业资质和事务所资质。其中，专业资质按照工程性质和技术特点划分为若干工程类别。综合资质、事务所资质不分级别。专业资质分为甲级、乙级。其中，房屋建筑、水利水电、公路和市政公用专业资质可设立丙级。工程监理企业资质相应许可的业务范围如下：综合资质可以承担所有专业工程类别建设工程项目的工程监理业务。专业甲级资质可承担相应专业工程类别建设工程项目的工程监理业务，以及相应类别建设工程的项目管理、技术咨询等相关服务。专业乙级资质可承担相应专业工程类别二级（含二级）以下建设工程项目的工程监理业务，以及相应类别和级别建设工程的项目管理、技术咨询等相关服务；专业丙级资质可承担相应专业工程类别三级建设工程项目的工程监理业务，以及相应类别和级别建设工程的项目管理、技术咨询等相关服务。事务所资质可承担三级建设工程项目的工程监理业务，以及相应类别和级别建设工程项目管理、技术咨询等相关服务。但是，国家规定必须实行强制监理的工程除外。工程监理企业可以开展相应类别建设工程的项目管理、技术咨询等业务。表1-2为房屋建筑工程类别和等级表。

表 1-2 房屋建筑工程类别和等级表

工程类别		一级	二级	三级
房屋建筑工程	一般公共建筑	28 层以上；36m 跨度以上（轻钢结构除外）；单项工程建筑面积 3 万 m² 以上	14～28 层；24～36m 跨度（轻钢结构除外）；单项工程建筑面积 1 万～3 万 m²	14 层以下；24m 跨度以下（轻钢结构除外）；单项工程建筑面积 1 万 m² 以下
	高耸构筑工程	高度 120m 以上	高度 70～120m	高度 70m 以下
	住宅工程	小区建筑面积 12 万 m² 以上；单项工程 28 层以上	建筑面积 6 万～12 万 m²；单项工程 14～28 层	建筑面积 6 万 m² 以下；单项工程 14 层以下

工程咨询单位资格等级分为甲级、乙级、丙级（部分专业工程咨询单位设有丙级）。各级工程咨询单位按照国家有关规定和业主要求依法开展业务。工程咨询单位按专业划分为 31 个专业资格。

工程造价咨询企业，是指接受委托，对建设项目投资、工程造价的确定与控制提供专业咨询服务的企业。工程造价咨询企业资质等级分为甲级、乙级。工程造价咨询业务范围包括建设项目建议书及可行性研究投资估算、项目经济评价报告的编制和审核；建设项目概预算的编制与审核，并配合设计方案比选、优化设计、限额设计等工作进行工程造价分析与控制；建设项目合同价款的确定（包括招标工程工程量清单和标底、投标报价的编制和审核）；合同价款的签订与调整（包括工程变更、工程洽商和索赔费用的计算）及工程款支付，工程结算及竣工结（决）算报告的编制与审核等；工程造价经济纠纷的鉴定和仲裁的咨询；提供工程造价信息服务等。工程造价咨询企业依法从事工程造价咨询活动，不受行政区域限制。甲级工程造价咨询企业可以从事各类建设项目的工程造价咨询业务。乙级工程造价咨询企业可以从事工程造价 5000 万元人民币以下的各类建设项目的工程造价咨询业务。

工程招标代理机构，是指在建设工程招投标活动中，为当事人提供有偿服务的社会中介代理机构。工程招标代理机构的资格分为甲、乙两级。其中乙级招标代理机构的注册资金不得少于 50 万元，只能承担工程投资额（不含征地费、大市政配套费与拆迁补偿费）3000 万元以下的工程招标代理业务，而甲级工程招标代理机构的注册资金不得少于 100 万元，在工程招标代理业务上无限制。甲级工程招标代理机构的资格由其所在地省级人民政府建设行政主管部门进行初审，并报国务院建设行政主管部门审查认定；乙级工程招标代理机构的资质则由其所在地省级人民政府建设行政主管部门审查认定，并报国务院建设行政主管部门备案。各级工程招标代理机构在承担工程招标代理业务时都不受地区限制。招标代理机构应当在招标人委托的范围内办理招标代理事宜，并遵守《招标投标法》关于招标人的规定。

2. 工程建设专业技术人员执业资格管理

工程建设从业人员执业资格制度，是指建设行政主管部门及有关部门对从事建筑活动的专业技术人员，依法进行考试和注册，并颁发执业资格证书的一种制度。建筑行业尽管有完善的法律法规，但如没有专业人员的知识与技能的支持，政府难以对建筑市场进行有效的管理。由于专业人员的工作水平对工程项目建设的成败具有重要的影响，所以对专业人员的执业资格条件要有很高的要求。我国现阶段实施的专业人员执业资格的种类很多，有注册建筑师、注册结构工程师、注册监理工程师、注册造价工程师、注册房地产估价师、注册规划师、注册建造师、注册风景园林师、注册咨询工程师、注册土木工程师（岩土）、注册土木工程师（港口与航道工程）等，还有与其相关的 2009 年实施的招标师等，它们都有相关报考资格与注册条件，表 1-3 只列举其中的几种来说明相关的专业人员执业资格报考条件。

表 1-3　工程建设专业技术人员执业资格报考条件

资格名称	报考资格条件	相关文件
注册造价工程师	1. 工程造价专业大专毕业，从事工程造价业务工作满 5 年；工程或工程经济类大专毕业，从事工程造价业务工作满 6 年 2. 工程造价专业本科毕业，从事工程造价业务工作满 4 年；工程或工程经济类本科毕业，从事工程造价业务工作满 5 年 3. 获上述专业第二学士学位或研究生班毕业和获硕士学位，从事工程造价业务工作满 3 年 4. 获上述专业博士学位，从事工程造价业务工作满 2 年	建设部、人事部人发 [1996] 77 号
注册房地产估价师	1. 取得房地产估价相关学科（包括房地产经营、房地产经济、土地管理、城市规划等，下同）中等专业学历，具有 8 年以上相关专业工作经历，其中从事房地产估价实务满 5 年 2. 取得房地产估价相关学科大专学历，具有 6 年以上相关专业工作经历，其中从事房地产估价实务满 4 年 3. 取得房地产估价相关学科学士学位，具有 4 年以上相关专业工作经历，其中从事房地产估价实务满 3 年 4. 取得房地产估价相关学科硕士学位或第二学位、研究生班毕业，从事房地产估价实务满 2 年 5. 取得房地产估价相关学科博士学位 6. 不具备上述规定学历，但通过国家统一组织的经济专业初级资格或审计、会计、统计专业助理级资格考试并取得相应资格，具有 10 年以上相关专业工作经历，其中从事房地产估价实务满 6 年且成绩特别突出的	建设部、人事部建房 [1995] 147 号
注册监理工程师	具有工程技术或工程经济专业大专（含）以上学历，遵纪守法并符合以下条件之一者，均可报名参加监理工程师执业资格考试 1. 具有按照国家有关规定评聘的工程技术或工程经济专业中级专业技术职务，并任职满 3 年 2. 具有按照国家有关规定评聘的工程技术或工程经济专业高级专业技术职务	建设部、人事部建监 [1996] 462 号

（续）

资格名称	报考资格条件	相关文件
注册建造师	一级建造师： 1. 取得工程类或工程经济类大学专科学历，工作满 6 年，其中从事建设工程项目施工管理工作满 4 年 2. 取得工程类或工程经济类大学本科学历，工作满 4 年，其中从事建设工程项目施工管理工作满 3 年 3. 取得工程类或工程经济类双学士学位或研究生班毕业，工作满 3 年，其中从事建设工程项目施工管理工作满 2 年 4. 取得工程类或工程经济类硕士学位，工作满 2 年，其中从事建设工程项目施工管理工作满 1 年 5. 取得工程类或工程经济类博士学位，从事建设工程项目施工管理工作满 1 年 二级建造师： 凡遵纪守法，具备工程类或工程经济类中等专科以上学历并从事建设工程项目施工管理工作满 2 年的人员，可报名参加二级建造师执业资格考试	建设部、人事部国人部发〔2004〕16 号
招标师	1. 取得经济学、工学、法学或管理学类专业大学专科学历，工作满 6 年，其中从事招标采购专业工作满 4 年 2. 取得经济学、工学、法学或管理学类专业大学本科学历，工作满 4 年，其中从事招标采购专业工作满 3 年 3. 取得含经济学、工学、法学或管理学类专业在内的双学士学位或者研究生班毕业，工作满 3 年，其中从事招标采购专业工作满 2 年 4. 取得经济学、工学、法学或管理学类专业硕士学位，工作满 2 年，其中从事招标采购专业工作满 1 年 5. 取得经济学、工学、法学或管理学类专业博士学位，从事招标采购专业工作满 1 年 6. 取得其他学科门类上述学历或者学位的，其从事招标采购专业工作的年限相应增加 2 年	人事部、国家发展改革委 国人部发〔2007〕63 号
注册咨询（投资）工程师	1. 工程技术类或工程经济类大专毕业后，从事工程咨询相关业务满 8 年 2. 工程技术类或工程经济类专业本科毕业后，从事工程咨询相关业务满 6 年 3. 获工程技术类或工程经济类专业第二学士学位或研究生班毕业后，从事工程咨询相关业务满 4 年 4. 获工程技术类或工程经济类专业硕士学位后，从事工程咨询相关业务满 3 年 5. 获工程技术类或工程经济类专业博士学位后，从事工程咨询相关业务满 2 年 6. 获非工程技术类、工程经济类专业上述学历或学位人员，其从事工程咨询相关业务年限相应增加 2 年	人事部、国家发展计划委员会人发〔2001〕127 号

四、建设工程交易中心

（一）建设工程交易中心的设立

建设工程交易中心是建筑市场有形化的管理方式，通过这个有形市场可以规范建设工程的发承包行为。交易中心是由建设工程招投标管理部门或政府建设行政主管部门授权的其他机构建立的，自收自支的非营利性事业法人，根据政府建设行政主管部门的委托实施对市场主体的服务、监督和管理。交易中心具有行业管理的某些性质，是政府有意识的行为。设立交易中心的目的是促使从业人员遵纪守法，形成一种交易道德规范。从长远看，政府在交易中心的管理职能将逐步弱化，并最终退出市场，转由具有行业协会性质的事业法人对市场进行组织和动作，政府在市场外对市场主体进行监督和约束。

1. 建设工程交易中心的性质

中心是在政府建设工程招投标管理部门或政府授权主管部门的批准下成立的，不以营利为目的，根据政府建设行政主管部门的委托实施对市场主体的服务、监督和管理，经批准收取一定的服务费的服务性机构。

2. 建设工程交易中心的作用

按我国有关规定，所有的建设项目都要在建设工程交易中心内报建、发布招标信息、办理合同授予、申领施工许可证及委托质量安全监督等有关手续。成立建设工程交易中心有助于建立国有投资的监督制约机制，规范建设工程发承包行为和将建筑市场纳入法制轨道，促进招投标制度的推行，遏制违法违规行为、防腐，提高管理透明度。

（二）建设工程交易中心的基本功能

1. 信息服务功能

建设工程交易中心设置信息收集、存贮和发布的平台，及时发布招投标信息、政策法规信息、企业信息、材料设备价格信息、科技和人才信息、分包信息等，为建设工程交易活动的各方提供信息咨询服务。

2. 场所服务功能

场所服务功能，即为各类工程的交易活动，包括发放招标文件、开标、评标、定标和合同谈判等提供设施和场所服务。《建设工程交易中心管理办法》规定，建设工程交易中心应具备信息发布大厅、洽谈室、开标室、会议室及相关设施以满足业主和承包人、分包商、设备材料供应商之间的交易需要。同时要为政府有关管理部门进驻集中办公、办理有关手续和依法监督招投标活动提供场所服务。

3. 集中办公功能

政府有关管理部门进驻建设工程交易中心办理有关审批手续和进行管理，集中办公。建设工程交易中心为政府有关部门和相关机构设立工作平台，为其实施监督和管理提供必要的办公设施和窗口，办理建设项目报建、招标登记、承包人资质审查、合同登记、质量报监、施工许可证发放等。

4. 专家管理功能

为建设工程评标提供可选择的专家库成员名册，配合有关行政主管部门对评标专家的评标活动进行记录和考核，接受委托定期对评标专家进行培训。

（三）建设工程交易中心的运行和管理原则

1. 建设工程交易中心的运行原则

（1）信息公开原则。中心必须掌握工程发包、政策法规、招投标单位资质、造价指数、招标规则、评标标准等各项信息，并保证市场各方主体均能及时获得所需要的信息资料。

（2）依法管理原则。中心应建立和完善建设单位投资风险责任和约束机制，尊重建设单位按经批准并事先宣布的标准、原则，选择投标单位和选定中标单位的权利。尊重符合资质条件的建筑业企业提出的投标要求和接受邀请参加投标的权利。尊重招标范围之外的工程业主按规定选择承包单位的权利，严格按照法规和政策规定进行管理和监督。

（3）公平竞争原则。建立公平竞争的市场秩序是中心的一项重要原则，中心应严格监督招投标单位的市场行为，反对垄断，反对不正当竞争，严格审查标底，监控评标和定标过程，防止不合理的压价和垫资承包工程，充分利用竞争机制、价格机制，保证竞争的公平和有序，保证经营业绩良好的承包人具有相对的竞争优势。

（4）闭合管理原则。建设单位在工程立项后，应按规定在中心办理工程报建和各项登记、审批手续，接受中心对其工程项目管理资格的审查，招标发包的工程应在中心发布工程信息；工程承包单位和监理、咨询等中介服务单位，均应按照中心的规定承接施工和监理、咨询业务。未按规定办理前一道审批、登记手续的，任何后续管理部门不得给予办理手续，以保证管理的程序化和制度化。

（5）办事公正原则。中心是政府建设行政主管部门授权的管理机构，也是服务性的事业单位。因此，要转变职能和工作作风，建立约束和监督机制，公开办事规则和程序，提高工作质量和效率，努力为交易双方提供方便。

2. 建设工程交易中心的管理原则

各地建设行政主管部门根据当地具体情况确定中心的组织形式、管理方式和工作范围。

（1）以建设工程发包与承包为主体，授权招投标管理部门负责组织对建设工程报建、招标、投标、开标、评标、定标和工程承包合同签订等交易活动进行管理、监督和服务。

（2）以建设工程发包、承包交易活动为主要内容，授权招投标管理部门牵头组成中心管理机构，负责办理工程报建、市场主体资格审查、招投标管理、合同审查与管理、中介服务、质量安全监督和施工许可等手续。有关业务部门保留原有的隶属关系和管理职能，在中心集中办公，提供"一条龙"服务。

（3）以工程建设活动为中心，由政府授权建设行政主管部门牵头组成管理机构，负责办理工程建设实施过程中的各项手续。有关业务部门和管理机构保留原有的隶属关系和管理职能，在中心集中办公，提供综合性、多功能、全方位的管理和服务。

（4）根据当地实际情况，还可以采用能够有效地规范市场主体行为，按照有关规定，办理工程建设各项手续，精干高效的其他方式。

（四）建设工程交易中心运作的一般程序

建设部《有形建筑市场运行和管理示范文本》中写明了有形建筑市场工程交易流程（见图1-3）及有形建筑市场联合办公流程（见图1-4）。

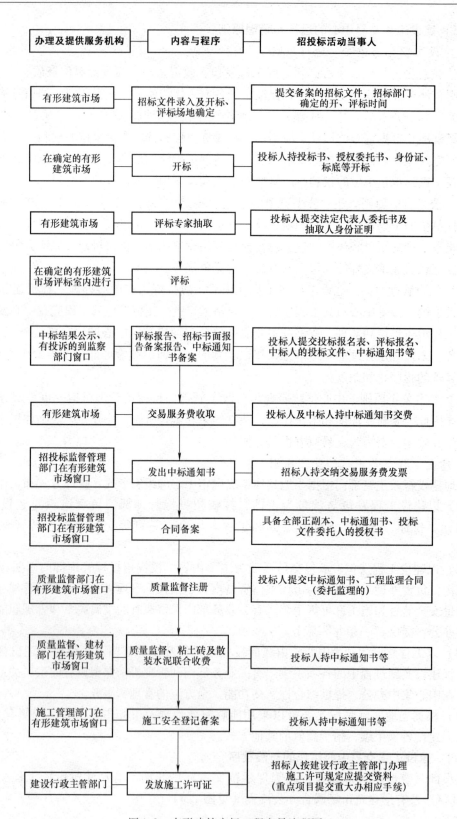

图1-3 有形建筑市场工程交易流程图

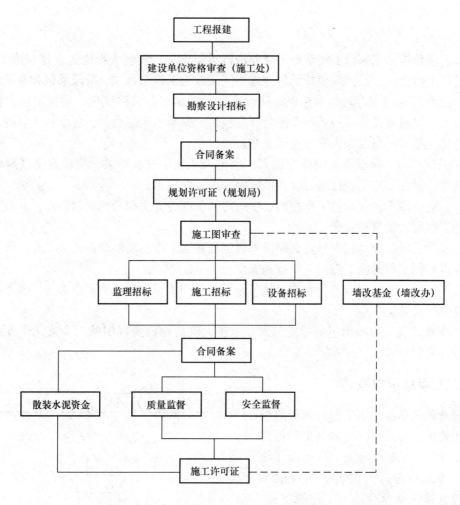

图 1-4 有形建筑市场联合办公流程图

任务二 建设工程发承包

一、建设工程发承包的概念及模式

（一）建设工程发承包的概念

建设工程发承包是根据协议，作为交易一方的承包人（勘察、设计、监理、施工企业）负责为交易另一方的发包人（建设单位）完成某一项建设工程的全部或其中的一部分工作，并按一定的价格取得相应报酬的一种经济活动。

（二）我国建设工程发承包的模式

建设工程发承包模式，是指发包人与承包人的经济关系形式。根据《建筑法》的规定，我国建设工程的发包方式分为直接发包和招标发包。

1. 直接发包

直接发包是发包人与承包人直接进行协商，约定工程建设的价格、工期和其他条件的交易方式。

2. 招标发包

招标发包是指由三家以上建筑施工企业进行承包竞争，发包人择优选定建筑施工企业，并与其签订承包合同。招标发包按承包方式不同又分为工程总承包、阶段承包和专项承包。

（1）工程总承包。工程总承包也称建设全过程发承包，又称统包，是指发包人将工程设计、施工、材料和设备等一系列工作全部发包给一家承包人总承包。各承包人只同总承包人发生直接关系，不与发包人发生直接关系。

（2）阶段承包。阶段承包是指发包人、承包人就建设过程中某一阶段或某些阶段的工作，如勘察、设计、施工、材料、设备供应等，进行发包承包。

包工包料：即承包人承包工程在施工中所需的全部劳务工和全部材料供应，并负责承包工程的施工进度、质量和安全。

包工部分包料：即承包人只负责提供承包工程在施工中所需的全部劳务工和一部材料供应，并负责承包工程的施工进度、质量和安全。

包工不包料：又称包清工，实质上是劳务承包，即承包人仅负责提供劳务，而不承担任何材料供应的义务。

（3）专项承包。专项承包是指发包人、承包人就某建设阶段中的一个或几个专业性强的项目进行发包承包。

二、工程总承包概述

工程总承包是指从事工程总承包的企业受业主委托，按照合同约定对工程项目的勘察、设计、采购、施工、试运行（竣工验收）等实行全过程或若干阶段的承包。工程总承包企业对承包工程的质量、安全、工期、造价全面负责。

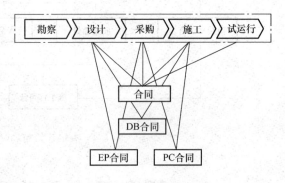

图1-5　工程总承包的主要模式

（一）工程总承包的模式

工程总承包的主要模式如图1-5所示。

1. 设计—采购—施工（EPC）/交钥匙总承包

设计—采购—施工总承包是指工程总承包企业按照合同约定，承担工程项目的设计、采购、施工、试运行服务等工作，并对承包工程的质量、安全、工期、造价全面负责。

交钥匙总承包是设计—采购—施工总承包业务和责任的延伸，最终是向业主提交一个满足使用功能、具备使用条件的工程项目。

2. 设计—施工总承包（D−B）

设计—施工总承包是指工程总承包企业按照合同约定，承担工程项目设计和施工，并对承包工程的质量、安全、工期、造价全面负责。

3. 施工总承包（C−G）

施工总承包是指工程总承包企业按照合同约定，承担建设工程的全部施工任务，并对工程施工承担全部责任。

4. 其他方式

根据工程项目的不同规模、类型和业主要求，工程总承包还可采用设计—采购总承包（E－P）、采购—施工总承包（P－C）等方式。

（二）工程总承包的特点

工程总承包是国内外建设活动中多有使用的发承包方式，有利于理清工程建设中业主与承包人、勘察设计与业主、总包与分包、执法机构与市场主体之间的各种复杂关系。在工程总承包条件下，业主选定总承包人后，勘察、设计、采购、工程分包等环节直接由总承包确定分包，从而业主不必再实行平行发包，避免了发包主体主次不分的混乱状态，也避免了执法机构过去在一个工程中要对多个市场主体实施监管的复杂关系。工程总承包在组织形式上实现了从单一型向综合型、现代开放型的转变，最终整合成资金、技术、管理密集型的大型企业集团。

三、工程发承包与工程招投标的关系

从新中国成立到 20 世纪 70 年代末，我国建筑业一直都采用行政手段指定施工单位，层层分配任务的方法。这种计划分配任务的方法，在当时对促进我国国民经济的全面发展起到了重大作用，为我国的社会主义建设作出了重大贡献。但随着社会的发展和经济体制的改革，此种方式已不能满足经济飞速发展的需要。为此，我国的工程发承包方式逐步转向招标承包方式，实施建设工程招投标制。我国的招投标制由 20 世纪 80 年代的试点到逐步推行，再到 90 年代的全面推开，最后到现行的依法有序实施。我国现阶段建设工程的发承包是通过招投标方式完成的。所以说，工程招投标是工程发承包的产物，工程招投标是随着工程发承包的发展而逐步完善的。

工程发承包与工程招投标的关系有：

（1）工程发承包有多种方式，招标只是其中一种常用的方式。

（2）工程发承包属于交易行为，招投标属于选择交易对象的一种方式，既有购买行为，也有出售行为，是一种有竞争性的交易行为。

（3）工程发承包合同的订立受《合同法》的约束，招标过程须严格遵守《招标投标法》的规定，同时也受《合同法》的约束。

任务三 单元知识拓展与训练

一、知识拓展

[1－1] 北京市建设工程发包承包交易中心简介

北京市建设工程发包承包交易中心（以下简称交易中心）于 1997 年 1 月成立，隶属北京市住房和城乡建设委员会。交易中心设有信息发布大厅、开标室、封闭式全监控评标区、电子评标室、档案室、计算机网络控制室、北京市建设工程招投标管理办公室等政府有关部门驻场办公室以及"一站式"办公大厅等，交易中心的功能包括信息发布、提供场所、集中办公等功能，可发布勘察设计、建设工程、市政工程、专业承包、材料与设备招标、劳动力、工程监理、民航工程、园林绿化、房屋拆迁、小区绿化、城市生活污水处理以及政府采

购等 15 类招标信息。

北京市建设工程招投标管理办公室受北京市建委委托，负责北京市工程建设项目招投标的监督管理；负责北京市建委审批施工许可且依法应招标工程的施工总承包招投标活动中有关备案、合同备案及合同履约监管工作；负责北京市建设工程专业承包和分包、工程监理、重要材料设备采购招投标活动中有关备案和合同备案工作；负责劳务分包招投标活动监管工作；负责防治拖欠工程款的具体工作；负责工程招标代理机构的日常监管；负责北京市建设工程评标专家的日常管理；负责对在北京市有形建筑市场中发生的招投标违法违规行为进行执法处罚，并会同执法机构进行专项执法检查。

为把好市场准入关，北京市建设工程发包承包交易中心与北京市建设工程招标投标协会于 1999 年下半年开始推行企业投标智能 IC 卡制度，凡取得"资质证书"的北京市和在北京市建设委员会备案的中央、外地进京及境外的施工总承包企业、专业承包企业，均可自愿办理 IC 卡。企业办理智能 IC 卡，需将所有信息网上上传，审核通过后，中心会出示办理身份识别卡凭条，企业要依据办理身份识别卡凭条要求准备资料，前往交易中心投标服务部办理相关手续。根据建筑市场管理流程，IC 卡对建设项目在各管理程序上设置节点，"前事未完，后事不办"，真正建立有形建筑市场的闭合管理。

交易中心作为工程建设信息发布的平台、工程项目发包承包交易服务的平台、政府部门实施招投标监管的平台、记录市场交易主体信用信息的平台、纪检监察部门遏制工程腐败行为的平台，对营造公开、公平、公正的首都建筑市场环境发挥了重要作用。

交易中心运行以来，在服务建筑市场管理方面取得了良好的效果，主要表现在以下四个方面：

（1）规范了建筑市场，使应当招标的工程 100% 实现了招标发包，应当公开招标的工程 100% 实现了公开招标。

（2）节约了工程建设资金。

（3）缩短了建设工期，中标工期比定额工期降低了 20%。

（4）确保了工程质量，招投标活动提高了工程质量，降低了质量安全事故的发生率，一些项目被评为国家建筑工程鲁班奖或北京市优质工程奖。

（5）遏制了建设领域的腐败现象，有效降低了建筑领域腐败案件的发案率。

[1-2] 南京市建设工程交易中心简介

南京市建设工程交易中心经南京市人民政府批准于 1995 年 8 月成立，现有建筑面积约 3544m²，拥有先进齐全、功能完善的工程交易设施，设有信息发布区、网络服务区、投标报名区、开标区、封闭评标区、职能部门和监察部门驻场办公区六大功能区域，并在评标区建立了评标专家语音通知系统、评标专家指纹识别系统、手机通信控制系统、录音录像监控系统、答辩对讲系统、电子评标辅助系统等辅助管理系统。交易中心还本着"以人为本、服务社会"的理念，建设了电子交易平台，其主要内容为"两网三库"，两网即南京市建设工程信息网站和南京市招投标管理信息系统，三库即工程项目信息库、企业信息库和专业人才信息库。

交易中心内设三部一室，即综合部、信息部、市场部和办公室，并设江宁、浦口和六合三个分中心。交易中心的主要职能一是信息发布，主要是发布招标通告、中标公示等有关工程交易活动的信息，同时提供有关企业及专业人员状况等数据查询；二是提供场所，主要是为市场主体各方提供招标、投标、开标、评标、定标和工程承包合同签署等交易活动的场所；三是提供专家评委抽取及相关服务；四是提供开、评标现场服务；五是提供工程交易相关的商务和档案服务。

交易中心的工作职责如下：

（1）宣传、贯彻、执行国家及省、市有关工程建设的法律、法规和方针、政策，并结合南京建设实际情况，制定各项建设工程进场交易的具体规则或制度。

（2）依法办事，遵守建设程序，按规定办理建设工程有关手续，严守秘密，创造公开公平、透明高效的市场竞争环境。

（3）为工程发包承包交易的各方主体提供完善的信息网络服务，实现信息收集、发布功能，并开展网络咨询服务等。

（4）为工程招投标提供会务场所服务：为招标各方提供洽谈、开标、评标场所，并提供相关会务服务。

（5）为工程招投标提供管理相关服务：统一协调整个建设工程交易市场的管理工作，为驻场机构及相关单位提供管理相关服务。

（6）为工程招投标提供咨询及商务服务：受理与工程建设有关的法律、法规、规定、规章和技术等方面的咨询，并提供资料复印、打字、通信等商务服务。

（7）负责评标专家名册入库、抽取和通知，配合招投标监督管理部门对评标专家实施动态管理。

（8）负责开标、评标现场服务，并负责及时向有关部门报告建设工程招投标活动中的违法违规行为。

（9）负责收集整理进场交易活动的各类文字、音像、图片等原始记录，并建立档案管理制度，统一归档管理，按规定为有关部门及单位提供档案查阅服务。

（10）建立信用平台，记录发承包交易活动中企业和执业资格人员的市场不良行为，并形成档案，按规定提交给有关部门或向社会公布。

（11）负责南京市建设工程交易中心建设工程信息网的建设、维护和管理。

（12）负责建设工程交易分中心的业务指导、检查和管理。

（13）按规定收取有关服务费用。

（14）承担上级主管部门交办的其他有关事项。

[1-3] 电子招标实例

随着招标采购方式的广泛应用和电子网络技术的飞速发展，电子招标已经成为必然趋势。

为了规范企业招标采购管理，浙江省电力公司五年来成功地运用电子网络实施集中招标采购，为我国电子招标采购领域提供了一个成功案例。

1. 电子招标系统概述

浙江省电力公司电子招标系统通过互联网运行，为规范公司集中招标采购活动的外部交易和内部管理构建了统一服务平台，其主要功能和技术特点如下：

（1）集成了招投标项目计划管理、招投标网上作业、评标专家管理和抽取、计算机辅助评标、信息档案、统计分析等多个功能模块。

（2）按照招投标相关法律规范，实现了项目建立、公告发布浏览、投标人资格审查、招标文件下载、在线澄清答疑、网上接受投标文件、网上视频开标、评标结果公示等招标工作全过程的网上作业。

（3）采用工业和信息化部认证的第三方 CA 认证服务，实现电子签名、身份认证和关键数据加密系统，并采用 SSL 数据传输加密方案，实现了电子招标各个环节合法合规，安全保密。

（4）系统采用标准的物资编码、开放的 J2EE 技术体系和 FRESHPOWER 平台，面向 SOA 的架构设计，实现了系统的稳定、可靠，并实现上下贯通和横向集成。

2. 电子招标的应用效果

电子招标系统流程规范、功能实用、操作简便，满足实际业务和管理需要，在应用中获得了较好的效果。

（1）实现货物和工程建设项目阳光采购。电子招标提高了信息透明度，通过建立信息档案库，改善了参与各方的信息对称性；促进了招投标业务流程的进一步规范，可以避免招投标活动中许多人为干扰因素和弄虚作假的行为，进一步贯彻了"三公"原则。招投标管理和监督部门则可以通过专用账号，随时掌握招标项目动态，为规范和转变招投标工作的监督方式提供了技术手段。

（2）降低招标采购成本。招标文件、投标文件实现电子化；开标采用网络直播，不再需要投标人亲临开标现场；评标采用电子化，提高了评标效率。投标人、招标人所负担的差旅费、运输费、印刷费、会议费等也能相应降低，从而降低了采购成本。

同时，采用电子化招标文件，大大减少了纸张的使用，有利于促进节能减排、环境保护和资源节约。

（3）促进招投标工作的集约化管理。首先，电子招标系统在企业内部实现供应商、评标专家、招标信息等数据资源共享，有利于集中统计分析，最大限度挖掘数据资产的价值。其次，系统提供人性化的操作方式，将很多高强度的手工劳动用计算机来代替，降低了人为失误的可能性，使业务操作更加便捷和有效。

（4）提高处理突发事件的应急反应能力。招投标全过程的业务操作和信息传递都在网上进行，在提高工作效率的同时，也降低了恶劣气候、自然灾害等意外事件对招投标工作的影响，提升了各方业务操作的抗风险能力。招标、评标过程中一旦发生需要各方紧急处理的事件，也可通过网络方便快捷地解决。

[1-4] 我国近年来工程总承包的主要模式

一是采购—施工总承包（P-C）。如北京建工集团承建的北京东方广场，中建八局承建的大连文化广场、南宁会展中心，陕西建工集团承建的北京长安饭店等项目就采用了这种模式。目前国内具有施工总承包一级以上资质的大型建筑业企业开展的工程总承包业务多数还局限于部分采购—施工总承包。

二是设计—施工总承包（D-B）。如天津建工集团兴建的津江广场、北京城建集团承建的枣庄新城政务区等项目都采取了以施工单位作为总承包与业主签订合同，对项目负全责，然后再进行设计施工分包的模式。另外，还有一种就是施工总承包人根据业主合同要求进行施工图深化设计。如金茂大厦就是这种情况，在美国 SOM 设计事务所建筑设计的基础上，总承包人上海建工（集团）总公司通过与上海建工设计研究院合作，完成了大量的施工图深化设计。

三是设计—采购—施工（EPC）/交钥匙工程总承包。目前进行的 EPC 模式，虽然在我国建筑业企业中推广的还较少，但它作为工程总承包的发展方向已越来越被承包人所重视，并在实际中得到长足的发展。如中国冶金建设集团总公司承建的首钢冷轧项目、中建一局建设发展公司完成的北京 LG 大厦工程实行以扩大初步设计为基础的总价中标、中建八局承建的阿尔及利亚松树俱乐部项目等全部采用了 EPC，基本达到和实现了"总包负总责，竣工交钥匙"的总承包管理目标。

四是工程专业总承包模式。如上海轨道交通莘闵线工程，中国铁路通信信号上海工程公司对整个工程项目从技术方案、施工图设计、采购、施工及协调运行实行了全过程的管理和控制，并取得了良好的效果。南京地铁、京津轻轨等建设工程项目都采取了这种分专业进行总包的管理模式，这种模式被广泛采用，并且在不断向装饰装修、大型幕墙、机电安装及消防等专业工程延伸。

二、案例

▶背景：

2010 年 11 月 15 日 14 时左右，上海某区一幢高层住宅楼发生大火，造成重大人员伤亡。发生大火的公寓楼为钢筋混凝土结构，高度 85m，建筑面积 18472m²，于 1997 年 12 月竣工、1998 年 3 月入住。大楼的底层是商铺，2~28 层为住宅，其中有 5 家单位、156 户居民，实际居住了 440 多人。事故发生后，国务院事故调查组紧急组建，国务院调查组认定，这起火灾是一起因违法违规生产建设行为所导致的特别重大责任事故，是不该发生的、完全可以避免的事故。

在这次事件中，上海××建筑装饰工程公司作为一个分包商，在安全生产方面明显不符合要求，管理失控，但就是这样一家企业，还将工程进一步作了层层分包。起火大楼在装修作业施工中，有两名电焊工违规实施作业，在短时间内形成密集火灾。

▶问题：

为什么会发生这样的事故？怎样才能有效地杜绝此类事故的发生？

▶案例分析：

这起事故还暴露出五个方面的问题：电焊工无特种作业人员资格证，严重违反操作规程，引发大火后逃离现场；装修工程违法违规，层层多次分包，导致安全责任无法落实；施工作业现场管理混乱，安全措施没有落实，存在明显的抢工期、抢进度、突击施工的行为；事故现场使用易燃材料，导致大火迅速蔓延；有关部门安全监管不力，致使多次分包、多家作业和无证电焊工上岗，对停产后复工的项目安全管理不到位。

首先要严把资质关，严禁低质高挂、转包与层层分包。其次严禁特殊工种无证上岗。再次要加强安全管理，应安全措施责任明确、安全监管到位。

三、单项训练

（一）训练目的

1. 掌握建筑市场的准入制度，了解有形建筑市场的功能和工程交易流程。

2. 培养学生自己动手查阅资料的能力。

（二）训练题

1. 参观当地工程建设交易中心，了解当地工程建设交易的工作流程。

2. 根据本单元案例引入的背景资料，提出问题的解决方案。

3. 上网进入某地方建设工程交易中心网，学会查阅各种信息，如建设法律、法规、施工企业信息、从业人员资格、招标公告、中标结果公示、工程材料价格、劳动力价格、合同备案等。

4. 选定某个招标工程，且该工程已完成中标公示程序，查阅已中标的施工企业的信息。

5. 查阅上述工程的当地、当时的劳动力价格和常用工程材料价格。

四、思考与讨论

1. 什么是招投标？列举生活中各类招投标的实例说说你对招投标的内涵是如何理解的。

2. 简述建筑市场的概念。

3. 建筑市场的主体有哪些？建筑市场的客体是什么？

4. 建筑市场是怎样管理的？

5. 为什么要组建建设工程交易中心？建设工程交易中心有哪些基本功能？

6. 你所接触的工程是采用何种方式承包的？

7. 若要实现建设工程的发承包，发包人应具备哪些主体资格才能实现对工程的发包？承包人又该具备哪些条件才能有资格承包工程？

8. 说说你对发承包与工程招投标的关系的理解。

单元二 建设工程招标

引　言

　　本单元主要介绍招标的基本条件，招标的范围、方式、程序，招标公告的内容，资格预审，招标文件的主要内容，标底与最高限价，开标、评标、定标。

学习目标

　　知识目标：掌握招标的程序；熟悉招标的范围、方式；掌握招标文件的主要内容；
　　　　　　　熟悉最高限价的编制方法。
　　　　　　　熟悉招标公告的内容与格式；熟悉资格预审程序；熟悉开标、评标
　　　　　　　程序。
　　能力目标：会编制招标公告，能进行资格预审，会编写招标文件。
　　　　　　　能编制最高限价。
　　　　　　　能组织开标，会评标。

【案例引入】

　　某学院拟建两栋学生宿舍，六层框架结构，建筑面积约 $9700m^2$，立项报告已由当地发改委批准，资金来源为自筹，建设地点为学院校园内，施工图设计已完成。学院拟进行该工程的招标，那么采用何种方式招标？招标方都要完成哪些工作呢？通过本单元的学习，熟悉招标方的各项工作内容，顺利完成该项目的招标工作。

任务一 建设工程招标程序

一、建设工程招标范围

（一）招标范围

　　《中华人民共和国招标投标法》规定：对于以下工程建设项目包括项目的勘察、设计、施工、监理以及与工程建设有关的重要设备、材料等的采购，必须依法进行招标：

　　（1）大型基础设施、公用事业等关系社会公共利益、公众安全的项目。

　　（2）全部或者部分使用国有资金投资及国家融资的项目。

　　（3）使用国际组织或者外国政府贷款、援助资金的项目。

　　（4）法律或者国务院对必须进行招标的其他项目的范围有规定的，依照其规定。

　　原国家计委对上述工程建设项目招标范围和规模标准在原国家计委、原建设部、铁道部、交通部、原信息产业部、水利部、中国民用航空总局第 30 号令实施的《工程建设项目招标范围和规模标准规定》中又作出了具体规定。

1. 关系社会公共利益、公众安全的基础设施项目的范围

（1）煤炭、石油、天然气、电力、新能源等能源项目。

（2）铁路、公路、管道、水运、航空以及其他交通运输业等交通运输项目。

（3）邮政、电信枢纽、通信、信息网络等邮电通信项目。

（4）防洪、灌溉、排涝、引（供）水、滩涂治理、水土保持、水利枢纽等水利项目。

（5）道路、桥梁、地铁和轻轨交通、污水排放及处理、垃圾处理、地下管道、公共停车场等城市设施项目。

（6）生态环境保护项目。

（7）其他基础设施项目。

2. 关系社会公共利益、公众安全的公用事业项目的范围

（1）供水、供电、供气、供热等市政工程项目。

（2）科技、教育、文化等项目。

（3）体育、旅游等项目。

（4）卫生、社会福利等项目。

（5）商品住宅，包括经济适用住房。

（6）其他公用事业项目。

3. 使用国有资金投资项目的范围

（1）使用各级财政预算资金的项目。

（2）使用纳入财政管理的各种政府性专项建设基金的项目。

（3）使用国有企业事业单位自有资金，并且国有资产投资者实际拥有控制权的项目。

4. 国家融资项目的范围

（1）使用国家发行债券所筹资金的项目。

（2）使用国家对外借款或者担保所筹资金的项目。

（3）使用国家政策性贷款的项目。

（4）国家授权投资主体融资的项目。

（5）国家特许的融资项目。

5. 使用国际组织或者外国政府资金的项目的范围

（1）使用世界银行、亚洲开发银行等国际组织贷款资金的项目。

（2）使用外国政府及其机构贷款资金的项目。

（3）使用国际组织或者外国政府援助资金的项目。

6. 以上第1条至第5条规定范围内的各类工程建设项目，包括项目的勘察、设计、施工、监理以及与工程建设有关的重要设备、材料等的采购，达到下列标准之一的，必须进行招标：

（1）施工单项合同估算价在200万元人民币以上的。

（2）重要设备、材料等货物的采购，单项合同估算价在100万元人民币以上的。

（3）勘察、设计、监理等服务的采购，单项合同估算价在50万元人民币以上的。

（4）单项合同估算价低于第（1）、（2）、（3）项规定的标准，但项目总投资额在3000万元人民币以上的。

建设项目的勘察、设计，采用特定专利或者专有技术的，或者其建筑艺术造型有特殊要求的，经项目主管部门批准，可以不进行招标。

依法必须进行招标的项目，全部使用国有资金投资或者国有资金投资占控股或者主导地位的，应当公开招标。

（二）可以不招标的范围

原建设部第 89 号令《房屋建筑和市政基础设施工程施工招标投标管理办法》中规定，涉及国家安全、国家秘密、抢险救灾或者属于利用扶贫资金实行以工代赈、需要使用农民工等特殊情况，不适宜进行招标的项目，按照国家有关规定可以不进行招标。凡按照规定应该招标的工程不进行招标，应该公开招标的工程不公开招标的，招标单位所确定的承包单位一律无效。

《工程建设项目施工招标投标办法》中也规定，下列项目经有关部门批准后可不进行招标：

（1）涉及国家安全、国家秘密的工程。

（2）抢险救灾工程。

（3）利用扶贫资金实行以工代赈、需要使用农民工等特殊情况。

（4）施工主要技术采用特定专利或专有技术的。

（5）停建或缓建后，恢复建设的单位工程，且承包人未发生变化的。

（6）施工企业自建、自用的工程，且该企业资质等级符合工程要求的。

（7）在建工程追加的附属小型工程或主体加层工程，且承包人未发生变化的。

（8）法律、法规、规章规定的其他情况。

二、建设工程招标条件

《工程建设项目施工招标投标办法》中规定，依法必须招标的工程建设项目，应当具备下列条件才能进行施工招标：

（1）招标人已依法成立。

（2）初步设计及概算应当履行审批手续的，已批准。

（3）招标范围、招标方式和招标组织形式等应当履行核准手续的，已批准。

（4）有相应资金来源或资金来源已落实。

（5）有招标所需的设计图纸及技术资料。

三、建设工程招标方式

目前世界各国和有关国际组织的有关招标法律、法规中有关招标方式总体上有三种：公开招标、邀请招标和议标。我国《招标投标法》只规定了公开招标和邀请招标是法定的招标方式，对于依法强制招标的项目，议标方式已不再被法律认同。议标只是协商谈判的一种交易方式。招标方式决定投标竞争的程度，也是防止不正当交易的一种手段。

（一）公开招标

公开招标又称为无限竞争性招标，是指招标人以招标公告的方式邀请不特定的法人或其他组织参加投标。公开招标是由招标人按照法定程序，在规定的媒体上发布招标公告，公开提供招标信息，使所有符合条件的潜在投标人都可以平等参加投标竞争，招标人则从中择优选定中标人的一种招标方式。其特点是招标信息公开，对参加投标的投标人在数量上没有限制，具有广泛性。这种招标方式可以大大地提高招标活动的透明度。公开招标的优点是，投标的承包人多、竞争范围大，业主有较大的选择余地，有利于降低工程造价，提高工程质量和缩短工期。其缺点是，由于投标的承包人多，招标工作量大，组织工作复杂，需投入较多的人力、物力，招标过程所需时间较长，因而此类招标方式主要适用于投资额度大、工艺及结构复杂的较大型工程建设项目。

国务院发展计划部门确定的国家重点建设项目和各省、自治区直辖市人民政府确定的地方重点建设项目，以及全部使用国有资金投资或者国有资金投资占控股或者主导地位的工程建设项目应当公开招标。

（二）邀请招标

邀请招标也称有限竞争性招标，是指招标人以投标邀请书的方式邀请特定的法人或者其他组织投标。《招标投标法》规定，招标人采用邀请招标方式的，应当向三个以上具备承担招标项目的能力、资信良好的特定的法人或者其他组织发出投标邀请书，收到邀请书的单位有权选择是否参加投标。邀请招标的招标方一般要根据自己掌握的情况，预先确定一定数量的符合招标项目基本要求的潜在投标人并向其发出投标邀请书，被邀请的潜在投标人不少于3家，以5~7家为宜，由被邀请的潜在投标人参加投标竞争，招标人从中择优确定中标人。邀请招标与公开招标一样都必须按规定的招标程序进行，要制定统一的招标文件，投标人都必须按招标文件的规定进行投标。只有接受投标邀请书的法人或者其他组织才可以参加投标竞争，其他法人或组织无权参加投标。邀请招标的优点是，能够邀请到有经验和资信可靠的投标者投标，参加竞争的投标商数目可由招标单位控制，保证履行合同，目标集中，招标的组织工作较容易，工作量比较小。其缺点是，由于参加的投标单位相对较小，竞争性范围较小，使招标单位对投标单位的选择余地较小，如果招标单位在选择被邀请的承包人前所掌握的信息资料不足，则会失去发现最适合承担该项目的承包人的机会。

由于邀请招标限制了竞争范围，可能会失去技术上和报价上有竞争力的投标者，因此，我国相关的法规规定，只有在规定的不适宜公开招标的特殊情况下，才可以采用邀请招标的方式。

《工程建设项目施工招标投标办法》中规定，有下列情形之一的，经批准可以进行邀请招标：

（1）项目技术复杂或有特殊要求，只有少量几家潜在投标人可供选择的。

（2）受自然地域环境限制的。

（3）涉及国家安全、国家秘密或者抢险救灾，适宜招标但不宜公开招标的。

（4）项目拟公开招标的费用与项目的价值比，不值得的。

（5）法律法规规定不宜公开招标的。

国家重点建设项目的邀请招标，应当经国务院发展计划部门批准；地方重点建设项目的邀请招标应当经所在省、自治区、直辖市人民政府批准。

（三）公开招标与邀请招标的区别

1. 招标信息发布的方式不同

公开招标是利用招标公告发布招标信息，邀请招标是采用投标邀请书的形式，邀请三家以上有实力的投标人参加投标竞争。

2. 选择承包人的范围不同

由于公开招标使所有符合条件的法人或其他组织都有机会参加投标竞争，竞争较广泛，招标人拥有绝对的选择余地，容易获得最佳招标效果。邀请招标中邀请的投标人数量有限，竞争范围受限，招标人拥有的选择余地相对较小，还有可能使某些技术上或报价上更有竞争力的承包人失去竞争机会。

3. 时间和费用不同

由于邀请招标不发招标公告，招标文件只送达有限的被邀请的投标人，使整个招投标的时间大大缩短，招标费用也相应减少。公开招标的程序较复杂，从发布招标公告、投标人作出响应、评标，到签订合同，要准备许多文件，且各环节还要有时间上的要求，因而耗时较长，费用也比较高。

四、建设工程公开招标的程序

招标是招标人选择中标人并与其签订合同的过程，而投标则是投标人力争获得实施合同的竞争过程。招标人和投标人均需遵循招标投标的法律和法规进行招投标活动。全部活动过程是有步骤、有秩序进行的，无论是招标人还是投标人，都要进行大量的工作。在全部活动过程中，招投标管理机构都要起到相应的审查或监督作用。

建设工程公开招标一般都要经过三个阶段：第一阶段为招标准备阶段，从建设工程项目报建开始到编制招标控制价为止；第二阶段为招标投标阶段，从发布招标（资格预审）公告开始到接受投标文件为止；第三阶段为决标成交阶段，从开标开始到与中标人签订承包合同为止。建设工程公开招标程序如图 2-1 所示。

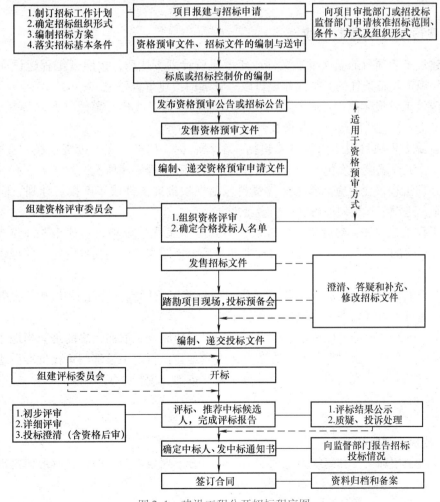

图 2-1　建设工程公开招标程序图

五、建设工程邀请招标的程序

邀请招标的程序基本上与公开招标相同,其不同之处只是邀请招标没有编制资格预审文件、发布资格预审公告和进行资格预审的步骤,而增加了招标人向投标人发投标邀请书的步骤。

任务二 建设工程施工招标的准备

工程施工阶段是工程项目形成工程实体的阶段,是各种资源投入量最大、最集中,最终实现预定项目目标的重要阶段。招标是招标人(建设单位)对工程建设项目的实施者采用市场采购的方式来进行选择的方法和过程,也可以说是招标人对申请实施工程的承包人的审查、评比和选用的过程。因此通过严格规范的招投标工作,选择一个高水平的承包人完成工程的建造和保修,是能否对工程的投资、进度和质量进行有效控制,获得合格的工程产品,达到预期投资效益的关键。建设工程项目在正式招标前,需要根据招标项目的特点、资金来源及其他诸多因素,对招标过程中的一系列问题进行过程准备,在此基础上进行拟建工程项目的招标工作。

一、建设工程项目的报建

(1)建设工程项目的立项批准文件或年度投资计划下达后,按照《工程建设项目报建管理办法》规定具备条件的,须向建设行政主管部门报建审查登记。

(2)建设工程报建范围:各类房屋建筑(包括新建、改建、翻建、大修等)、土木工程、设备安装、管道线路敷设、装饰装修工程等建设工程。

(3)建设工程项目报建内容主要包括:工程名称、建设地点、投资规模、资金来源、当年投资额、工程规模、发包方式、计划开竣工日期和工程筹建情况。

(4)办理工程报建时应交验的文件资料包括立项批准文件或年度投资计划、固定资产投资许可证、建设工程规划许可证、资金证明。

(5)工程报建程序:建设单位填写统一格式的"工程建设项目报建表"(见表2-1),有上级主管部门的,需经上级主管部门批准同意后,连同应交验的文件资料一并报建设行政主管部门。

建设工程项目报建备案后,具备了《建设项目施工招标投标办法》中规定的招标条件的建设工程项目,可开始办理建设单位资质审查。

需要说明的是,有的地区取消了建设工程项目报建制度,取而代之的是向当地建设行政主管部门提交工程建设项目发包初步方案,经由当地建设行政主管部门审核批准后才能进行招标准备。招标方工作人员要认真学习地方法规,依地方现行法规执行。

二、招标人的资格

(一)招标人自行招标

凡具有编制招标文件和组织评标的能力,且符合下列条件者,即可在有形建筑市场办理自行招标事宜:

表 2-1　工程建设项目报建表

报建＿＿＿＿年第＿＿＿号

建设单位		单位性质	
工程名称		工程监理单位	
工程地址		建设用地批准文件	
投资总额		当年投资	
资金来源构成		政府投资　%；自筹　%；贷款　%；外资　%	
批准资料 立项文件名称			
文　号			
投资许可证文号			
工程规模			
计划开工日期	年 月 日	计划竣工日期	年 月 日
发包方式			
银行资信证明			
工程筹建情况：		建设行政主管部门批准意见： 批复单位（公章） 年　月　日	
报建单位：（盖章） 法定代表人：　经办人：　电话：　邮编： 填报日期：　年　月　日			

说明：本表一式三份，批复后，审批单位、建设单位、工程所在地建设行政主管部门各一份。

（1）是法人或者其他组织。

（2）有从事同类工程招标的经验，并熟悉和掌握有关工程招标的法律、法规、规章及规范性文件和招标程序的有关人员。

（3）有专门的招标组织机构并有与工程规模、复杂程度相适应（满足原建设部令第79号第8、第9条第二款规定）的工程技术、工程造价（专业应配套）、财务以及工程管理等方面的专业技术人员（不含聘请人员），专业技术人员应附证明材料（证明材料包括：专业技术人员的名单、职称证书、执业资格证书及工作经历证明）。

（4）法律、法规规定的其他条件。依法必须进行招标的项目，招标人自行办理招标事宜的，应当向有关行政监督部门备案。不具备上述条件者，招标人应委托具有相应资质的工程招标代理机构代理招标。

（二）工程招标代理机构的资格

招标代理机构是依法成立、从事招标代理业务并提供相关服务的社会中介组织。具备相应的工程招标代理机构资质、企业法人营业执照，受招标人自愿委托，可在资质许可和招标人委托的范围内按有关规定从事招标代理业务。招标代理机构应具备以下条件：

（1）是依法设立的中介组织，具有独立的法人资格。

（2）与行政机关和其他国家机关没有行政隶属关系或者其他利益关系。

（3）有固定的营业场所和开展工程招标代理业务所需设施及办公条件。

（4）有健全的组织机构和内部管理的规章制度。

（5）具备编制招标文件和组织评标的相应专业力量。

（6）具有可以作为评标委员会成员人选的技术、经济等方面的专家库。

（7）法律、行政法规规定的其他条件。

从事工程建设项目招标代理业务的招标代理机构，还应具有国务院或省、自治区直辖市政府建设行政主管部门认定的资格。

任何单位和个人不得以任何方式为招标人指定招标代理机构，也不得强制招标人委托招标代理机构办理招标事宜。任何工程招标代理机构也不得以任何理由强行代理。工程招标代理机构代理招标，应向有形建筑市场出具招标人的委托合同及授权协议书。

三、招标方式的确定

对于公开招标和邀请招标这两种方式，按照原建设部第89号令《房屋建筑和市政基础设施工程施工招标投标管理办法》的规定："依法必须进行施工招标的工程，全部使用国有资金投资或者国有资金占控股或者主导地位的，应当公开招标，但经国家计委或者省、自治区、直辖市人民政府依法批准可以进行邀请招标的重点建设项目除外；其他工程可以实行邀请招标。"

具体的实行邀请招标的项目，各省、自治区、直辖市均制定了范围规定，可依据地方规定执行。

公开招标与邀请招标相比，打破了地域界限，能在较大范围内选择中标人，有利于投标竞争，但招标周期较长、费用较高。

四、施工标段的划分

招标项目需要划分标段的，招标人应当合理划分标段。一般情况下，一个项目应当作为一个整体进行招标。标段的划分是招标活动中较为复杂的一项工作，应当综合考虑以下因素：

1. 标段划分的大小

标段大小的划分要有利于竞争。对于大型的项目，作为一个整体进行招标将大大降低招标的竞争性，因为符合招标条件的潜在投标人数量太少。这样就应当将招标项目划分成若干个标段分别进行招标。但也不能将标段划分得太小，太小的标段将失去对实力雄厚的潜在投标人的吸引力。如建设项目的施工招标，一般可以将一个项目分解为单位工程及特殊专业工程分别招标，但不允许将单位工程肢解为分部、分项工程进行招标。

2. 招标项目的专业要求

如果招标项目的几部分内容专业要求接近，则该项目可以考虑作为一个整体进行招标。如果该项目的几部分内容专业要求相距甚远，则应当考虑划分为不同的标段分别招标。如对于一个项目中的土建和设备安装两部分内容就可分别招标。

3. 招标项目的管理要求

充分考虑施工过程中不同承包单位同时施工时可能产生的交叉干扰，以利于对工程项目的管理。如果招标标段划分得太多，会使现场协调工作难度加大，应当避免产生平面或者立面交接、工作责任的不清。如果建设项目各项工作的衔接、交叉和配合少，责任清楚，则可考虑分别发包；反之，则应考虑将项目作为一个整体发包给一个承包人，因为，此时由一个承包人进行协调管理容易做好衔接工作。

4. 资金的准备情况

一个项目作为一个整体招标，有利于承包人的统一管理，人工、机械设备、临时设施等可以统一使用，又可降低费用。如果资金准备充分，可整体招标，如果资金分段到位，则可根据资金的情况划分各个标段。应当具体情况具体分析。

五、材料、设备供应方式的选定

材料、设备的采购供应是工程建设中的一个重要组成部分，材料费占工程造价的50% ~ 60%，材料、设备的供应方式及质量、价格，对项目建设的进度、质量和经济效益都有着直接、重大的影响。下面几种是可供选择的供应方式：

1. 承包人采购

承包人采购是指施工过程中所用的材料均由承包人采购，责任风险均由承包人承担，采购和结算操作管理简单，比较适用于工期比较短、规模较小或材料、设备技术规格简单的工程建设项目。工期较长的大型工程建设项目，宜在合同条款中设置相应材料、设备的价格调整条款，以减少价格波动给承包人带来的过多风险。

2. 发包人自行采购供货

即甲供材，发包人为了控制工程建设项目中某些大宗的、重要的、新型特殊材料、设备的质量和价格，通常采取自行采购供货的方式，与供货商签订供货合同。如工程设计时就需要事先确定大型机电安装设备的技术性能、型号规格，可由发包人事先选定。在招标时，由发包人事先对这些材料、设备暂定一个价格，投标人在投标报价时必须按此暂定价报价，在工程结算时招标人扣除此部分材料、设备价格。

这种供货方式加大了发包人的采购控制权，也加大了发包人的责任和风险，材料设备价格的市场波动、规格匹配、质量控制、按计划供应以及与承包人的衔接等责任风险也随之由发包人承担，从而减轻了承包人相应的责任和风险。

3. 承包人发包人联合采购供货

一种情况是，因招标人前期准备不充分，设计图纸中的材料、设备的品牌、规格、型号等未作具体规定或图纸需要二次补充设计，可由招标人在招标前对这些材料、设备暂定一个价格，投标人在投标报价时必须按此暂定价报价。施工前，承包人在发包人确定了上述做法或材料的性能指标后再组织采购。另一种情况是由承包人选择，招标人决策，承包人与供货商签订并履行货物采购合同。

六、招标申请

招标单位填写"建设工程施工招标申请表"（见表2-2），有上级主管部门的需经其批准同意后，连同"工程建设项目报建表"报招标管理机构审批。

招标申请表包括以下内容：工程名称、建设地点、招标建设规模、结构类型、招标范围、招标方式、要求施工企业等级、拟邀请的投标单位名称、施工前期准备情况（土地征用、拆迁情况、勘察设计情况、施工现场条件等）和招标机构组织情况等。

表2-2 建设工程施工招标申请表

工程名称			建设地点	
结构类型			招标建设规模	
报建批准文号			概（预）算/万元	
计划开工日期	年 月 日		计划竣工日期	年 月 日
招标方式			发包方式	
要求投标单位资质等级			设计单位	
工程招标范围				

招标前期准备情况	施工现场条件	水		电		场地平整	
	路						
	建设单位供应的材料或设备	有附材料、设备清单					

	姓名	工作单位	职务	职称	从事专业年限	负责招标内容
招标工作组人员名单						

招标单位	（公章）负责人：（签字、盖章） 年 月 日
建设单位意见	（公章）负责人：（签字、盖章） 年 月 日
建设单位上级主管部门意见	（盖章） 年 月 日
招标管理机构意见	（盖章） 年 月 日
备注	

注：本表招标管理机构、标底审定部门、建设单位、招标单位各留存一份。

一般结构不太复杂及中小型工程应采用邀请招标的方式。采用邀请招标的，招标单位应对拟邀请参加投标的施工单位资格进行认真的审查，在招标申请表中填报选定的拟邀请投标的施工单位名称。拟邀请投标的施工单位不应少于三家。

招标单位的招标申请得到招标管理机构批准同意后，可进行编制招标文件。

任务三　编制招标公告、投标邀请书及资格预审公告

一、招标公告、投标邀请书及资格预审公告的内容

实行公开招标的建设工程项目，招标人通过国家指定的报刊、信息网络或者广播、电视等新闻媒介发布"招标公告"，也可以在中国工程建设和建筑业信息网络上及有形建筑市场内发布。发布的时间应达到相关规定要求，如某地区规定在建设网上发布的时间不少于五个工作日，一般要求在公告发布时间内领取资格预审文件或招标文件。实行邀请招标的建设工程项目，招标单位可通过建设工程交易中心发布信息，向有能力承担本合同工程的施工单位发出投标邀请书，收到投标邀请书的施工单位应于七日内以书面形式进行确认，说明是否愿意参加投标。对于进行资格预审的项目，要刊登"资格预审公告"。

按照《中华人民共和国招标投标法》的规定，招标公告与投标邀请书应当载明同样的事项，具体包括以下内容：

（1）招标人的名称和地址。

（2）招标项目的性质。

（3）招标项目的数量。

（4）招标项目的实施地点。

（5）招标项目的实施时间。

（6）获取招标文件的办法。

二、招标公告、投标邀请书及资格预审公告的格式

招标公告的一般格式见表2-3，资格预审公告的一般格式见表2-4，投标邀请书的一般格式见表2-5。

三、公开招标项目招标公告的发布

为了规范招标公告发布行为，保证潜在投标人平等、便捷、准确地获取招标信息，国家原发展计划委员会发布的自2000年7月1日起生效实施的《招标公告发布暂行办法》，对强制招标项目招标公告的发布作出了明确的规定。

（1）对招标公告发布的监督。国家原发展计划委员会根据国务院授权，按照相对集中、适度竞争、受众分布合理的原则，指定发布依法必须招标项目招标公告的报纸、信息网络等媒介（以下简称指定媒介），并对招标公告发布活动进行监督。

国家原发展计划委员会指定媒介有《中国日报》、《中国经济导报》、《中国建设报》、中国采购与招标网。目前各级政府招标主管部门对招标公告的发布均作出了相应的规定。

表 2-3　招标公告格式

招标公告（未进行资格预审）

_____（项目名称）_____标段施工招标公告

1. 招标条件

本招标项目_____（项目名称）已由_____（项目审批、核准或备案机关名称）以_____（批文名称及编号）批准建设，项目业主为_____，建设资金来自_____（资金来源），项目出资比例为_____，招标人为_____。项目已具备招标条件，现对该项目的施工进行公开招标。

2. 项目概况与招标范围

_____（说明本次招标项目的建设地点、规模、计划工期、招标范围、标段划分等）。

3. 投标人资格要求

3.1　本次招标要求投标人须具备_____资质，_____业绩，并在人员、设备、资金等方面具有相应的施工能力。

3.2　本次招标_____（接受或不接受）联合体投标。联合体投标的，应满足下列要求：_____。

3.3　各投标人均可就上述标段中的_____（具体数量）个标段投标。

3.4　本工程投标保证金金额_____。

4. 招标文件的获取

4.1　凡有意参加投标者，请于___年___月___日至___年___月___日（法定公休日、法定节假日除外），每日上午___时至___时，下午___时至___时（北京时间，下同），在_____（详细地址）持单位介绍信购买招标文件。

4.2　招标文件每套售价_____元，售后不退。图纸押金_____元，在退还图纸时退还（不计利息）。

4.3　邮购招标文件的，需另加手续费（含邮费）_____元。招标人在收到单位介绍信和邮购款（含手续费）后_____日内寄送。

5. 投标文件的递交

5.1　投标文件递交的截止时间（投标截止时间，下同）为___年___月___日___时___分，地点为_____。

5.2　逾期送达的或者未送达指定地点的投标文件，招标人不予受理。

6. 发布公告的媒介

本次招标公告同时在_____（发布公告的媒介名称）上发布。

7. 联系方式

招标人：_____	招标代理机构：_____
地　址：_____	地　址：_____
邮　编：_____	邮　编：_____
联系人：_____	联系人：_____
电　话：_____	电　话：_____
传　真：_____	传　真：_____
电子邮件：_____	电子邮件：_____
网　址：_____	网　址：_____
开户银行：_____	开户银行：_____
账　号：_____	账　号：_____

___年___月___日

表 2-4　资格预审公告格式

资格预审公告（代招标公告）

- 招标条件

本招标项目_____（项目名称）已由_____（项目审批、核准或备案机关名称）以_____（批文名称及编号）批准建设，项目业主为_____，建设资金来自（资金来源），项目出资比例为_____，招标人为_____。项目已具备招标条件，现进行公开招标，特邀请有兴趣的潜在投标人（以下简称申请人）提出资格预审申请。

- 项目概况与招标范围

（说明本次招标项目的建设地点、规模、计划工期、招标范围、标段划分等）。

- 申请人资格要求

1. 本次资格预审要求申请人具备_____资质，_____业绩，并在人员、设备、资金等方面具备相应的施工能力。

2. 本次资格预审_____（接受或不接受）联合体资格预审申请。联合体申请资格预审的，应满足下列要求：_____。

3. 各申请人可就上述标段中的_____（具体数量）个标段提出资格预审申请。

- 资格预审方法

本次资格预审采用_____（合格制/有限数量制）。

- 资格预审文件的获取

1. 请申请人于___年___月___日至___年___月___日（法定公休日、法定节假日除外），每日上午___时至___时，下午___时至___时（北京时间，下同），在（详细地址）持单位介绍信购买资格预审文件。

2. 资格预审文件每套售价_____元，售后不退。

3. 邮购资格预审文件的，需另加手续费（含邮费）_____元。招标人在收到单位介绍信和邮购款（含手续费）后___日内寄送。

- 资格预审申请文件的递交

1. 递交资格预审申请文件的截止时间（申请截止时间，下同）为___年___月___日___时___分，地点为___。

2. 逾期送达或者未送达指定地点的资格预审申请文件，招标人不予受理。

- 发布公告的媒介

本次资格预审公告同时在_____（发布公告的媒介名称）上发布。

- 联系方式

招标人：_____　　招标代理机构：_____

地　址：_____　　地　　址：_____

邮　编：_____　　邮　　编：_____

联系人：_____　　联系人：_____

电　话：_____　　电　　话：_____

传　真：_____　　传　　真：_____

电子邮件：_____　　电子邮件：_____

网　址：_____　　网　　址：_____

开户银行：_____　　开户银行：_____

账　号：_____　　账　　号：_____

　　　　　　　　　　　　　　　　　　　　　　___年___月___日

表 2-5　投标邀请书格式

投标邀请书

_____（邀请施工单位名称）：

1. _____（建设单位名称）的_____工程，建设地点在_____，结构类型为_____，建设规模为：_____。招标申请已得到招标管理机构批准，现通过邀请招标选定承包单位。

2. 工程质量要求达到国家施工验收规范（优良、合格）标准。计划开工日期为_____年_____月_____日，竣工日期为_____年_____月_____日，工期_____天（日历日）。

3. _____受建设单位的委托作为招标单位，现邀请合格的投标单位，进行密封投标，通过评审择优选出中标单位，来完成本合同工程的施工、竣工和保修。

4. 投标单位的施工资质等级须是_____级以上的施工企业，施工单位如愿意参加投标，可携带营业执照、施工资质等级证书向招标单位领取招标文件。同时交纳押金_____元。

5. 该工程的发包方式为（包工包料或包工不包料），招标范围为_____。

6. 招标工作安排：①勘察现场时间：_____，联系人：_____；②投标截止日期：_____，地点：_____；③投标截止日期：_____；④开标日期：_____。

招标单位：　（盖章）法定代表人：　（签字、盖章）

地址：_____邮政编码：_____联系人：_____电话：_____

日期：_____年_____月_____日

（2）对招标人的要求。依法必须公开招标项目的招标公告必须在指定媒介发布。招标公告的发布应当充分公开，任何单位和个人不得非法限制招标公告的发布地点和发布范围。招标人或其委托的招标代理机构发布招标公告，应当向指定媒介提供营业执照（或法人证书）、项目批准文件的复印件等证明文件。

招标人或其委托的招标代理机构在两个以上媒介发布的同一招标项目的招标公告内容应当相同。

（3）对指定媒介的要求。招标人或其委托的招标代理机构应至少在一家指定的媒介发布招标公告。指定媒介发布依法必须公开招标项目的招标公告，不得收取费用，但发布国际招标公告的除外。

指定报纸在发布招标公告的同时，应将招标公告如实抄送指定网络。指定报纸和网络应当在收到招标公告文本之日起七日内发布招标公告。

指定媒介应与招标人或其委托的招标代理机构就招标公告的内容进行核实，经双方确认无误后在规定的时间内发布。指定媒介应当采取快捷的发行渠道，及时向订户或用户传递。

（4）拟发布的招标公告文本有下列情形之一的，有关媒介可以要求招标人或其委托的招标代理机构及时予以改正、补充或调整：

1）字迹潦草、模糊，无法辨认的。

2）载明的事项不符合规定的。

3）没有招标人或其委托的招标代理机构主要负责人签名并加盖公章的。

4）在两家以上媒介发布的同一招标公告的内容不一致的。

指定媒介发布的招标公告的内容与招标人或其委托的招标代理机构提供的招标公告文本

不一致，并造成不良影响的，应当及时纠正，重新发布。

任务四　资格审查

一、资格审查的目的与分类

资格审查是为了在招投标过程中剔除不适合承包工程的潜在投标人。根据《招标投标法》的规定，招标人可以根据招标项目本身的要求，在招标公告或者投标邀请书中，要求潜在投标人提供有关证明文件和业绩情况，并对潜在投标人进行资格审查。招标人对潜在投标人资格审查的权利包括两个方面：一是要求潜在投标人提供书面证明的权利，二是对潜在投标人进行实际审查的权利。

招标人对潜在投标人资格审查可以分为资格预审与资格后审两种。

（一）资格预审

资格预审是指在投标前，具体地说是在购买招标文件之前，对潜在投标人进行的资格审查。通过发布资格预审招标公告，或者投标邀请书，要求潜在投标人提交预审的申请和有关证明资料，通过预审确定投标人是否具备资格参加投标，经资格预审合格的投标人可获取招标文件。

（二）资格后审

资格后审是指在开标后对投标人进行的资格审查。在招标公告或投标邀请书发出后由潜在投标人购买招标文件直接参加投标，潜在投标人在提交投标文件参加投标开标后，或者经过评标已成为中标候选人的情况下，再对其资格进行审查。实行资格预审对施工企业来讲，可以对收集到的招标信息进行筛选，达不到条件的可以放弃投标，节省投标费用。对招标人来讲，可通过预审，减少评审和比较投标文件的数量，了解潜在投标人的实力，筛选较有竞争力的潜在投标人参与投标。

国家发展和改革委员会、财政部、建设部、铁道部、交通部、信息产业部、水利部、民用航空总局、广播电影电视总局联合颁布的 56 号令，《<标准施工招标资格预审文件>和<标准施工招标文件>试行规定》中规定，国务院有关部门和地方人民政府有关部门可选择若干政府投资项目作为试点，由试点项目招标人按 56 号令使用《<标准施工招标资格预审文件>和<标准施工招标文件>试行规定》。我国对于政府投资的项目和地方重点建设项目正在推行资格预审。

二、资格预审的程序

资格预审程序主要有资格预审文件的编制与送审、发布资格预审公告（或投标邀请书）、资格预审申请、资格审查、发布资格预审结果通知等阶段。

（一）资格预审文件的编制

采用资格预审的招标单位需参照《建设项目施工招标资格预审文件》标准范本编写资格预审文件和招标文件，而不进行资格预审的公开招标只需编写招标文件。资格预审文件和招标文件须报招标管理机构审查，审查同意后可刊登资格预审通告、招标通告。按规定日期、时间发放资格预审文件。资格预审文件包括资格预审公告、申请人须知、资格审查办法、资格预审申请文件格式、项目建设概况，以及资格预审文件的澄清修改。

（二）资格预审申请

资格预审申请文件应包括下列内容：

（1）资格预审申请函。

（2）法定代表人身份证明或附有法定代表人身份证明的授权委托书。

（3）联合体协议书（组成联合体的）。

（4）申请人基本情况表。

（5）近年财务状况表。

（6）近年完成的类似项目情况表。

（7）正在施工和新承接的项目情况表。

（8）近年发生的诉讼及仲裁情况。

（9）招标人要求的其他材料。

（三）资格预审的步骤

审查委员会对资格预审申请人的审查分为初步审查和详细审查。

1. 初步审查内容

（1）申请人名称是否与营业执照、资质证书、安全生产许可证一致。

（2）申请函签字盖章是否有法定代表人或其委托代理人签字或加盖单位章。

（3）申请文件格式是否符合资格预审申请文件格式的要求。

（4）如有联合体投标，联合体申请人要提交联合体协议书，并明确联合体牵头人。

对上述因素按标准审查，有一项因素不符合审查标准的，不能通过资格预审。

2. 详细审查内容

营业执照的有效性、安全生产许可证的有效性及资质等级、财务状况、类似项目业绩、信誉、项目经理资格、其他要求、联合体申请人等方面按标准审查。有一项因素不符合审查标准的，不能通过资格预审。

（四）资格预审的评审

资格预审的评审可采用合格制和有限数量制。合格制资格预审是指凡符合规定审查标准的申请人均通过资格预审。有限数量制资格预审是指审查委员会依据规定的审查标准和程序，对通过初步审查和详细审查的资格预审申请文件进行量化打分，按得分由高到低的顺序确定通过资格预审的申请人。通过资格预审的申请人不超过资格审查办法前附表规定的数量。资格审查办法（有限数量制）见表2-6。

表2-6　资格审查办法（有限数量制）

序号		审查因素	审查标准
1	初步审查标准	申请人名称	与营业执照、资质证书、安全生产许可证一致
		申请函签字盖章	有法定代表人或其委托代理人签字或加盖单位章
		申请文件格式	符合资格预审申请文件格式的要求
		联合体申请人	提交联合体协议书，并明确联合体牵头人（如有）

（续）

序号		审查因素	审查标准
2	详细审查标准	营业执照	具备有效的营业执照
		安全生产许可证	具备有效的安全生产许可证
		资质等级	＿＿＿工程施工＿＿＿承包＿＿＿级及以上
		财务状况	开户银行资信证明和符合要求的财务表，＿＿＿级资信评估证书，近＿＿＿年财务状况的年份要求
		类似项目业绩	近年完成的类似项目的年份要求
		信誉	无因投标申请人违约或不恰当履约引起的合同中止、纠纷、争议、仲裁和诉讼记录
		项目经理资格	项目经理（建造师，下同）资格：＿＿＿专业＿＿＿级其他要求：
		其他要求	项目经理不得有在建工程，拟派往本招标工程项目的项目经理一经确定不得更改，中标后即按规定到现场进行管理，否则视为违约，取消其中标资格，并没收履约保证金
		联合体申请人	□接受，应满足下列要求：具备承担招标工程项目的能力
3	评分标准	评分因素	评分标准
		信誉	另编制详细的评分内容及标准
		项目经理资格预审评分的内容及标准	另编制详细的评分内容及标准
		违规、违纪等行为的扣分	另编制详细的评分内容及标准
		附加分	另编制详细的评分内容及标准

（五）资格预审申请文件的澄清

在审查过程中，审查委员会可以书面形式，要求申请人对所提交的资格预审申请文件中不明确的内容进行必要的澄清或说明。申请人的澄清或说明应采用书面形式，并不得改变资格预审申请文件的实质性内容。申请人的澄清和说明内容属于资格预审申请文件的组成部分。招标人和审查委员会不接受申请人主动提出的澄清或说明。

（六）资格预审评审报告

审查委员会按照规定的程序对资格预审申请文件进行审查后，确定通过资格预审的申请人名单，并向招标人提交书面审查报告。

（七）资格预审通知与确认

招标人应当向资格预审合格的投标申请人发出资格预审合格通知书，在规定的时间内以书面形式将资格预审结果通知申请人，告知获取招标文件的时间、地点和方法，并同时向资格预审不合格的投标申请人告知资格预审结果。在资格预审合格的投标申请人过多时，可以由招标人从中选择不少于一定数量的资格预审合格的投标申请人。

通过资格预审的申请人收到投标邀请书后，应在申请人须知前附表规定的时间内以书面形式明确表示是否参加投标。在申请人须知前附表规定时间内未表示是否参加投标或明确表示不参加投标的，不得再参加投标。因此而造成潜在投标人数量不足三个的，招标人重新组织资格预审或不再组织资格预审而直接招标。

任务五　编制招标文件

一、招标文件的编制

招标文件是由招标人或其委托的招标代理机构编制的，招标人或其他委托的代理机构应根据工程项目的具体情况，参照《招标文件范本》编写招标文件，并报招标管理机构审查，同意后方可向投标人发放。招标文件的作用主要用于说明拟招标工程的基本情况，指导投标人正确参加投标，告知投标人评标办法及订立合同的条件等。招标文件规定各项实质性要求和条件，规定了招标人与投标人之间的权利与义务，对招标投标双方都具有约束力，是投标人编制投标文件的依据，也是评标及招标人与中标人今后签订施工合同的基础。招标文件的内容应力求规范，符合法律、法规要求。

（一）招标文件的内容

《招标文件范本》中规定，招标文件应包括以下内容：

（1）投标人须知。投标人须知包括工程概况，招标范围，资格审查条件，工程资金来源或者落实情况（包括银行出具的资金证明），标段划分，工期要求，质量标准，现场踏勘和答疑安排，投标文件编制，提交、修改、撤回的要求，投标报价要求，投标有效期，开标的时间和地点等。

（2）评标办法。

（3）合同条款及格式。

（4）工程量清单。

（5）图纸。

（6）技术标准和要求。

（7）投标文件格式。

（二）招标文件部分内容编写说明

（1）熟悉招标工程。熟悉招标工程图纸，了解工程施工现场情况，掌握招标工程的基本情况，包括标段的划分、开竣工日期、计价模式、材料及设备供应方式、合同形式和投标保证的设置等。

（2）合理确定招投标的时间。招标文件中应明确投标准备时间，即从开始发放招标文件之日起，至投标截止时间的期限，最短不得少于 20 天。招标文件中还应载明投标有效期。

（3）明确工程质量、工期和奖惩办法。质量标准必须达到国家施工验收规范合格标准，对于要求质量达到优良标准的，应计取补偿费用，补偿费用的计算方法应按国家或地方有关文件规定执行，并在招标文件中明确。招标文件中的建设工期应参照国家或地方颁发的工期定额来确定，如果要求的工期比工期定额缩短 20% 以上（含 20%）的，应计算赶工措施费。赶工措施费如何计取应在招标文件中明确。事实由于施工单位原因造成不能按合同工期竣工时，计取赶工措施费的须扣除，同时还应赔偿由于误工给建设单位带来的损失。其损失费用的计算方法或规定应在招标文件中明确。如果建设单位要求按合同工期提前竣工交付使用，则应考虑计取提前工期奖，提前工期奖的计算办法应在招标文件中明确。

（4）应明确合同类型、投标价格计算依据、编制工程量清单报价的要求。一般结构不复杂或工期在12个月以内的工程，可以采用固定的价格，考虑一定的风险系数。结构较复杂或大型工程，工期在12个月以上，应采用可调整的价格。价格的调整方法及调整范围要明确。工程量清单由招标单位按国家颁布的统一工程项目计划，统一计量单位，统一的工程量计算规则，根据施工图纸计算工程量，编制工程量清单，工程量清单是投标单位作为投标报价的基础。招标文件中要对风险的分担范围进行说明。

（5）保证与担保。投标保证金是为防止投标人不审慎考虑和进行投标活动而设定的一种担保形式，是投标人向招标人缴纳的一定数额的货币。投标人缴纳投标保证金后，投标人未中标的，在定标发出中标通知书后，招标人原额退还其投标保证金；投标人中标的，在依中标通知书签订合同时，招标人原额退还其投标保证金。如果投标人未按规定的时间要求递交投标文件；在投标有效期内撤回投标文件；经开标、评标获得中标后不与招标人订立合同的，就会丧失投标保证金。招标人收取投标保证金后，如果不按规定的时间要求接受投标文件；在投标有效期内拒绝投标文件；中标人确定后不与中标人订立合同的，则要双倍返还投标保证金。

在招标文件中应明确投标保证金数额，投标保证金额不超过投标招标项目估算价的2%。投标保证金可采用现金、支票、银行汇票，也可以是银行出具的银行保函。投标保证金的有效期应当与投标有效期一致。招标文件要求中标人提交履约保证金的，中标人应当按照招标文件的要求提交。履约保证金不得超过中标合同金额的10%。

（6）材料或设备采购供应。材料或设备采购、运输、保管的责任应在招标文件中明确，如建设单位提供材料或设备，应列明材料或设备的名称、品种或型号、数量以及提供日期和交货地点等，还应在招标文件中明确招标单位提供的材料或设备计价和结算退款的方法。

（7）合同协议条款的编写。招标单位在编制招标文件时，应根据《中华人民共和国经济合同法》、《建设工程施工合同管理办法》及国家对建筑市场管理的有关规定，结合建设工程项目的具体情况确定"招标文件合同协议款"内容。投标单位在编制投标文件时，应认真考虑"招标文件合同协议条款"中对工程具体要求的规定，并在投标文件中明确对"合同协议条款"内容的响应。建设单位与中标单位双方应按招标文件中提供的"合同协议书格式"签订合同。

（三）招标文件的发售与修改

（1）招标人应当按招标公告或者投标邀请书规定的时间、地点出售招标文件或资格预审文件。自招标文件或者资格预审文件出售之日起至停止出售之日止，最短不得少于五个工作日。

（2）对招标文件或者资格预审文件的收费应当合理，不得以营利为目的。对于所附的设计文件，招标人可以向投标人酌情收取押金；对于开标后投标人退还设计文件的，招标人应当向投标人退还押金。

（3）招标文件或者资格预审文件售出后，不予退还。招标人在发布招标公告、发出投标邀请书后或者售出招标文件、资格预审文件后不得擅自终止招标。

（4）招标文件一般发售给通过资格预审、获得投标资格的投标人。

（5）招标文件的修改。招标人对已发出的招标文件进行必要的澄清或者修改的，应当在招标文件要求提交投标文件截止时间至少 15 日前，以书面形式通知所有招标文件收受人。该澄清或者修改的内容为招标文件的组成部分。招标单位对招标文件所作的任何修改或补充，须报招标管理机构审查同意后，在投标截止日期之间，同时发给所有获得招标文件的投标单位，投标单位应以书面形式予以确认。修改或补充文件作为招标文件的组成部分，对投标单位起约束作用。投标单位收到招标文件后，若有疑问或不清的问题需澄清解释，应在收到招标文件后七日内以书面形式向招标单位提出，招标单位应以书面形式或投标预备会形式予以解答。

二、招标文件的审查与备案

招标文件要经招标管理机构审查，审查主要看是否符合法律、法规的规定，是否体现公平合理、诚实信用的原则，是否兼顾招投标双方的利益。招标文件中不能出现相互矛盾、不合理要求及显失公平的条款。

招标文件经招标管理机构审查同意后，可刊登资审通告、招标通告。招标文件经评审专家组审核后，招标机构应当将招标文件的所有审核意见及招标文件最终修改部分的内容报送相应主管部门备案，主管部门在收到上述备案资料三日内函复招标机构。

任务六 工程标底与招标控制价的编制

一、工程标底的编制

（一）标底的概念

标底是指招标人根据招标项目的具体情况，依据国家规定的计价依据和计价办法，编制的完成招标项目所需的全部费用，是招标人为了实现工程发包而提出的招标价格，是招标人对建设工程的期望价格，也是工程造价的表现形式之一。标底由成本、利润、税金等组成，一般应该控制在批准的总概算及投资包干限额内。

我国《招标投标法》没有明确规定招标工程是否必须设置标底价格，招标人可根据工程的实际情况自己决定是否需要编制标底。一般情况下，即使采用无标底招标方式进行工程招标，招标人在招标时还是需要对招标工程的建造费用作出估计，使心中有一个基本价格底数，同时可以对各个投标价格的合理性作出理性的判断。

对设置标底的招标工程，标底价格是招标人的预期价格，对工程招标阶段的工作有一定的作用。

（1）标底价格是招标人控制建设工程投资、确定工程合同价格的参考依据。

（2）标底价格是衡量、评审投标人投标报价是否合理的尺度和依据。

因此，标底必须以严肃认真的态度和科学合理的方法进行编制，应当实事求是，综合考虑和体现发包人和承包人的利益，编制切实可行的标底，真正发挥标底价格的作用。一个工程只能编制一个标底。标底编制完成后，直至开标时，所有接触过标底价格的人员均负有保密责任，不得泄漏。

（二）标底的编制依据

工程标底是招标人控制投资、确定招标工程造价的重要手段，在计算时要求科学合理、计算准确。标底应当参考国务院和省、自治区、直辖市人民政府建设行政主管部门制定的工程造价计价办法和计价依据以及其他有关规定，根据市场价格信息，由招标单位或委托有相应资质的招标代理机构和工程造价咨询单位以及监理单位等中介组织进行编制。

编制工程标底主要需要以下基本资料和文件：

（1）国家的有关法律、法规以及国务院和省、自治区、直辖市人民政府建设行政主管部门制定的有关工程造价的文件和规定。

（2）工程招标文件中确定的计价依据和计价办法，招标文件的商务条款，包括合同条件中规定由工程承包人应承担义务而可能发生的费用，以及招标文件的澄清、答疑等补充文件和资料。在计算标底价格时，计算口径和取费内容必须与招标文件中有关取费等的要求一致。

（3）工程设计文件、图纸、技术说明及招标时的设计交底，以及按设计图纸确定的或招标人提供的工程量清单等相关基础资料。

（4）国家、行业、地方的工程建设标准，包括建设工程施工必须执行的建设技术标准、规范和规程。

（5）工程采用的施工组织设计、施工方案、施工技术措施等。

（6）工程施工现场地质、水文勘探资料，现场环境和条件及反映相应情况的有关资料。

（7）招标时的人工、材料、设备及施工机械台班等要素市场价格信息，以及国家或地方有关政策性调价文件的规定。

（三）标底的编制程序

招标文件中的商务条款一经确定，即可进入标底编制阶段。工程标底的编制程序如下：

（1）确定标底的编制单位。标底由招标单位自行编制或委托经建设行政主管部门批准的具有编制标底资格和能力的中介机构代理编制。

（2）收集编制资料。

1）全套施工图纸及现场地质、水文、地上情况的有关资料。

2）招标文件。

3）领取标底价格计算书、报审的有关表格。

（3）参加交底会及现场勘察。标底编审人员均应参加施工图交底、施工方案交底以及现场勘察、招标预备会，以便于进行标底的编审工作。

（4）编制标底。编制人员应严格按照国家的有关政策、规定，科学公正地编制标底价格。

（5）审核标底价格。

（四）标底文件的主要内容

（1）标底的综合编制说明。

（2）标底价格审定书、标底价格计算书、带有价格的工程量清单、现场因素、各种施工措施费的测算明细以及采用固定价格工程的风险系数测算明细等。

（3）主要人工、材料、机械设备用量表。

（4）标底附件：如各项交底纪要，各种材料及设备的价格来源，现场的地质、水文、地上情况的有关资料，编制标底价格所依据的施工方案或施工组织设计等。

（5）标底价格编制的有关表格。

（五）标底价格的编制方法

《建筑工程施工发包与承包计价管理办法》（中华人民共和国住房与城乡建设部16号令）规定：国有投资的建筑工程招标的，应当设有最高投标限价；非国有投资的建筑工程招标的，可以设有最高投标限价或者投标底价。标底价格由分部分项工程费、措施项目费、其他项目费、规费及税金组成。

我国目前建设工程施工招标标底的编制，主要采用定额计价和工程量清单计价来编制。

1. 以定额计价法编制标底

定额计价法编制标底采用的主要是实物量法。用实物量法编制标底，主要先计算出直接费，即用各分项工程的实物工程量，分别套取预算定额中的人工、材料、机械消耗指标，并按类相加，求出单位工程所需的各种人工、材料、施工机械台班的总消耗量，然后分别乘以当时、当地的人工、材料、施工机械台班市场单价，求出人工费、材料费、施工机械使用费，再汇总求和。对于其他各类费用的计算则根据当地有关工程造价计费规定计取。情况给予具体确定。

2. 以工程量清单计价法编制标底

工程量清单计价法的单价采用的主要是综合单价。用综合单价编制标底价格，要按照国家统一的工程量清单计价规范，计算工程量和编制工程量清单。然后再估算分部分项工程综合单价，该综合单价是根据具体项目分别估算的，是标底编制方参照报价方的编制口径估算的。综合单价确定以后，填入工程量清单中，再与各部分分项工程量相乘得到合价，各合价相加得到分部分项工程费，再计算措施项目费、其他项目费、规费和税金。汇总之后即可得到标底价格。

（六）标底编制注意事项

编制一个合理、可靠的标底价格还必须在收集和分析各种资料的基础上考虑以下因素：

（1）标底必须适应目标工期的要求，应对提前工期因素有所反映。应将目标工期对照工期定额，按提前天数给出必要的赶工费和奖励，并列入标底。

（2）标底必须适应招标方的质量要求，应对高于国家施工及验收规范的质量因素有所反映。标底中对工程质量的反映。标底包括与造价相应的主要施工方案及质量保证措施。工程质量标准应按国家相关的施工及验收规范的要求。

（3）标底必须适应建筑材料采购渠道和市场价格的变化，考虑材料涨价因素，并将风险因素列入标底。标底与报价计算的口径要一致。

（4）标底必须合理考虑招标工程的自然地理条件和招标工程范围等因素。将地下工程及"三通一平"等招标工程范围内的费用正确地计入标底价格。由于自然条件导致的施工不利因素也应考虑计入标底。

（5）选择先进的施工方案计算标底价格，并应根据招标文件规定的工程发承包模式，确定相应的计价方式，考虑相应的风险费用。

（七）标底的审查

为了保证标底的准确和严谨，必须加强对标底的审查。

1. 审查标底的目的

审查标底的目的是检查标底价格编制是否真实、准确，标底价格如有漏洞，应予以调整和修正。如总价超过概算，应按照有关规定进行处理，不得以压低标底价格作为压低投资的手段。

2. 标底审查的内容

（1）标底计价依据：承包范围、招标文件规定的计价方法及招标文件的其他有关条款。

（2）标底价格组成内容：工程量清单及其单价组成、直接费、其他直接费、有关文件规定的取费、调价规定以及税金、主要材料和设备需用数量等。

（3）标底价格相关费用：人工、材料、机械台班的市场价格，措施费（赶工措施费、施工技术措施费）、现场因素费用、不可预见费（特殊情况），还有所测算的在施工周期内人工、材料、设备、机械台班价格波动的风险系数等。

3. 标底的审查方法

标底价格的审查方法类似于施工图预算的审查方法，主要有全面审查法、重点审查法、分解对比审查法、分组计算审查法、标准预算审查法、筛选法、应用手册审查法等。

标底价格的审定时间一般在投标截止日后，开标之前。结构不太复杂的中小型工程在 7 天以内，结构复杂的大型工程在 14 天以内。

4. 标底的审查单位

标底价格的审查有两种做法，一是报招标管理机构直接审查，二是由招标管理机构和各地造价管理部门委托当地 2 ~ 3 家资质较高、社会信誉较好、人员素质与能力较强的中介机构审查。招标人要求审查的时间比编制标底的时间更短，一般为 1 ~ 3 天。

二、招标控制价

（一）招标控制价的概念

招标控制价是 GB 50500《建设工程工程量清单计价规范》新增的术语。招标控制价是指招标人根据国家或省级、行业建设主管部门颁发的有关计价依据和办法，按设计施工图纸计算的，对招标工程限定的最高工程造价，是中标人对招标工程的最高限价。

（二）招标控制价的适用原则

GB 50500—2013《建设工程工程量清单计价规范》中规定，国有资金投资的工程建设项目应实行工程量清单招标，并应编制招标控制价。招标控制价超过批准的概算时，招标人应将其增加部分报原概算审批部门审核。投标人的投标报价高于招标控制价的，其投标应予以拒绝。该条规包含如下三方面原则：

（1）有利于客观合理地评审投标报价，避免哄抬标价，造成国有资产的流失，国有资金投资的工程建设项目应编制招标控制价，作为招标人能够接受的最高控制价格。

（2）我国对国有资金投资的工程建设项目的投资控制实行的是投资概算控制制度，因此，当招标的控制价超过批准的概算时，招标人应当将其报原概算审核部门审核。

（3）国有资金投资的工程其招标控制价相当于政府采购中的采购预算，根据《中华人民共和国采购法》中"投标人的报价均超过了采购预算，采购人不能支付"的精神，规定在国有资金投资工程的招投标活动中，投标人投标报价不能超过招标控制价，否则其投标将被拒绝。

招标控制价应由具有编制能力的招标人，或受其委托具有相应资质的工程造价咨询人编制。

（三）招标控制价的编制依据

（1）《建设工程工程量清单计价规范》。

（2）国家或省级行业建设主管部门颁发的计价定额和计价办法。

（3）建设工程设计文件及相关资料。

（4）招标文件中的工程量清单及有关要求。

（5）与建设项目相关的标准、规范、技术资料。

（6）工程造价管理机构发布的工程造价信息；工程造价信息没有的参照市场价格。

（7）其他的相关资料。

（四）招标控制价的组成

招标控制价由五部分组成：分部分项工程量清单计价、措施项目清单计价、其他项目清单计价、规费和税金。招标控制价编制单位按工程量清单计算组价项目，并根据项目特点进行综合分析，然后按市场价格和取费标准、取费程序及其他条件计算综合单价，含完成该项工程内容所需的所有费用，最后汇总成招标控制价。其中措施项目费的编制要根据工程所在地常用的施工技术与施工方案计取。

各省、地区对招标控制价编制的方法与内容要求均作了详细的规定。对招标控制价公布的时间也作了相应的要求。

（五）招标控制价的优点

（1）可有效控制投资，防止恶性哄抬报价所带来的投资风险。

（2）提高了透明度，避免了暗箱操作、寻租等违法活动的产生。

（3）使各投标人自主报价、公平竞争，符合市场规律。投标人自主报价，不受标底的左右。

（4）既设置了控制上限，又尽量地减少了业主对评标基准价的影响。

（六）招标控制价与标底的关系

自1983年建设部试行施工招投标制度至2003年7月1日推行工程量清单计价制度期间，各省市对中标价基本上采取在标底的一定百分比范围内（如±3%或±5%）等限制性措施评标定价。在2000年实施的《中华人民共和国招标投标法》中规定，招标工程如设有标底的，标底必须保密。但自2003年7月1日起施行工程量清单计价制度后，对招标时评标定价的管理方式已发生了根本性的变化。有的省市基本取消了中标价不得低于标底的做法，但这又出现了新的问题，即根据什么来确定合理报价。在实践中，一些工程在施工招标中也出现了所有投标人的投标价均高于招标人的标底的情况，即使是最低价，招标人也不能接受。这种招标人不接受最低价投标人的现象，又对招标的合法性提出了新的问题，急需解决。在工程招标中，投标竞争的焦点反映在报价的竞争上，投标企业为争取更大的效益，会在报价上做文章，也会使用各种手段获取标底信息，最直接的方式是串标与围标。针对这一问题，为遏止投标人围标、串标、哄抬标价，许多省市相继出台了控制最高限价的规定，名称不一，有的命名为拦标价、最高报价值，有的命名为预算控制价、最高限价等，均要求在招标文件中同时公布，并规定投标人的报价如超过公布的最高限价，其投标将作为废标处理，以解决这一新的问题。由此可见，在工程量清单计价模式下，不再使用标底的称谓，寻求新的称谓已基本形成共识。

2005 年，建设部建市［2005］208 号文颁布了《关于加强房屋建筑和市政基础设施工程项目施工招标投标行政监督工作的若干意见》。其中规定国有资金投资的工程项目推行工程量清单计价方式，提倡在工程项目的施工招标中设立投标报价的最高限价，以防止和遏制串通投标和哄抬标价的行为，招标人设定最高限价的，应在投标截止日前三天公布。这一意见颁布后各地区也对清单招标相继出台了相应的办法与规定。但在 GB 50500—2013《建设工程工程量清单计价规范》出台后对此有了统一说法。

为避免与《招标投标法》关于标底必须保密的规定相违背，GB 50500—2013《建设工程工程量清单计价规范》将其定义为"招标控制价"。招标控制价应采用工程量清单计价法编制。

招标控制价（最高限价）的编制可参照标底编制的原理与方法。近年来，有些地区规定对依法必须招标的工程，招标人设定投标报价最高限价（招标控制价）的，应当由有资质的中介机构编制一个标底，以标底价为基础，调整一定幅度后确定招标控制价（最高限价），且浮动幅度不应超过当期发布的合理浮动幅度指标。

任务七　组织现场勘察与投标预备会

一、现场勘察

（一）现场勘察的目的

勘察现场的目的在于使投标人了解工程场地和周围环境情况，以获取投标人认为有必要的信息。为便于投标人提出问题并得到解答，现场勘察一般安排在投标预备会的前 1~2 天。投标人在勘察现场中如有疑问，应在投标预备会前以书面形式向招标人提出，但应给招标人留有解答时间。

（二）现场勘察的内容

现场勘察主要注意以下情况：

（1）施工现场是否达到招标文件规定的条件。

（2）施工现场的地理位置和地形、地貌。

（3）施工现场的地质、土质、地下水位、水文等情况。

（4）施工现场气候条件，如气温、湿度、风力、年雨雪量等。

（5）现场环境，如交通、饮水、污水排放、生活用电、通信等。

（6）工程在施工现场中的位置或布置。

（7）临时用地、临时设施搭建等。

招标人根据招标项目的具体情况，可以组织潜在投标人踏勘项目现场，招标人向投标人介绍工程现场场地和相关环境的有关情况。潜在投标人依据招标人介绍的情况作出判断与决策，投标人作出的判断与决策均由投标人自行负责。需要注意的是投标人可以组织现场踏勘，而非必须，但招标人不得单独或分别组织任何一个投标人进行现场踏勘。

二、投标预备会

（1）组织投标预备会的目的在于澄清招标文件中的疑问，解答投标单位对招标文件和现场踏勘中所提出的疑问。在投标预备会上还应对图纸进行交底和解释。

（2）投标预备会在招标管理机构的监督下，由招标人组织并主持召开。招标人在预备会上对招标文件和现场情况作介绍或解释，并解答投标人提出的疑问，包括书面提出的和预备会上口头提出的询问。

（3）投标预备会结束后，由招标人整理会议记录和解答内容，报招标管理机构核准同意后，尽快以书面形式将问题及解答同时发送到所有获得招标文件的潜在投标人手中。

（4）投标预备会安排在发出招标文件 7 日后 28 日内举行。

（5）在召开投标预备会时，参加投标预备会的投标人应签到登记，以证明出席投标预备会。

（6）无论是招标单位以书面形式向投标单位发放的任何资料，还是投标单位提出的任何问题，均应以书面形式予以确认。

投标预备会的程序如下：

（1）宣布投标预备会开始。

（2）介绍参加会议单位和主要人员。

（3）介绍问题解答人。

（4）解答投标单位提出的问题：在招标文件中存在的疑问；在勘察现场中提出的疑问；对施工图纸进行交底。

（5）通知有关事项。

（6）宣布会议结束。

任务八　策划工程开标

一、开标

开标是招标人在投标截止后，按招标文件规定的时间、地点，在投标人法定代表人或授权代理人在场的情况下举行开标会议，开启投标人提交的投标文件，公开宣读投标人的名称、投标报价及投标文件中的主要内容的过程。开标会议由招标单位或其委托的招标代理机构主持。

（一）开标的时间和地点

我国《招标投标法》规定，开标应当在招标文件确定的提交投标文件截止时间的同一时间公开进行。这样的规定是为了避免投标中的舞弊行为。在下列情况下可以暂缓或者推迟开标时间：①招标文件发售后对原招标文件作了变更或者补充；②开标前发现有影响招标公正性的不正当行为；③出现突发事件等。开标地点应当为招标文件中预先确定的地点。招标人应当在招标文件中对开标地点作出明确、具体的规定，以便投标人及有关方面按照招标文件规定的开标时间到达开标地点。

（二）出席开标会议的规定

开标由招标人或者招标代理人主持，邀请所有投标人参加。投标单位法定代表人或授权代表未参加开标会议的视为自动弃权。开标会议在招标管理机构的监督下进行；开标会议可以邀请公证部门对开标全过程进行公证。

（三）开标程序和唱标的内容

（1）开标会议宣布开始后，应首先请各投标单位代表确认其投标文件的密封完整性，并签字予以确认。随后当众宣读评标原则、评标办法。由招标单位依据招标文件的要求，核查投标单位提交的证件和资料，并审查投标文件的完整性、文件的签署、投标担保等，但提交合格"撤回通知"和逾期送达的投标文件不予启封。

（2）唱标顺序应按各投标单位报送投标文件时间先后的逆顺序进行。当众宣读有效标函的投标单位名称、投标价格、工期、质量、主要材料用量、修改或撤回通知、投标保证金、优惠条件，以及招标单位认为有必要的内容。

（3）唱标内容应作好记录，并请投标单位法定代表人或授权代理人签字确认。开标过程应当记录，并存档备查。

（四）开标会议的程序

（1）主持人宣布开标会议开始。

（2）宣读招标单位法定代表人资格证明书及授权委托书。

（3）介绍参加开标会议的单位和人员名单。

（4）宣布公证、唱标、记录人名单。

（5）宣布评标原则、评标办法。

（6）由招标单位检验投标单位提交的投标文件和资料，并宣读核查结果。

（7）唱标，宣读投标单位的投标报价、工期、质量、主要材料用量、投标保证金、优惠条件等。记录人作好开标记录（见表2-7）。

表2-7 开标记录

招标工程名称： 开标时间： 年 月 日 时 分

项目 / 投标人名称	投标文件密封情况	投标文件密封情况及招标文件核对结果签字	投标总价/万元	工期/日历天	质量目标	投标保证金	项目经理	无效投标文件及无效原因	投标人对开标程序及唱标结果签字确认
标底									

（8）宣读评标期间的有关事项；招标管理机构当众宣布审定后的工程标底价格（设有标底的）。

（9）宣布休会，进入评标阶段。

（10）宣布复会，公布评标结果，公证机构进行公正。

（11）会议结束。

二、有关无效投标文件的规定

在开标时，投标文件出现下列情形之一的，应当作为无效投标文件，不得进入评标：

（1）投标文件未按照招标文件的要求予以密封的。

（2）投标文件中的投标函未加盖投标人的企业及企业法定代表人印章的，或者企业法定代表人委托代理人没有合法、有效的委托书（原件）及委托代理人印章的。

（3）投标文件的关键内容字迹模糊、无法辨认的。

（4）投标人未按照招标文件的要求提供投标保函或者投标保证金的。

（5）组成联合体投标，投标文件未附联合体各方共同投标协议的。

三、重新招标

重新招标是一个招标项目发生法定情况，无法继续进行评标、推荐中标候选人，当次招标结束后，如何开展项目采购的一种选择。所谓法定情况，包括于投标截止时间到达时投标人少于三个、评标中所有投标被否决或其他法定情况。

（1）《评标委员会和评标方法暂行规定》第27条规定："投标人少于三个或者所有投标被否决的，招标人应当依法重新招标。"

（2）《工程建设项目勘察设计招标投标办法》第48条规定："在下列情况下，招标人应当依照本办法重新招标：（一）资格预审合格的潜在投标人不足三个的；（二）在投标截止时间前提交投标文件的投标人少于三个的；（三）所有投标均被作废标处理或被否决的；（四）评标委员会否决不合格投标或者界定为废标后，因有效投标不足三个使得投标明显缺乏竞争，评标委员会决定否决全部投标的；（五）根据第四十六条规定，同意延长投标有效期的投标人少于三个的。"

（3）《工程建设项目货物招标投标办法》则有4条规定了重新招标情况：

1）第34条规定："提交投标文件的投标人少于三个的，招标人应当依法重新招标。重新招标后投标人仍少于三个的，必须招标的工程建设项目，报有关行政监督部门备案后可以不再进行招标，或者对两家合格投标人进行开标和评标。"

2）第28条规定："同意延长投标有效期的投标人少于三个的，招标人应当重新招标。"

3）第41条规定："评标委员会对所有投标作废标处理的，或者评标委员会对一部分投标作废标处理后其他有效投标不足三个使得投标明显缺乏竞争，决定否决全部投标的，招标人应当重新招标。"

4）第55条规定："招标人或者招标代理机构有下列情形之一的，有关行政监督部门责令其限期改正，根据情节可处三万元以下的罚款：（一）未在规定的媒介发布招标公告的；（二）不符合规定条件或虽符合条件而未经批准，擅自进行邀请招标或不招标的；（三）依法必须招标的货物，自招标文件开始发出之日起至提交投标文件截止之日止，少于二十日的；（四）应当公开招标而不公开招标的；（五）不具备招标条件而进行招标的；（六）应当履行核准手续而未履行的；（七）未按审批部门核准内容进行招标的；（八）在提交投标文件截止时间后接收投标文件的；（九）投标人数量不符合法定要求不重新招标的；（十）非因不可抗力原因，在发布招标公告、发出投标邀请书或者发售资格预审文件或招标文件后终止招标的。具有前款情形之一，且情节严重的，应当依法重新招标。"

任务九　评标、定标、签订合同

一、评标

评标是由评标委员会根据招标文件的规定和要求，对投标文件进行全面审查、评审与比较的过程。评标是招投标过程中的核心环节。我国《招标投标法》对评标作出了原则性的规定。为了更为细致地规范整个评标过程，2001 年 7 月 5 日，国家发展计划委员会、国家经济贸易委员会、建设部、铁道部、交通部、信息产业部、水利部联合发布了《评标委员会和评标方法暂行规定》。

（一）评标的原则

评标活动应遵循公平、公正、科学、择优的原则，招标人应当采取必要的措施，保证评标在严格保密的情况下进行。评标是招标投标活动中一个十分重要的阶段，如果对评标过程不进行保密，则影响公正评标的不正当行为就有可能发生。

（二）评标的准备及涉及外汇报价的处理

（1）评标的准备。评标委员会成员应当编制供评标使用的相应表格，认真研究招标文件，至少应了解和熟悉以下内容：

1）招标的目标。

2）招标项目的范围和性质。

3）招标文件中规定的主要技术要求、标准和商务条款。

4）招标文件规定的评标标准、评标方法和在评标过程中考虑的相关因素。

招标人或者其委托的招标代理机构应当向评标委员会提供评标所需的重要信息和数据。招标人设有标底的，标底应当保密，并在评标时作为参考。

评标委员会应当根据招标文件规定的评标标准和方法，对投标文件进行系统的评审和比较，招标文件中没有规定的标准和方法不得作为评标的依据。因此，评标委员会成员还应当了解招标文件规定的评标标准和方法，这也是评标的重要准备工作。

（2）涉及外汇报价的处理。评标委员会应当按照投标报价的高低或者招标文件规定的其他方法对投标文件排序。以多种货币报价的，应当按照中国银行在开标日公布的汇率中间价换算成人民币。招标文件应当对汇率标准和汇率风险作出规定。未作规定的，汇率风险由投标人承担。

（三）评标中的其他要求

（1）关于同时投多个单项合同（即多个标段）问题。对于划分有多个单项合同（即多个标段）的招标项目，招标文件允许投标人为获得整个项目合同而提出优惠的，评标委员会可以对投标人提出的优惠进行审查，以决定是否将招标项目作为一个整体合同授予中标人。将招标项目作为一个整体合同授予的，整体合同中标人的投标应当最有利于招标人。

（2）评标的期限和延长投标有效期的处理。评标和定标应当在投标有效期结束日30个工作日前完成。不能在投标有效期结束日30个工作日前完成评标和定标的，招标人应当通知所有投标人延长投标有效期。拒绝延长投标有效期的投标人有权收回投标保证金。同意延长投标有效期的投标人应当相应延长其投标担保的有效期，但不得修改投标文件的实质性内容。因延长投标有效期造成投标人损失的，招标人应当给予补偿，但因不可抗力需延长投标有效期的除外。

二、组建评标委员会与清标工作组

评标委员会成员名单一般应于开标前确定，而且该名单在中标结果确定前应当保密。评标委员会在评标过程中是独立的，任何单位和个人都不得非法干预、影响评标过程和结果。

（一）评标委员会的组建与对评标委员会成员的要求

（1）评标委员会的组建。评标委员会由招标人负责组建，负责评标活动，向招标人推荐中标候选人或者根据招标人的授权直接确定中标人。

评标委员会由招标人或其委托的招标代理机构熟悉相关业务的代表，以及有关技术、经济等方面的专家组成，成员人数为5人以上的单数，其中技术、经济等方面的专家不得少于成员总数的2/3。评标委员会设负责人的，负责人由评标委员会成员推举产生或者由招标人确定，评标委员会负责人与评标委员会的其他成员有同等的表决权。

评标委员会的专家成员应当从省级以上人民政府有关部门提供的专家名册或者招标代理机构专家库内的相关专家名单中确定。确定评标专家，可以采取随机抽取或者直接确定的方式。一般项目，可以采取随机抽取的方式；技术特别复杂、专业性要求特别高或者国家有特殊要求的招标项目，采取随机抽取方式确定的专家难以胜任的，可以由招标人直接确定。

（2）对评标委员会成员的要求。评标委员会中的专家成员应符合下列条件：

1）从事相关专业领域工作满8年并具有高级职称或者同等专业水平。

2）熟悉有关招投标的法律、法规，并具有与招标项目相关的实践经验。

3）能够认真、公正、诚实、廉洁地履行职责。

有下列情形之一的，不得担任评标委员会成员：

1）投标人或者投标人主要负责人的近亲属。

2）项目主管部门或者行政监督部门的人员。

3）与投标人有经济利益关系，可能影响对投标公正评审的。

4）曾因在招标、评标以及其他与招投标有关活动中从事违法行为而受过行政处罚或刑事处罚的。评标委员会成员有上述情形之一的，应当主动提出回避。

（3）评标委员会成员的基本行为要求。评标委员会成员应当客观、公正地履行职责，遵守职业道德，对所提出的评审意见承担个人责任。

评标委员会成员不得与任何投标人或者与招标结果有利害关系的人进行私下接触，不得收受投标人、中介人、其他利害关系人的财物或者其他好处。

评标委员会成员和与评标活动有关的工作人员不得透露对投标文件的评审和比较、中标候选人的推荐情况以及与评标有关的其他情况。

（二）组建清标工作组

清标工作组由招标人、工程招标代理机构和评标委员会等具备相应条件的人员组成。清标工作组的任务是在评标委员会评标之前根据招标文件的规定，对所有投标文件进行全面审查，列出投标文件在符合性等方面存在的偏差。清标主要审查投标文件是否完整、总体编排是否有序、文件签署是否合格、投标人是否提交了投标保证金、有无计算上的错误等。清标的重点有以下几项：

1）对照招标文件，查看投标人的投标文件是否完全响应招标文件。

2）对工程量大的单价和单价过高于或过低于清标均价的项目要重点查。

3）对措施费采用合价包干的项目的单价，要对照施工方案的可行性进行审查。

4）对工程总价、各项目单价及要素价格的合理性进行分析、测算。

5）对投标人所采用的报价技巧，要辩证地分析、判断其合理性。

6）在清标过程中如发现清单不严谨的表现所在，妥善处理。

三、评标程序与方法

通常将评标的程序分为两段三审。两段是指初步评审和详细评审。初步评审即对投标文件进行符合性评审、技术性评审和商务性评审，筛选出若干具备投标资格的投标人。详细评审是指对初步评审筛选出的若干具备投标资格的投标人进行进一步澄清、答辩，择优选定中标候选人。三审是指对投标文件进行符合性评审、技术性评审和商务性评审，三审一般只发生在初步评审阶段。

（一）评标程序

1. 初步评审

初步评审的内容包括：

（1）投标文件的符合性评审。投标文件的符合性评审包括商务符合性和技术符合性鉴定。投标文件应实质上响应招标文件的所有条款、条件，无显著的差异或保留。所谓显著的差异或保留包括以下情况：对工程的范围、质量及使用性能产生实质性影响；偏离了招标文件的要求，而对合同中规定的业主的权利或者投标人的义务造成了实质性的限制；纠正这种差异或者保留将会对提交了实质性响应要求的投标书的其他投标人的竞争地位产生不公正影响。

（2）投标文件的技术性评审。投标文件的技术性评审包括：方案可行性评估和关键工序评估；劳务、材料、机械设备、质量控制措施评估以及对施工现场周围环境污染的保护措施评估。

（3）投标文件的商务性评审。投标文件的商务性评审包括：投标报价校核、审查全部报价数据计算的正确性、分析报价构成的合理性并与标底价格进行对比分析，修正后的投标报价经投标人确认后对其起约束作用。

（4）投标文件的澄清和说明。评标委员会可以要求投标人对投标文件中含意不明确的内容作必要的澄清或者说明，但是澄清或者说明不得超出投标文件的范围或者改变投标文件的实质性内容。对投标文件的相关内容作出澄清和说明，其目的是有利于评标委员会对投标文件的审查、评审和比较。澄清和说明包括投标文件中含义不明确、对同类问题表述不一致或者有明显文字和计算错误的内容。

以数字表示的金额与文字表示的金额不一致时，以文字表示的为准；投标文件中的大写金额和小写金额不一致的，以大写金额为准；总价金额与单价金额不一致的，以单价金额为准，但单价金额小数点有明显错误的除外；对不同文字文本投标文件的解释发生异议的，以中文文本为准。

（5）废标的处理。应当作为废标处理的情况包括：

1）弄虚作假。在评标过程中，评标委员会发现投标人以他人的名义投标、串通投标、以行贿手段谋取中标或者以其他弄虚作假方式投标的，该投标人的投标应作废标处理。

2）报价低于其个别成本。在评标过程中，评标委员会发现投标人的报价明显低于其他投标报价或者在设有标底时明显低于标底，使其投标报价可能低于其个别成本的，应当要求该投标人作出书面说明并提供相关证明材料。投标人不能合理说明或者不能提供相关证明材料的，由评标委员会认定该投标人以低于成本报价竞标，其投标应作废标处理。

3）投标人不具备资格条件或者投标文件不符合形式要求。投标人不具备资格条件或者投标文件不符合形式要求，其投标也应当按照废标处理。投标人资格条件不符合国家有关规定和招标文件要求的，或者拒不按照要求对投标文件进行澄清、说明或者补正的，评标委员会可以否决其投标。

4）未能在实质上响应的投标。评标委员会应当审查每一投标文件是否对招标文件提出的所有实质性要求和条件作出响应。未能在实质上作出响应的投标，应作废标处理。

（6）投标偏差。评标委员会应当根据招标文件，审查并逐项列出投标文件的全部投标偏差。投标偏差分为重大偏差和细微偏差。

1）重大偏差。重大偏差是指投标文件在实质上没有全部或部分响应招标文件的要求，或者全部或部分不符合招标文件中的指标或数据。凡投标文件有下列情况之一的，属于重大偏差，按废标处理，不得进入下一阶段评审。

① 投标文件中的投标函未加盖投标人的公章及企业法定代表人印章的，或者企业法定代表人委托代理人没有合法、有效的委托书（原件）及委托代理人印章的。

② 未按招标文件要求提供投标保证金的。

③ 未按招标文件规定的格式填写，内容不全或关键字迹模糊、无法辨认的。

④ 投标人递交两份或多份内容不同的投标文件，或在一份投标文件中对同一招标项目报有两个或多个报价，且未声明哪一个有效，按招标文件规定提交备选投标方案的除外。

⑤ 投标人名称或组织结构与资格预审时不一致的。

⑥ 除在投标文件截止时间前经招标人书面同意外，项目经理与资格预审时不一致的。

⑦ 投标人资格条件不符合国家有关规定或招标文件要求的。

⑧ 投标文件载明的招标项目完成期限超过招标文件规定的期限。

⑨ 明显不符合技术规范、技术标准的要求。

⑩ 投标报价超过招标文件规定的最高限价的。

⑪ 不同投标人的投标文件出现了评标委员会认为不应当雷同的情况。

⑫ 改变招标文件提供的工程量清单中的计量单位、工程数量。

⑬ 改变招标文件规定的暂定价格或不可竞争费用的。

⑭ 未按招标文件要求提供投标报价的电子投标文件或投标报价的电子投标文件无法导

入计算机评标系统。

⑮ 投标文件载明的货物包装方式、检验标准和方法等不符合招标文件的要求。

⑯ 投标文件提出了不能满足招标文件要求或招标人不能接受的工程验收、计量、价款结算支付办法。

⑰ 以他人的名义投标、串通投标、以行贿手段谋取中标或者以其他弄虚作假方式投标的。

⑱ 经评标委员会认定投标人的投标报价低于成本价的。

⑲ 组成联合体投标的，投标文件未附联合体各方共同投标协议的。

2）细微偏差。细微偏差是指投标文件在实质上响应招标文件要求，但在个别地方存在漏项或者提供了不完整的技术信息和数据等情况，并且，补正这些遗漏或者不完整不会对其他投标人造成不公平的结果。细微偏差不影响投标文件的有效性。

评标委员会应当书面要求存在细微偏差的投标人在评标结束前予以补正。拒不补正的，在详细评审时可以对细微偏差作不利于该投标人的量化，量化标准应当在招标文件中明确规定。

（7）有效投标过少的处理。投标人数量是决定投标是否有竞争性的最主要的因素。但是，如果投标人数量很多，有效投标却很少，则仍然达不到增加竞争性的目的。因此，《评标委员会和评标方法暂行规定》中规定，如果否决不合格投标或者界定为废标后，因有效投标不足三个使得投标明显缺乏竞争的，评标委员会可以否决全部投标。投标人少于三个或者所有投标被否决的，招标人应当依法重新招标。

在评标过程中，如发现有下列情形之一不能产生定标结果的，可宣布招标失败：

1）所有投标报价高于或低于招标文件所规定的幅度的。

2）所有投标人的投标文件均实质上不符合招标文件的要求，被评标组织否决的。

如果发生招标失败，招标人应认真审查招标文件及标底，作出合理修改，重新招标。在重新招标时，原采用公开招标方式的，仍可继续采用公开招标方式，也可改用邀请招标方式；原采用邀请招标方式的，仍可继续采用邀请招标方式，也可改用议标方式；原采用议标方式的，应继续采用议标方式。

2. 详细评审

经初步评审合格的投标文件，评标委员会应当根据招标文件确定的评标标准和方法，对其技术部分和商务部分作进一步评审、比较。

设有标底的招标项目，评标委员会在评标时应当参考标底。实施招标控制价的项目，投标人的投标报价高于招标控制价的，其投标予以拒绝。评标只对有效投标进行评审。评标委员会完成评标后应当向招标人提出书面评标报告，并推荐合格的中标候选人。

（二）评标方法

评标方法包括经评审的最低投标价法、综合评估法或者法律、行政法规允许的其他评标方法。

1. 经评审的最低投标价法

（1）经评审的最低投标价法的含义。根据经评审的最低投标价法，能够满足招标文件的实质性要求，并且经评审为最低投标价的投标，应当推荐为中标候选人。这种评标方法是按照评审程序，经初审后，以合理低标价作为中标的主要条件。合理的低标价必须是经过终审，进行答辩，证明是实现低标价的措施有力可行的报价。但不保证最低的投标价中标，因为这种评标方法在比较价格时必须考虑一些修正因素，因此也有一个评标的过程。世界银行、亚洲开发银行等都是以这种方法作为主要的评标方法。因为在市场经济条件下，投标人的竞争主要是价格的竞争，而其他的一些条件如质量、工期等已经在招标文件中规定好了，投标人不得违反，否则将无法构成对招标文件的实质性响应。而信誉等则应当是资格预审时应当解决的因素，即信誉不好的应当在资格预审时淘汰。

（2）最低投标价法的适用范围。按照《评标委员会和评标方法暂行规定》的规定，经评审的最低投标价法一般适用于具有通用技术、性能标准或者招标人对其技术、性能没有特殊要求的招标项目。结合该规定的精神，我们可以理解为，这种评标方法应当是一般项目的首选评标方法。

（3）最低投标价法的评标要求。采用经评审的最低投标价法的，评标委员会应当根据招标文件中规定的评标价格调整方法，对所有投标人的投标报价以及投标文件的商务部分作必要的价格调整。在这种评标方法中，需要考虑的修正因素包括：一定条件下的优惠（如世界银行贷款项目对借款国国内投标人有 7.5% 的评标优惠）；工期提前的效益对报价的修正；同时投多个标段的评标修正等。所有的这些修正因素都应当在招标文件中有明确的规定。对同时投多个标段的评标修正，一般的做法是，如果投标人的某一个标段已被确定为中标，则在其他标段的评标中按照招标文件规定的百分比（通常为 4%）乘以报价值后，在评标价中扣减此值。

采用经评审的最低投标价法的，中标人的投标应当符合招标文件规定的技术要求和标准，但评标委员会无需对投标文件的技术部分进行价格折算。

根据经评审的最低投标价法完成详细评审后，评标委员会应当拟定一份"标价比较表"，连同书面评标报告提交招标人。"标价比较表"应当载明投标人的投标报价、对商务偏差的价格调整和说明以及以评审的最终投标价。

2. 综合评估法

（1）综合评估法的含义。不宜采用经评审的最低投标价法的招标项目，一般应当采取综合评估法进行评审。

根据综合评估法，最大限度地满足招标文件中规定的各项综合评价标准的投标，应当推荐为中标候选人。衡量投标文件是否最大限度地满足招标文件中规定的各项评价标准，可以采取折算为货币的方法、打分的方法或者其他方法。需量化的因素及其权重应当在招标文件中明确规定。

在综合评估法中，最为常用的方法是百分法。这种方法是将评审的各指标分别在百分之内所占比例和评标标准在招标文件内规定。开标后按评标程序，根据评分标准，由评委对各投标人的标书进行评分，最后以总得分最高的投标人为中标人。这种评标方法一直是建设工程领域采用较多的方法。在实践中，百分法有许多不同的操作方法，其主要区别在于：这种评标方法的价格因素的比较需要有一个基准价（或者称为参考价），主要的情况是以标底作为基准价，但是，为了更好地符合市场或者为了保密，基准价的确定有时需加入投标人的报价。

现行工程量清单招标采用招标控制价，投标人报价超过招标控制价的报价被判定为无效报价。将有效投标报价的平均值作为基准价计算投标报价得分。

（2）综合评估法的评标要求。评标委员会在对各个评审因素进行量化时，应当将量化指标建立在同一基础或者同一标准上，使各投标文件具有可比性。

对技术部分和商务部分进行量化后，评标委员会应当对这两部分的量化结果进行加权，计算出每一投标的综合评估价或者综合评估分。

根据综合评估法完成评标后，评标委员会应当拟定一份"综合评估比较表"，连同书面评标报告提交招标人。"综合评估比较表"应当载明投标人的投标报价、所作的任何修正、对商务偏差的调整、对技术偏差的调整、对各评审因素的评估以及对每一投标的最终评审结果。

3. 法律法规允许的其他评标方法

在法律、行政法规允许的范围内，招标人也可以采用其他评标方法。

四、定标

（一）中标候选人的确定

经过评标后，就可确定出中标候选人（或中标单位）。评标委员会推荐的中标候选人应当限定在1~3人，并标明排列顺序。

中标的投标人应当符合下列条件之一：

（1）能够最大限度地满足招标文件中规定的各项综合评价标准。

（2）能够满足招标文件实质性要求，并且经评审的投标价格最低，但投标价格低于成本的除外。

对使用国有资金投资或者国家融资的项目，招标人应当确定排名第一的中标候选人为中标人。排名第一的中标候选人放弃中标、因不可抗力提出不能履行合同，或者招标文件规定应当提交履约保证金而在规定的期限内未能提交的，招标人可以确定排名第二的中标候选人为中标人。排名第二的中标候选人因前款规定的同样原因不能签订合同的，招标人可以确定排名第三的中标候选人为中标人。

（二）中标人的确定

招标人根据评标委员会提出的书面评标报告和推荐的中标候选人确定中标人，招标人也可以授权评标委员会直接确定中标人。确定中标人前，招标人不得与投标人就投标价格、投标方案等实质性内容进行谈判。

确定中标人后，招标人应于15日内向有关行政监管部门提交招投标书面报告，并将中标结果公示（见表2-8）。公示结束后，向中标人发放"中标通知书"（见表2-9）。招标人也要同时将中标结果通知所有未中标的投标人。

"中标通知书"是招标人向中标的投标人发出的告知其中标的书面通知文件。招标文件是要约邀请，投标是要约，中标通知书是承诺。中标通知书发出时即生效，对招、投标人均产生约束力。

按照《招标投标法》的规定，在投标截止时间前，递交投标文件的投标人少于三家时，应重新招标，所以为防止二次招标，邀请招标建议邀请四家及以上单位。公开招标原则上不应限制投标单位家数，但因行业、地域和监管单位的不同，在实际操作过程中也不相同。例

表2-8 中标结果公示

××市建设工程中标结果公示

编号：

根据工程招标投标的有关法律、法规、规章和该工程招标文件的规定，_____的评标工作已经结束，中标人已经确定。现将中标结果公示如下：

中标人名称：

中标价：

中标工期：

中标质量标准：

中标项目经理：

自本中标结果公示之日起两个工作日内，对中标结果没有异议的，招标人将签发中标通知书。如有异议，请在公示结束前按《工程建设项目招标投标活动投诉处理办法》七部委11号令第七条规定书面投诉。

投诉电话：×××××××

招标人或招标代理：（盖章）
年　　月　　日

表2-9 中标通知书

中标通知书

_____（建设单位名称）的_____（建设地点）_____工程，结构类型为_____，_____日公开开标后，经评标委员会或评标小组评定并报招标管理机构核准，确定_____为中标单位，中标标价为人民币_____元，中标工期自_____年____月_____日开工，_____年_____月_____日竣工，工期_____天（日历日），工程质量达到国家施工验收规范（优良、合格）标准。

中标单位收到中标通知书后，在_____年_____月_____日_____时前到_____（地点）与建设单位签订承发合同。

建设单位：（盖章）法定代表人：（签字、盖章）日期：_____年_____月_____日

招标单位：（盖章）法定代表人：（签字、盖章）日期：_____年_____月_____日

招标管理机构：（盖章）审核人：（签字、盖章）审核日期：_____年_____月_____日

如有的要求不限制家数，有的要求进行资格预审选取前七名，有的采用抽签选取一定家数，具体视情况而定。

五、评标报告

评标委员会对投标人的投标文件进行初审和终审以后，便要编制书面评标报告。评标报告编写完成后报招标管理机构审查。评标报告一般包括以下内容：

（1）基本情况一览表（见表 2-10）。

（2）清标工作组及评标委员会成员名单（见表 2-11）。

表 2-10　基本情况一览表

招标人名称			
招标代理机构名称			
工程名称			
招标范围			
建筑面积		结构层次	
质量要求		工期要求	
开标时间		开标地点	
清标时间		清标地点	
评标时间		评标地点	
清标工作组负责人		评标委员会负责人	
评标办法			
投标人名单			

表 2-11　清标工作组及评标委员会成员名单

姓名	工作单位	职务	专业技术职称	在招标活动中担任的工作		
				清标	评标	既清标也评标
招标人或者招标代理机构的代表						
有关技术、经济等方面的专家						

备注："在招标活动中担任的工作"在相应的选项中打√。

（3）开标记录。

（4）清标方法和依据（见表2-12）。

（5）投标文件初步评审结论一览表（见表2-13）。

（6）评标标准、评标方法。

表2-12　清标方法和依据

清标方法：
1. 按照招标文件的规定审查全部投标文件，列出投标文件在符合性、响应性和技术方法、技术措施、技术标准上存在的所有偏差
2. 按招标文件规定的方法和标准，对投标报价进行换算
3. 对投标报价进行校核，列出投标文件中存在的算术计算错误
4. 按照招标文件的规定对投标总价的高低进行排序
5. 根据招标文件规定的标准，审查并列出过高或过低的单价和合价
6. 形成书面的清标情况报告
清标依据：
1. 招标文件及评标细则
2. 工程量清单
3. 作为参考的标底（最高限价）或拦标价

表2-13　投标文件初步评审结论一览表

废 标 情 况	
投标人名称	废 标 原 因
投标文件符合招标文件要求的投标人	
序　号	投标人名称

清标（评标）人员签名：　　　　　　　　　　　　　　　　　　　　　年　月　日

（7）澄清、说明、补正事项纪要（见表2-14）。

（8）最终投标价及排序（见表2-15）。

（9）投标人排序及推荐的中标候选人名单（见表2-16）。

表 2-14　澄清、说明、补正事项纪要

（本纪要是清标工作组在清标过程中要求投标人对投标文件的内容进行澄清、说明、补正以便评标委员会进行审核的简要记录，详细的书面材料应附于本纪要之后。）

质询对象 （投标人）	
质询内容 （包括要求投标人澄清或说明的问题以及需要补充的资料和证明材料等）	
_____清标工作组 年　　月　　日　　时	
回复内容（包括所补充的证明材料目录）	
投标人授权代表（签名）　　　　　　　　　　　　　　　　年　　月　　日　　时	
评标委员会审核意见	
评标人员签名：　　　　　　　　　　　　　　　　　　　　　年　　月　　日	

表 2-15　最终投标价及排序

排名	投标人名称	经评审的最终投标价与排名/元						技术标 是否通过	备注
		清单项目费	措施项目费	其他项目费	规费	税金	合计		

清（评）标人员签名：　　　　　　　　　　　　　　　　　　年　　月　　日

评标人员签名：　　　　　　　　　　　　　　　　　　　　年　　月　　日

表 2-16　投标人排序及推荐的中标候选人名单

	第一名		
	第二名		
	第三名		
投标人排序	第四名		
	第五名		
	第六名		
	……		
	排序	投标人名称	签订合同前需处理的事宜
推荐的中标候选人	第一名		
	第二名		
	第三名		

评标委员会负责人（签名）

评标委员会成员（签名）

年　月　日

　　评标报告由评标委员会全体成员签字。对评标结论持有异议的评标委员会成员可以书面方式阐述其不同意见和理由。评标委员会成员拒绝在评标报告上签字且不陈述其不同意见和理由的，视为同意评标结论。评标委员会应当对此作出书面说明并记录在案。

六、中标无效

　　中标无效是指招标人确定的中标失去了法律约束力，也即依照法律，获得中标的投标人失去了与招标人签订合同的资格，招标人不再负有与中标人签订合同的义务。对已经签订了的合同，所签合同无效。中标无效的情况通常有：

　　（1）违法行为直接导致的中标无效，包括投标人相互串通、招标人与投标人相互串通；在招投标过程中有行受贿的；投标人以他人名义投标或弄虚作假，骗取中标的；招标人在评标委员会依法推荐的中标候选人以外确定中标人的；投标被评标委员会否决后自行确定中标人的。

　　（2）违法行为影响中标结果的中标无效，包括招标代理机构在招标活动中泄露机密的；招标人与投标人串通损害国家利益或他人的合法权益的行为影响中标结果的；招标人向他人透露信息影响公平竞争或中标结果的；招标人与投标人就投标价格等实质性内容进行谈判的行为影响中标结果的。

七、合同签订

　　中标人收到中标通知书后，按规定提交履约担保，并在规定日期、时间和地点与招标人签订合同。

　　（1）招标人与中标人在中标通知书发出之日起 30 日内签订合同，不得作实质性修改。招标人不得向中标人提出任何不合理要求作为订立合同的条件，双方也不得订立背离合同实质性内容的协议。

　　（2）中标单位要在规定的时间内提交履约保证金或履约担保，履约保证金可以采取现金、支票、汇票等方式，也可以根据招标人所同意接受的商业银行、保险公司或担保公司等出具的履约保证，其数额应当不高于中标合同金额的 10%。

（3）中标单位拒绝在规定的时间内提交履约担保和签订合同，招标单位报请招标管理机构批准同意后取消其中标资格，并按规定没收其投标保证金，并考虑与另一参加投标的投标单位签订合同。

（4）招标人如拒绝与中标单位签订合同除双倍返还投标保证金外还需赔偿有关损失。

（5）招标人最迟应当在书面合同签订后5日内向中标人和未中标的投标人退还投标保证金及银行同期存款利息。因违反规定被没收的投标保证金不予退回。

（6）招标人与中标人签订施工合同前，应到建设行政主管部门或其授权单位进行合同审查。

（7）招标工作结束后，招标人将开标、评标过程有关纪要、资料、评标报告、中标单位的投标文件一份副本报招标管理机构备案。

任务十　单元训练

一、案例

【案例2-1】　招标程序示例

▶背景：

某建设单位经相关主管部门批准，组织某建设项目全过程总承包（即EPC模式）的公开招标工作。根据实际情况和建设单位要求，该工程工期定为两年，考虑到各种因素的影响，决定该工程在基本方案确定后即开始招标，确定的招标程序如下：

（1）成立该工程招标领导机构。

（2）委托招标代理机构代理招标。

（3）发出投标邀请书。

（4）对报名参加投标者进行资格预审，并将结果通知合格的申请投标者。

（5）向所有获得投标资格的投标者发售招标文件。

（6）召开投标预备会。

（7）招标文件的澄清与修改。

（8）建立评标组织，制定标底和评标、定标办法。

（9）召开开标会议，审查投标书。

（10）组织评标。

（11）与合格的投标者进行质疑澄清。

（12）决定中标单位。

（13）决定中标通知书。

（14）建设单位与中标单位签订承发包合同。

▶问题：

指出上述招标程序中的不妥和不完善之处。

▶案例分析：

第（3）条发出招标邀请书不妥，应为发布（或刊登）招标通告（或公告）。

第（4）条将资格预审结果仅通知合格的申请投标者不妥，资格预审的结果应通知所有投标者。

第（6）条不完善，召开投标预备会前应先组织投标单位踏勘现场。

第（8）条制定标底和评标、定标办法不妥，该工作不应安排在此处进行。

第（13）条决定中标通知书不妥，应为发中标通知书。

【案例2-2】 招标公告

▶**背景：**

××学校拟在校内建学生公寓楼，共六层，共分为两个标段。第一标段：1#、2#、4#楼，建筑面积约10680m²；第二标段：3#、5#、6#楼，建筑面积约10680m²。项目已由市发改委批准资金自筹，项目已具备招标条件，现对该项目的施工进行公开招标。

▶**问题：**

请编写该工程的招标公告。

▶**案例分析：**

招标公告编制如下：

××市工程建设项目招标公告

××学校学生公寓楼 施工招标公告

××市招标公告＿＿＿＿＿号

1. 招标条件

本招标项目 ＿＿××学校学生公寓楼＿＿ 已由 ＿＿×市发改委＿＿ 批准建设，项目业主为 ＿＿××学校＿＿，建设资金来自 ＿＿自筹＿＿。招标人为 ＿＿××学校＿＿。项目已具备招标条件，现对该项目的施工进行公开招标。

2. 项目概况与招标范围

2.1 工程名称：××学校学生公寓楼工程。

2.2 工程地点：××市经济开发区。

2.3 工程综述：6栋框架6层学生公寓，总建筑面积约21360m²。

2.4 招标范围：工程量清单所含施工图项目内容。

2.5 计划开工时间：20××年5月。

2.6 标段划分：本工程共分为二个标段。第一标段：1#、2#、4#楼，建筑面积约10680m²；第二标段：3#、5#、6#楼，建筑面积约10680m²。

3. 投标人资格要求

3.1 本次招标要求投标人须具备房屋建筑工程施工总承包壹级及以上施工资质，选派注册建造师为建筑工程专业壹级注册建造师一名，企业近三年内承担的工程获得过市级及以上优质工程奖，并在人员、设备、资金等方面具有相应的施工能力。

3.2 本次招标 ＿＿不接受＿＿ 联合体投标。

3.3 各投标人均可就上述标段中的 ＿＿每一投标人最多可报两个标段，但只能中一个标段，前一标段中标后将不再参与其他标段评标。＿＿

3.4 本工程投标保证金金额每一标段为贰拾万元，交至：××市招投标交易市场管理中心服务部。

开户行：×× 开户账号：××

4. 招标文件的获取

4.1 凡有意参加投标者，请于 ＿20××＿ 年 ＿3＿ 月 ＿19＿ 日至 ＿20××＿ 年 ＿3＿ 月 ＿25＿ 日（法定公休日、法定节假日除外），每日上午 ＿9＿ 时至 ＿12＿ 时，下午 ＿15＿ 时至 ＿18＿ 时（北京时间，下同），在 ＿＿××市建设工程交易中心交易大厅＿＿ 持单位介绍信购买招标文件。

4.2 招标文件每套售价 __2000__ 元，售后不退。图纸押金 __1000__ 元，在退还图纸时退还（不计利息）。

5. 投标文件的递交

5.1 投标文件递交的截止时间（投标截止时间，下同）为 __20××__ 年 __4__ 月 __26__ 日 __9__ 时 __00__ 分，地点为 __××市建设工程交易中心第一开标室__ 。

5.2 逾期送达的或者未送达指定地点的投标文件，招标人不予受理。

6. 发布公告的媒介

本次招标公告同时在 __××市建设工程交易网__ 上发布。

7. 联系方式

招 标 人： _____	招标代理机构： _____
地　　址： _____	地　　址： _____
邮　　编： _____	邮　　编： _____
联 系 人： _____	联 系 人： _____
电　　话： _____	电　　话： _____
传　　真： _____	传　　真： _____
电子邮件： _____	电子邮件： _____
网　　址： _____	网　　址： _____
开户银行： _____	开户银行： _____
账　　号： _____	账　　号： _____

20××年 3 月_____日

【案例2-3】 实行招标控制价实例

▶背景：

某工程招标控制价公示文件如表2-17所示，招标控制价分析表如表2-18所示，暂估价明细表如表2-19所示。

表2-17 招标控制价公示文件

××工程最高限价公示

项目编号：××××

本工程的最高限价为3817.80万元，标底为4050.00万元。

其中：

食堂土建工程最高限价为329.00万元。

教学楼土建工程最高限价为1128.00万元。

宿舍楼土建工程最高限价为940.00万元。

食堂安装工程最高限价为379.00万元。

教学楼安装工程最高限价为473.60万元。

宿舍楼安装工程最高限价为568.20万元。

公示期为20××年××月××日至20××年××月××日。

招标人（盖章）：　　　　　　　　　　　　　　招标代理机构（盖章）：

20××年××月××日　　　　　　　　　　　　20××年××月××日

表2-18　招标控制价分析表

工程名称：

工程项目序号	单位工程名称	工程造价/元	其中暂估价/元（包括暂列金额、专业工程暂估价）
1	食堂土建工程	3500000	
2	教学楼土建工程	12000000	
3	宿舍楼土建工程	10000000	
4	食堂安装工程	4000000	500000
5	教学楼安装工程	5000000	600000
6	宿舍楼安装工程	6000000	700000
标底	合计（标底）	40500000	1800000
其中	暂估价其他项目（材料暂估以外）明细	金额/元	说明
1	暂列金额	200000	预留金
2	专业工程暂估价	50000	
最高限价	38178000 元	限价让利比率	6%
计算公式	（标底－暂估价汇总）×（1－限价让利比率）＋暂估价汇总＝最高限价		
计算结果	（40500000－1800000）×（1－6%）＋1800000＝38178000 元		

注：暂估价汇总包括单位工程中的暂估价合计、暂列金额、专业工程暂估价等，详细情况见"暂估价明细表"。

招标人：

招标代理机构：

20××年　×月　×日

表2-19　暂估价明细表

工程名称：

专业工程暂估价	序号	项目名称	价格/元		发包方式		备注
	1	幕墙	600000		公开招标		
	序号	项目名称	数量	暂定单价	总价/元	发包方式	备注
	1	防火门	50	480	24000	甲方指定发包	
	2	塑钢窗	1140	400	456000	公开招标	
材料暂定价	3	塑钢门	200	500	100000		
	4	不锈钢护栏	500	200	100000	自行邀请招标	
	5	外墙涂料	20000	25	500000		
	6	卫生间隔断	200	100	20000	甲方指定发包	
暂估价合计			1800000				

备注：单项工程或材料采购超过50万元，应当公开招标；10万～50万元应当自行邀请招标；低于10万元或特殊项目（经批准）可采用直接发包。

招标人（盖章）：　　　　　　　　　　　　　招标代理机构（盖章）：

▶问题：

1. 招标控制价公示时间如何规定？

2. 招标控制价公示所需资料有哪些？

3. 对招标控制价异议如何处理？

▶案例分析：

1. 招标控制价公示时间

（1）招标控制价必须在开标前三天进行网上公示。

（2）招标人或招标代理机构应当提前一天（开标前四天）向招标办提交"招标控制价公示文件"及其附件。

（3）未及时提交或提交资料不符合要求导致未能在开标前三天进行网上公示的，招标项目应延迟开标，相应法律后果由招标人及招标代理机构承担。

2. 招标控制价公示所需资料

（1）招标控制价公示文件（需加盖招标人及招标代理机构公章）。

（2）招标控制价分析表（需加盖招标人及招标代理机构公章）。

（3）暂估价明细表（需加盖招标人及招标代理机构公章）。

（4）标底封面（需招标代理机构及造价师签章）。

（5）标底编制说明（需招标代理机构及造价师签章）。

（6）标底价汇总表（需招标代理机构及造价师签章）。

（7）单位工程招标控制价汇总表（需招标代理机构及造价师签章）。

（8）关于招标控制价的说明（最高限价过低或过高时提供，加盖招标人及招标代理机构公章）。

3. 招标控制价异议处理

（1）如有投标单位对招标控制价提出异议，招标人及招标代理机构最晚应在开标前一天作出是否调整的决定。

（2）如不调整，则按期开标。

（3）如需调整，则需先向招标办报送暂缓开标的书面材料，并需通知所有投标单位。然后根据招标项目实际要求调整招标控制价。报送新的招标控制价公示时，除规定所需的资料外，还需报送关于招标控制价调整的书面说明，写明调整的原因、理由、内容等。

【案例 2-4】　策划开标

▶背景：

［案例 2-2］的工程拟进入开标阶段，请对此开标过程进行策划。

▶案例分析：

开标过程进行策划如下：

×× 学校学生公寓楼工程开标过程策划

4 月 26 日 9：20，开标会议在 ×× 市建设工程交易中心第二开标室，由 ×× 工程咨询有限公司工作人员 ××× 主持。程序如下：

1. 主持人宣布开标会议注意事项，宣布开标会议纪律和废标条件。

2. 主持人宣布出席本次开标会议的人员。

1）× 市招投标办：×××。

2）公证员：×××、×××。

3）××学校：×××、×××。

4）监督员：×××。

3. 主持人宣布参加开标会议的投标人和投标文件的送达情况。

4. ××工程咨询有限公司工作人员对投标人到会的法定代表人或法定代表人委托代理人身份进行验证，并对以下证件的原件进行验证：

1）企业法人营业执照副本。

2）项目经理资质证书（年检期间应由主管部门出具年检证明）。

3）××省建筑企业信用管理手册（或××市建设局签发的单项工程承接核准手续）。

4）各项获奖证书及文件。

××工程咨询有限公司工作人员宣布验证结果。

5. ××工程咨询有限公司工作人员宣布和现场查验各投标人投标保证金到账情况。

6. 由投标人或其推选的代表×××检查投标文件密封情况，宣布检查结果。

7. ××工程咨询有限公司工作人员当众开启各投标人的"投标函件"，宣读符合要求投标人名称、投标总价、工期、质量目标、项目经理及投标文件的其他主要内容，并查验"技术标"、"商务标"投标文件份数。"开标记录"见表2-20。

8. 投标人代表及××工程咨询有限公司开标工作人员在"开标记录"上签名确认。

9. 开标会议结束，进入评标阶段。

【案例2-5】 评标示例

▶背景：

××学校学生公寓楼工程，3栋框架6层学生公寓，总建筑面积约10680m^2，公开招标，承包方式为包工包料，采用工程量清单计价，招标控制价为1018.80万元，投标申请人资质类别和等级为房屋建筑工程施工总承包壹级及以上施工资质，选派一名注册建造师，其资质等级为建筑工程专业壹级注册建造师，工期要求为205日历天，采用综合评估法评标。

（一）本工程评分标准及细则

1. 分值设定

（1）技术标（20分）。

（2）商务标（70分）。

其中分部分项工程量综合单价偏离程度（-3分）（扣分项）。

（3）投标人及建造师业绩（10分）。

2. 评分细则

（1）技术标。施工组织设计（20分）的内容如下：

① 项目部组成、主要技术人员、劳动力配置及保障措施（需提供人员名单及劳动合同）（3分）。

② 施工程序及总体组织部署（3分）。

③ 安全文明施工保证措施（3分）。

④ 工程形象进度计划安排及保证措施（3分）。

⑤ 施工质量保证措施及目标（2分）。

⑥ 工程施工方案及工艺方法（2分）。

⑦ 施工现场平面布置（1分）。

⑧ 材料供应、来源、投入计划及保证措施（1分）。

⑨ 主要施工机具配置（1分）。

⑩ 主要部位上的施工组织措施、技术方案（1分）。

评分标准：

① 以上某项内容详细具体、科学合理、措施可靠、组织严谨、针对性强、内容完整的，可得该项分值的90%以上。

② 以上某项内容较好、针对性较强的，可得该项分值的75%～90%。

③ 以上某项内容一般、基本可行的，可得该项分值的50%～75%。

④ 以上某项无具体内容的，该项不得分。（如出现此情况，评标委员会所有成员应统一认定，并作出说明。）

施工组织设计各项内容的评审，由评标委员会成员独立打分，评委所打的投标人之间同项分值相差过大的，评委应说明评审及打分理由。

（2）商务标。具体内容如下：

1）投标报价（70分）。开标十个工作日前，招标人公示招标控制价，所有高于招标控制价的投标人的报价将不再参与评标，作无效标书处理。对所有通过符合性评审的有效投标报价取平均值，当有效投标报价人少于或等于五家时，全部参与该平均值计算；当有效投标报价人多于五家时，去掉最高和最低的投标人，其余几家投标人参与该平均值计算。所得平均值为基准价（70分），偏离基准价的，相应扣分。

与基准价相比，每低1%，扣1分；与基准价相比，每高1%，扣2分，不足±1%的，按照插入法计算。

2）分部分项工程量综合单价偏离程度（-3分）（扣分项）。偏离程度的评标基准值 = 经评审的所有有效投标人分部分项工程量清单综合单价的算术平均值；当有效投标人少于或等于五家时，全部综合单价参与该基准值计算；当有效投标人多于五家时，去掉最高和最低的综合单价，其余综合单价参与该基准值的计算。

与偏离程度基准值相比较误差在±20%（含±20%）以内的不扣分，超过±20%的，每项扣0.01分，最多扣3分。

（3）投标人及建造师业绩（10分）。具体如下：

1）分值设定：

① 投标人的业绩（5分）。

② 建造师的业绩（5分）。

③ 违规、违纪及不良行为记录扣分。

2）评分标准：

① 投标人业绩由评标委员会成员依据下列证明材料予以打分：

a. 投标人获得市级及以上优质工程证书（4分）。其中，××市级金奖为0.30分/项，银奖为0.20分/项，铜奖为0.15分/项；省××杯或外省（直辖市）同类奖项为0.30分/项，国家优质工程奖为0.40分/项，鲁班奖为0.50分/项。

b. 投标人获得市级及以上施工安全文明工地证书、安全质量标准化工地证书（1分）。其中，××市级为0.20分/项，××省级为0.30分/项。

② 投标人所报建造师业绩由评标委员会成员依据下列证明材料予以打分:

a. 该建造师获得市级及以上优质工程证书(4分)。其中,××市级金奖为0.30分/项,银奖为0.20分/项,铜奖为0.15分/项;省××杯或外省(直辖市)同类奖项为1.0分/项,国家优质工程奖为1.5分/项,鲁班奖为1.5分/项。

b. 获得市级及以上施工安全文明工地证书、安全质量标准化工地证书(1分)。其中,××市级为0.10分/项,××省级为0.30分/项,国家级为0.50分/项。

③ 违规、违纪及不良行为记录扣分。投标人或其所报的项目经理一年内有违反有关规定,受到建设行政主管部门通报批评、行政处罚或发生死亡事故的予以扣分。

(二) 投标文件的收受

至4月26日9:00投标截止时,共有11个投标人按规定递交投标文件,招标人签收并当即予以登记,并将投标文件妥善保管。投标人K的标书因交通堵塞,于4月26日9:10送达,招标人拒收。

(三) 开标

4月26日9:00,招标人在××市建设工程交易中心主持召开本工程开标会,同时由××市招标办从招标专家库中通过计算机系统随机抽取评标专家,产生工程评标委员会。评标委员会熟悉招标文件,明确招标目的、评标办法。

4月26日9:20,在有效投标人法人代表或其授权委托人出席的情况下,工程的开标会议在××市建设工程交易中心第二开标室进行,会议由招标人委托的代理人主持,招标人代表参加。开标会在公证人员、监察人员的监督下按招标文件规定的程序进行。开标记录如表2-20所示。

表2-20 开标记录

招标工程名称: 　　　　　　　开标时间: 　　　××年4月26日9:00时0分

项目　　　　　投标人名称	投标文件密封情况	投标总价/万元	工期/日历天	质量目标	投标保证金	项目经理	无效投标文件及无效原因	投标人对开标程序及唱标结果签字确认
投标人A	密封符合要求	955.78	200	合格	贰拾万元	×××	投标文件有效	
投标人B	密封符合要求	876.06	200	合格	贰拾万元	×××	投标文件有效	
投标人C	密封符合要求	1017.70	200	合格	贰拾万元	×××	投标文件有效	
投标人D	密封符合要求	1018.40	200	合格	贰拾万元	×××	投标文件有效	
投标人E	密封符合要求	1017.34	200	合格	贰拾万元	×××	投标文件有效	
投标人F	密封符合要求	957.11	200	合格	贰拾万元	×××	投标文件有效	
投标人G	密封符合要求	948.00	200	合格	贰拾万元	×××	投标文件有效	
投标人H	密封符合要求	913.70	200	合格	贰拾万元	×××	投标文件有效	
投标人I	密封符合要求	1017.00	200	合格	贰拾万元	×××	投标文件有效	
投标人J	密封符合要求	845.50	200	合格	贰拾万元	×××	投标文件有效	

➤问题：

请据以上资料对上述工程进行评标。

➤案例分析：

评标过程如下：

1. 评审

（1）初步评审。评标委员会根据招标文件的规定进行初步评审，并形成初步评审结论（见表2-21）。

表 2-21　投标文件初步评审结论一览表

废标情况	
投标人名称	废标原因
投标文件符合招标文件要求的投标人	
序号	投标人名称
1	投标人 A
2	投标人 B
3	投标人 C
4	投标人 D
5	投标人 E
6	投标人 F
7	投标人 G
8	投标人 H
9	投标人 I
10	投标人 J

清标（评标）人员签名：×××　×××　　　　　　　　　20××年4月26日

（2）详细评审。评标委员会根据招标文件规定的评标方法和标准，对有效投标人的技术标、商务标、投标人及建造师业绩、违规、违纪扣分项进行评审，各投标人得分汇总见表2-22，投标人排序及推荐的中标候选人名单见表2-23。

2. 中标公示

中标公示见表2-24。

二、单项训练

（一）训练目的

1. 能完成招标前期的各项工作，会填写工程建设项目报建表与建设工程施工招标申请表。

2. 熟悉资格预审的程序。

3. 训练学生编制资格预审文件和进行资格预审申请。

4. 训练学生编写招标公告。

5. 训练学生编写招标文件、编写工程量清单。

6. 训练学生编制招标工程最高限价。

表 2-22　投标人得分汇总表

序号	投标单位	施工组织设计										标报价	投标人及建造师业绩			投标报价	得分合计	排名
		项目部组成、主要技术人员、劳动力配置及保障措施	施工程序及总体组织部署保障措施	安全文明施工保证措施组织保证措施	工程形象进度计划安排及保证措施	施工质量保证措施及目标	工程施工方案及工艺方法	施工现场平面布置	材料供应、来源、投入计划及保证措施	主要施工机具配置	重点部位上的施工组织措施、技术方案		投标人业绩	建造师业绩	违规违纪扣分	分部分项工程量综合单价偏离程度		
1	投标人 F	2.8	2.84	2.78	2.76	1.84	1.82	0.95	0.92	0.93	0.9	69.4	4.6	2	0	-1.17	93.37	第一名
2	投标人 A	2.24	2.28	2.18	2.08	1.42	1.48	0.66	0.7	0.66	0.64	69.27	4.4	2	0	-1.34	88.67	第二名
3	投标人 G	1.9	1.78	1.91	1.82	1.32	1.3	0.7	0.62	0.59	0.6	68.46	4.1	2	0	-3	84.1	第三名
4	投标人 C	2.22	2.26	2.28	2.32	1.52	1.42	0.82	0.66	0.64	0.68	64.3	3.3	2	0	-1.34	83.08	第四名
5	投标人 B	2.66	2.62	2.68	2.62	1.74	1.72	0.9	0.84	0.88	0.81	60.99	3.95	2	0	-1.42	82.99	第五名
6	投标人 H	2.16	2.26	2.44	2.3	1.6	1.65	0.63	0.65	0.62	0.73	64.9	2	2	0	-1.1	82.84	第六名
7	投标人 D	2.34	2.24	2.32	2.04	1.5	1.54	0.6	0.72	0.72	0.73	64.24	2	2	0	-1.49	81.5	第七名
8	投标人 I	2.14	2.2	2.24	2.18	1.46	1.58	0.71	0.72	0.61	0.66	64.37	2	2	0	-1.4	81.47	第八名
9	投标人 E	2.14	2.1	2.24	2.08	1.46	1.44	0.58	0.6	0.64	0.6	64.34	2	2	0	-1.46	80.76	第九名
10	投标人 J	1.9	1.94	1.94	2.04	1.41	1.28	0.68	0.68	0.7	0.58	57.81	3.3	2	0	-1.4	74.86	第十名

评委组长签字：

评委签字：

20××年 4 月 26 日

表2-23　投标人排序及推荐的中标候选人名单

投标人排序	第一名		投标人 F
	第二名		投标人 A
	第三名		投标人 G
	第四名		投标人 C
	第五名		投标人 B
	第六名		投标人 H
	第七名		投标人 D
	第八名		投标人 I
	第九名		投标人 E
	第十名		投标人 J
推荐的中标候选人	排序	投标人名称	签订合同前需处理的事宜
	第一名	投标人 F	
	第二名	投标人 A	
	第三名	投标人 G	

评标委员会负责人（签名）
评标委员会成员（签名）

20××年4月26日

表2-24　中标公示

招标人：	××市××学校	编号
工程名称：	××学校学生公寓楼工程1标段（1#\ 2#\ 4#楼）	
中标时间：	20××-4-26 12：00：00	
中标人：	××建设集团有限公司	
中标价：	957.11 万元	
中标工期：	200 天	
中标质量：	合格	
中标项目经理：	×××	
备注：	自本中标结果公示之日起两个工作日内，对中标结果没有异议的，招标人将签发中标通知书。	

（二）训练内容

工程项目背景信息：某学院拟建两栋学生宿舍，六层框架结构，建筑面积约 9700m²，立项报告已由当地发改委批准，资金来源为自筹，建设地点为学院校园内，施工图设计已完成。请完成该工程的招标。

1. 将学生分成一个招标小组和若干个投标小组。

2. 招标小组模拟招标人，完成招标方工作，填写工程建设项目报建表与建设工程施工招标申请表。编写招标文件，编写招标公告，编制资格预审文件，设定资格预审程序，组织资格预审。招标小组进行资格审查，选定资格预审合格者（有数量限制，至少淘汰一家投标单位），并提交审查报告。编写工程量清单，编制招标工程最高限价，组织开标、评标、定标。

3. 投标小组模拟投标人，设定投标单位相关信息，报名参加资格预审，提交资格预审申请。

三、思考与讨论

1. 简述建设工程招标范围。

2. 简述建设工程可以不招标的范围。

3. 简述建设工程招标应具备的条件。

4. 建设工程招标方式有哪些？各有何区别？

5. 选择招标方式有约束条件吗？你对现阶段存在的议标如何理解？

6. 建设工程公开招标的程序有哪些？

7. 建设工程项目为什么要进行报建？建设工程项目进行报建需要哪些条件？简述建设工程项目报建的程序。

8. 招标人自行招标应具备什么条件？招标人如果不具备自行招标的条件应怎么办？

9. 如何编写招标公告？

10. 如何编写投标邀请书？

11. 拟发布的招标公告文本在哪些情形下需要改正、补充或调整？

12. 为什么要进行资格预审？资格预审与资格后审的区别及各自适用的范围是什么？

13. 资格预审包括哪些内容？简述资格预审合格制与有限数量制的异同。

14. 怎样填写资格预审申请？

15. 为什么说资格审查是投标人承包工程的入门证？

16. 简述招标文件的内容。

17. 试述怎样才能写好招标文件。

18. 你若作为招标方，怎样才能更好地完成招标任务并招到理想的承包人？

19. 简述现场勘察的目的。

20. 招标人应该如何向投标人介绍现场情况？

21. 现场勘察应重点考察哪些方面？

22. 何谓标底？如何编制标底？

23. 怎样理解招标控制价？是否每个工程都要有招标控制价（或标底）？

24. 简述招标控制价的编制方法。

25. 试比较各地区招标控制价的做法，并试述其各有何优点？

26. 简述开标会议的有关规定。

27. 简述开标会议的程序。

28. 哪些情况下可判定为无效标书？哪些情况下要重新招标？

29. 建设工程施工评标原则是什么？招标人应事先为评标做哪些准备工作？

30. 简述建设工程施工评标的程序。

31. 简述建设工程施工评标的步骤。

32. 简述常用的评标方法种类和各自的操作要点。

33. 试述你对经评审的最低投标价法是如何认识的。

34. 采用经评审的最低投标价法评标时，怎样设置其中的各项评标指标？

单元三　建设工程投标

引　言

　　本单元主要介绍投标的程序、投标的决策选择、投标的准备及投标各阶段工作、投标文件的编制要求及投标报价的策略。

学习目标

　　知识目标：掌握投标的程序；掌握投标的准备及投标各阶段工作，投标文件编制的要求。

　　　　　　熟悉工程投标的决策选择。

　　　　　　熟悉投标各阶段的工作。

　　能力目标：能编制投标文件，能准确地编制投标报价，参与投标竞争。

　　　　　　会灵活运用投标的策略。

【案例引入】

　　某学院拟建两栋学生宿舍，六层框架结构，建筑面积约9700m²，采用公开招标，资格后审，已发布招标公告。对投标企业来讲，你若参加该项目的投标竞争，怎样才能争取中标。通过本单元的学习，熟悉投标的程序，有效组织参加投标竞争，力争中标和获取最大效益。

任务一　建设工程投标程序

一、投标人的资格条件

　　建设工程投标是指具有合法资格和能力的投标人根据招标条件，经过详细的市场调查，按照招标文件的要求，在指定期限内填写标书，提出报价，通过竞争的方式承揽工程的过程。投标是获取工程施工权的主要手段，是响应招标、参与竞争的法律行为。投标人一旦中标，施工合同即成立，投标人作为承包人就应当按照中标通知书中的要求，完成工程承包任务，否则就要承担相应的法律责任。

　　投标人应当具备承担招标项目的能力，具备国家和招标文件规定的对投标人的资格要求。具体要求有：

　　(1) 具有招标条件要求的资质证书，并为独立的法人实体。

　　(2) 承担过类似建设项目的相关工作，并有良好的工作业绩和履约记录。

　　(3) 在最近三年没有骗取合同以及其他经济方面的严重违法行为。

　　(4) 近几年有较好的安全记录，投标当年内没有发生重大质量和特大安全事故。

　　(5) 财产状况良好，没有处于财产被接管、破产或其他关、停、并、转状态。

两个以上法人或者其他组织可以组成一个联合体，以一个投标人的身份共同投标，联合体各方均应具备承担招标项目的相应能力和规定的资格条件。联合体应将约定各方拟承担工作和责任的共同投标协议书连同投标文件一并提交给招标人。

二、建设工程投标程序

建设工程投标的程序如图 3-1 所示。

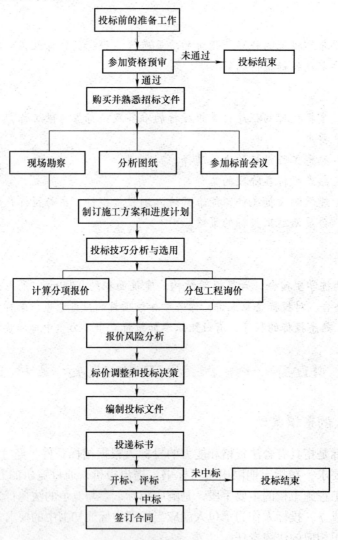

图 3-1　建设工程投标的程序

任务二　建设工程投标的准备工作

一、收集招标信息

随着建筑市场竞争的日益激烈，如何获取信息，也关系到承包人的生存和发展。信息竞争成为承包人竞争的焦点。

获取投标信息的主要途径包括：

（1）通过有形建筑市场、网络、广播电视新闻、广告，主动获取招标工程、国家重点项目、企业改扩建计划信息。

（2）提前跟踪信息，有时承包人从工程立项就开始跟踪，并根据自身的技术优势和工程经验为发包人提供合理化建议，从而获得发包人的信任。

（3）公共关系，经常派业务人员深入政府有关部门、企事业单位，广泛联系，获取信息。

（4）取得老客户的信任，从而承接后续工程。

二、对初定目标项目的调查

了解项目投资的可靠性、工程投资是否已到位，业主资信情况、履约态度、合同管理经验，工程价款的支付方式，在其他项目上有无拖欠工程款的情况以及对实施的工程需求的迫切程度等。工程项目方面的情况包括工程性质、规模、发包范围；工程的技术规模和对材料性能及工人技术水平的要求；总工期及分批竣工交付使用的要求；施工场地的地形、地质、地下水位、交通运输、给水排水、供电、通信条件等情况；监理工程师的资历、职业道德和工作作风等。

1. 政治和法律方面

投标人首先应当了解在招投标活动中以及在合同履行过程中有可能涉及的法律，也应当了解与项目有关的政治形势、国家政策等，即国家对该项目采取的是鼓励政策还是限制政策。

2. 自然条件

自然条件包括工程所在地的地理位置和地形、地貌；气象状况，包括气温、湿度、主导风向、年降水量等；洪水、台风及其他自然灾害状况等。

3. 市场状况

投标人调查市场情况是一项非常艰巨的工作，其内容也非常多，主要包括：建筑材料、施工机械设备、燃料、动力、水和生活用品的供应情况、价格水平，还包括过去几年批发物价和零售物价指数以及今后的变化趋势和预测；劳务市场情况，如工人技术水平、工资水平、有关劳动保护和福利待遇的规定等；金融市场情况，如银行贷款的难易程度以及银行贷款利率等。

对材料设备的市场情况尤其需详细了解，包括原材料和设备的来源方式、购买的成本、来源国或厂家供货情况；材料、设备购买时的运输、税收、保险等方面的规定、手续、费用；施工设备的租赁、维修费用；使用投标人本地原材料、设备的可能性以及成本比较。

4. 投标人自身情况

投标人对自己内部情况、资料也应当进行归纳管理。这类资料主要用于招标人要求的资格审查和判断本企业履行项目的可能性。其内容包括投标人自身方面的因素；技术实力、经济、管理、信誉。

5. 竞争对手资料

掌握竞争对手的情况，是投标策略中的一个重要环节，也是投标人参加投标能否获胜的重要因素。投标人在制定投标策略时必须考虑到竞争对手的情况。

三、投标项目选择的决策

（一）作出投标决策

承包人参与投标的目的就是为了中标，并从中获得利润，但有时也难免会漫无目标。投标决策的意义就在于考虑项目的可行性与可能性，减少盲目投标增加的成本，既要中标承包到工程，又要从承包工程中获得利润。投标决策贯穿于整个投标过程中，关键是解决两个方面的问题，其一是投标与否的决策，针对所招标的项目决定是否投标；其二是投标性质的决策，若投标，投什么性质的标，如何争取中标，并获得合理的效益。

一般来说有下列情形之一的招标项目，承包人不宜参加投标：

（1）本企业业务范围和经营能力以外的工程。

（2）本企业现有工程任务比较饱满，而招标工程风险大或盈利水平较低。

（3）本企业资源投入量过大的工程。

（4）有技术等级、信誉度和实力等方面具有明显优势的潜在竞争对手参加竞标的工程。

（二）投标的类型

（1）按投标性质分，投标分为保险标和风险标。保险标是指承包人对招标工程基本上不存在技术、设备、资金等方面的问题，或是虽有技术、设备、资金和其他方面的问题，但已有了解决的办法，投标不存在太大的风险。

风险标是指承包人对招标工程存在技术、设备、资金等方面尚未解决的问题，完成工程承包任务难度较大的工程投标。投风险标，关键是要想办法解决好工程存在的问题，如果问题解决得好，可获得丰厚的利润，开拓出新的技术领域，使企业实力增强；如果问题解决得不好，企业的效益、声誉都会受到损失。因此，承包人对投风险标的决策要慎重。

（2）按投标效益分，投标分为盈利标和保本标、亏损标。盈利标是指承包人对能获得丰厚利润工程而投的标。如果企业现有任务饱满，但招标工程是本企业的优势项目，且招标人授标意向明确时，可投盈利标。

保本标是指承包人对不能获得太多利润，但一般也不会出现亏损的招标工程而投的标。一般来说，当企业现有任务少，或可能出现无后继工程时，不求盈利，保本求生存时可投此标。

亏损标是指承包人对不能获利、反而亏本的工程而投的标。我国禁止投标人以低于成本的报价竞标，投此标，一旦被评标委员会认定为低于成本的报价，会被判定为无效标书。因此，投亏损标是承包人的一种非常手段。一般来说，承包人在急于开辟市场的情况下可考虑投此标。

（三）对投标项目选择定量分析

面对竞争日趋激烈的工程承包市场，投标企业要充分考虑影响投标的各种因素后作出决策，判断的方法除了定性分析方法外，还需要定量分析方法来辅助决策，定量分析方法中常用的有评分法。

决策时，首先请企业投标机构中的技术、经济人员结合企业情况，对完成本项目涉及的各项指标按其相对重要性，确定各指标的权重（W），并对每个指标确定五个不同的等级和等级分，对每一项指标只能选一个等级分。然后对每个指标计算权数与等级分的乘积（$W \times C$），各指标得分之和（$\sum W \times C$）即为此项目投标机会的总得分。评分法选择投标项目表见表 3-1。

表 3-1　评分法选择投标项目表

序号	投标考虑的指标	要求（略）	权重 W	等级 C					指标得分
				好(1.0)	较好(0.8)	一般(0.6)	较差(0.4)	差(0.2)	
1	管理条件								
2	技术条件								
3	机械设备实力								
4	对风险的控制能力								
5	实现工期的可能性								
6	资金支付条件								
7	与竞争对手实力比较								
8	与竞争对手积极性比较								
9	今后的机会（社会效益）								
10	劳务和材料条件								
	$\sum W \times C$								

承包人可根据企业的经营目标和对本投标项目的期望度，事先设定一个可参加投标的 $\sum W \times C$ 最低分值（如 0.70），得分值与低分值比较后作出投标决策。需要说明的是，还要分析权数大的指标的得分，如果太低，也不宜投标。

任务三　投标各阶段的工作

投标人在通过资格审查、购领了招标文件和有关资料之后，就要按招标文件确定的投标准备时间着手开展各项投标准备工作。

投标准备时间：是指从开始发放招标文件之日起至投标截止时间为止的期限，它由招标人根据工程项目的具体情况确定，一般为 28 天之内。

（1）组织投标班子。投标班子一般应包括下列三类人员：

1）经营管理类人员。这类人员一般是从事工程承包经营管理的行家里手，熟悉工程投标活动的筹划和安排，具有相当的决策水平。

2）专业技术类人员。这类人员是从事各类专业工程技术的人员，如建筑师、监理工程师、结构工程师、造价工程师等。

3）商务金融类人员。这类人员是从事有关金融、贸易、财税、保险、会计、采购、合同、索赔等工作的人员。

（2）填写资格预审表。投标人在获悉招标公告或投标邀请后，应当按照招标公告或投标邀请书中所提出的资格审查要求，向招标人申报资格审查。资格审查是投标人投标过程中的第一关。

1）严格按照资格审查文件的要求填写。

2）填表时应突出重点，体现企业的优势。

3）跟踪信息，发现不足要及时补充资料。

4）积累资料，随时备用。

（3）购领招标文件和有关资料，缴纳投标保证金。投标人经资格审查合格后，便可向招标人申购招标文件和有关资料，同时要缴纳投标保证金。

投标单位报名参加或接受邀请参加某一工程的投标，通过了资格审查，取得招标文件之后，首要的工作就是组织投标班子，认真仔细地研究招标文件，充分了解其内容和要求，以便有针对性地安排投标工作。

1）研究招标文件，掌握招标范围和报价依据，熟悉投标书格式、密封方法和标志，掌握投标截止日期，避免出现失误，提高工作效率。

2）研究评标方法，分析评标方法，根据不同的评标因素采取相应的投标策略。

3）研究合同条款，掌握合同的计价方式、价格是否可调、付款方式及违约责任。

（4）市场调查和询价。通过各种渠道，采用各种手段对工程所需各种材料、设备等资源的价格、质量、供应时间、供应数量等方面进行系统全面了解。了解施工设备的租赁、维修费用，使用投标项目本地原材料、设备的可能性以及成本比较。

（5）参加踏勘现场和投标预备会。投标人拿到招标文件后，应进行全面细致的调查研究。若有疑问或不清楚的问题需要招标人予以澄清和解答的，应在收到招标文件后7日内以书面形式向招标人提出。

投标人在去现场踏勘之前，应先仔细研究招标文件有关概念、含义和各项要求，特别是招标文件中的工作范围、专用条款以及设计图纸和说明等，然后有针对性地拟定出踏勘提纲，确定勘察的重点以及要澄清和解答的问题，做到心中有数。投标人参加现场踏勘的费用，由投标人自己承担。招标人一般在招标文件发出后，就着手考虑安排投标人进行现场踏勘等准备工作，并在现场踏勘中对投标人给予必要的协助。

投标人进行现场踏勘的内容，主要包括以下几个方面：

1）工程的范围、性质以及与其他工程之间的关系。

2）投标人参与投标的那一部分工程与其他承包人或分包商之间的关系。

3）现场地貌、地质、水文、气候、交通、电力、水源等情况，有无障碍物等。

4）进出现场的方式，现场附近有无食宿条件、料场开采条件、其他加工条件、设备维修条件等。

5）现场附近治安情况。

投标预备会，又称答疑会、标前会议，一般在现场踏勘之后的1~2天内举行。答疑会的目的是解答投标人对招标文件和在现场中所提出的各种问题，并对图纸进行交底和解释。

（6）根据工程类型编制施工规划或施工组织设计。施工规划或施工组织设计的内容，一般包括施工程序、方案，施工方法，施工进度计划，施工机械、材料、设备的选定和临时生产、生活设施的安排，劳动力计划，以及施工现场平面和空间的布置。施工规划或施工组织设计的编制依据，主要是设计图纸，技术规范，复核了的工程量，招标文件要求的开工、竣工日期，以及对市场材料、机械设备、劳动力价格的调查。编制施工规划或施工组织设计，要在保证工期和工程质量的前提下，尽可能使成本最低、利润最大。具体要求是，根据工程类型编制出最合理的施工程序，选择和确定技术上先进、经济上合理的施工方法，选择最有效的施工设备、施工设施和劳动组织，周密、均衡地安排人力、物力和生产，正确编制施工进度计划，合理布置施工现场的平面和空间。

（7）根据工程价格构成进行工程估价，确定利润方针，计算和确定报价。投标报价是投标的一个核心环节，投标人要根据工程价格构成对工程进行合理估价，确定切实可行的利润方针，正确计算和确定投标报价。投标人不得以低于成本的报价竞标。

（8）出席开标会议，参加评标期间的澄清会议。投标人在编制、递交了投标文件后，要积极准备出席开标会议。参加开标会议对投标人来说，既是权利也是义务。按照国际惯例，投标人不参加开标会议的，视为弃权，其投标文件将不予启封，不予唱标，不允许参加评标。投标人参加开标会议，要注意其投标文件是否被正确启封、宣读，对于被错误地认定为无效的投标文件或唱标出现的错误，应当场提出异议。

在评标期间，评标委员会要求澄清投标文件中不清楚问题的，投标人应积极予以说明、解释、澄清。澄清投标文件一般可以采用向投标人发出书面询问，由投标人书面作出说明或澄清的方式，也可以采用召开澄清会的方式。澄清会是评标组织为有助于对投标文件的审查、评价和比较，而个别地要求投标人澄清其投标文件（包括单价分析表）而召开的会议。在澄清会上，评标组织有权对投标文件中不清楚的问题，向投标人提出询问。有关澄清的要求和答复，最后均应以书面形式进行。所说明、澄清和确认的问题，经招标人和投标人双方签字后，作为投标书的组成部分。在澄清会谈中，投标人不得更改标价、工期等实质性内容，开标后和定标前提出的任何修改声明或附加优惠条件，一律不得作为评标的依据。但评标组织按照投标须知规定，对确定为实质上响应招标文件要求的投标文件进行校核时发现的计算上或累计上的计算错误，可要求投标人澄清。

（9）接受中标通知书，签订合同，提供履约担保，分送合同副本。经评标，投标人被确定为中标人后，应接受招标人发出的中标通知书。未中标的投标人有权要求招标人退还其投标保证金。中标人收到中标通知书后，应在规定的时间和地点与招标人签订合同。在合同正式签订之前，应先将合同草案报招投标管理机构审查。经审查后，中标人与招标人在规定的期限，按照约定的具体时间和地点，根据《合同法》等有关规定，依据招标文件、投标文件的要求和中标的条件签订合同。同时，中标人按照招标文件的要求，提交履约保证金或履约保函，招标人同时退还中标人的投标保证金。中标人如拒绝在规定的时间内提交履约担保和签订合同，招标人报请招投标管理机构批准同意后取消其中标资格，并按规定不退还其投标保证金，并考虑在其余投标人中重新确定中标人，与之签订合同或重新招标。中标人与招标人正式签订合同后，应按要求将合同副本分送有关主管部门备案。

任务四　投标报价

建设工程投标竞争的焦点是报价的竞争。投标报价是整个投标活动中的核心环节，是影响投标人投标成败的关键因素。投标报价，既要满足招标文件的要求，又要合理反映投标人的实际成本，还要使得投标价格在市场上有竞争力。所以，任何投标企业都要重视工程的投标价格。

一、投标报价的概念与原则

（一）投标报价的概念

施工企业根据招标文件及有关计算工程造价的资料，计算工程预算总造价，在工程预算总造价的基础上，再考虑投标策略以及各种影响工程造价的因素，然后提出有竞争力的投标价格。投标报价是在工程采用招标发包的过程中，由投标人按照招标文件的要求，根据工程特点，并结合自身的施工技术、装备和管理水平，依据有关计价规定自主确定的工程造价，是投标人希望达成工程承包交易的期望价格。投标报价又称为标价，标价是工程施工投标竞争的关键。

（二）投标报价的原则

投标报价的编制主要是投标单位对承建招标工程所要发生的各种费用的计算。应预先确定施工方案和施工进度，此外，投标计算还必须与采用的合同形式相协调。报价是投标的关键性工作，报价是否合理直接关系到投标的成败。投标报价编制和确定的最基本特征是投标人自主报价，它是市场竞争形成价格的体现。投标人自主决定投标报价应遵循的原则如下：

（1）遵守有关规范、标准和建设工程设计文件的要求。

（2）遵守国家或省级、行业建设主管部门及其工程造价管理机构制定的有关工程造价政策的要求。

（3）遵守招标文件中的有关投标报价的要求，以招标文件中设定的发承包双方责任划分，作为考虑投标报价费用项目和费用计算的基础；根据工程发承包模式考虑投标报价的费用内容和计算深度。以施工方案、技术措施等作为投标报价计算的基本条件。以反映企业技术和管理水平的企业定额作为计算人工、材料和机械台班消耗量的基本依据。充分利用现场考察、调研成果、市场价格信息和行情资料，编制综合单价。

（4）投标报价由投标人自主确定，但不得低于成本，不得高于招标控制价。投标报价应由投标人或受其委托具有相应资质的工程造价咨询人编制。

（5）实行工程量清单招标，招标人在招标文件中提供工程量清单，其目的是使各投标人在投标报价中具有共同的竞争平台。因此，要求投标人在投标报价时填写的工程量清单计价中的项目编码、项目名称、项目特征、计量单位、工程数量必须与招标人在招标文件中提供的一致。

二、投标报价的编制依据

投标报价应根据招标文件中的计价要求，按照下列依据自主报价：

（1）《建设工程工程量清单计价规范》。

（2）国家或省级、行业建设主管部门颁发的计价办法。

（3）企业定额，国家或省级、行业建设主管部门颁发的计价定额。

（4）招标文件、工程量清单及其补充通知、答疑纪要。

（5）建设工程设计文件及相关资料。

（6）施工现场情况、工程特点及拟定的投标施工组织设计或施工方案。

（7）与建设项目相关的标准、规范等技术资料。

（8）市场价格信息或工程造价管理机构发布的工程造价信息。

（9）其他的相关资料。

在标价的计算过程中，对于不可预见费用的计算必须慎重考虑，不要遗漏。

三、投标报价的编制方法

投标报价的编制，不同的交易模式、不同的合同方式，有不同的方法。在我国现行的计价体制下，有定额计价法与工程量清单计价法。

（一）以定额计价模式投标报价

采用定额计价法编制投标报价主要用的是实物量法。

用实物量法编制标底，主要先计算出直接费，即用各分项工程的实物工程量，分别套取预算定额中的人工、材料、机械消耗指标，并按类相加，求出单位工程所需的各种人工、材料、施工机械台班的总消耗量，然后分别乘以当时、当地的人工、材料、施工机械台班市场单价，求出人工费、材料费、施工机械使用费，再汇总求和。对于其他各类费用、利润和税金等费用的计算则根据当地建筑市场的具体情况确定。

$$\begin{aligned} \text{单位工程预} \atop \text{算直接费} &= \sum \left({\text{工} \atop \text{程} \atop \text{量}} \times {\text{人工预} \atop \text{算定额} \atop \text{用量}} \times {\text{当时当地} \atop \text{人工工资} \atop \text{单价}} \right) \\ &+ \sum \left({\text{工} \atop \text{程} \atop \text{量}} \times {\text{材料预} \atop \text{算定额} \atop \text{用量}} \times {\text{当时当地} \atop \text{材料预算} \atop \text{价格}} \right) + \sum \left({\text{工} \atop \text{程} \atop \text{量}} \times {\text{施工机械} \atop \text{台班预算} \atop \text{定额用量}} \times {\text{当时当地} \atop \text{机械台班} \atop \text{单价}} \right) \end{aligned} \tag{3-1}$$

（二）以工程量清单计价模式投标报价

这是与市场经济相适应的投标报价方法，也是国际通用的竞争性招标方式所要求的。工程量清单报价由招标人给出工程量清单，投标人填报单价，投标人填入工程量清单中的单价是综合单价，应包括人工费、材料费、机械费、管理费、利润、税金以及材料差价及风险金等全部费用，将工程量与该单价相乘得出合价，将全部合价汇总后即得出投标总报价。然后投标人通过参加投标竞争，最终确定合同价。综合单价应完全依据企业技术、管理水平等企业实力而定，充分体现自主报价，以满足市场竞争的需要。

四、工程量清单报价的组成

工程量清单计价的投标报价由五部分组成：分部分项工程费、措施项目费、其他项目费、规费、税金。投标报价编制单位按工程量清单计算直接费，并根据项目特点进行综合分析，然后按市场价格和取费标准、取费程序及其他条件计算综合单价，含完成该项工程内容所需的所有费用，最后汇总成投标报价。投标报价的组成如图3-2所示。

分部分项工程费 = ∑分部分项工程量 × 相应分部分项工程单价（包括人工费、材料费、机械费、管理费、利润，并考虑风险费用）

措施项目费 = ∑各措施项目费 = ∑单价措施项目费 + ∑总价措施项目费

其他项目费 = 暂列金额 + 暂估价 + 计日工 + 总承包服务费

单位工程报价 = 分部分项工程费 + 措施项目费 + 其他项目费 + 规费 + 税金

单项工程报价 = ∑单位工程报价

建设项目总报价 = ∑单项工程报价

（一）分部分项工程费

分部分项工程费是指完成"分部分项工程量清单"项目所需的费用。投标人应按招标文件中分部分项工程量清单项目的特征描述确定综合单价，综合单价中应考虑招标文件中要求投标人承担的风险费用分部分项工程量清单中的合价等于工程数量和综合单价的乘积。

（1）确定依据。应依据综合单价的组成内容，按招标文件中分部分项工程量清单项目的特征描述确定综合单价。综合单价是完成一个规定计量单位的分部分项工程量清单项目或措施清单项目所需的人工费、材料费、施工机械使用费和企业管理费与利润，以及一定范围内的风险费用。确定分部分项工程量清单项目综合单价的最重要依据之一是该清单项目的特征描述，投标人投标报价时应依据招标文件中分部分项工程量清单项目的特征描述确定清单

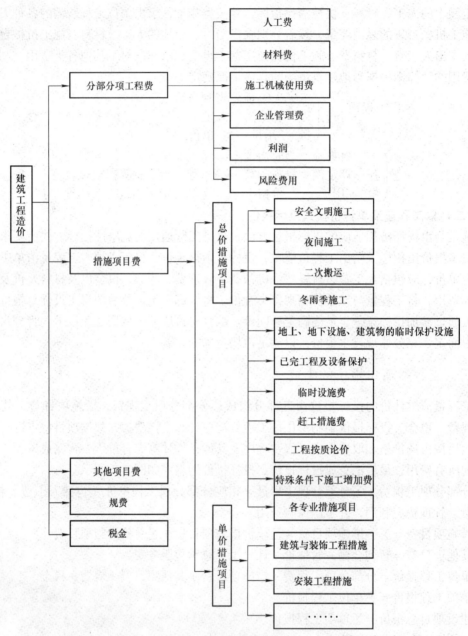

图 3-2　投标报价的组成

项目的综合单价。在招投标过程中，当出现招标文件中分部分项工程量清单特征描述与设计图纸不符时，投标人应以分部分项工程量清单的项目特征描述为准，确定投标报价的综合单价。当施工中施工图纸或设计变更与工程量清单项目特征描述不一致时，发、承包双方应按实际施工的项目特征，依据合同约定重新确定综合单价。

（2）材料暂估价。招标文件中提供了暂估单价的材料，按暂估的单价进入综合单价。

（3）风险费用。招标文件中要求投标人承担的风险费用，投标人应考虑进入综合单价。在施工过程中，当出现的风险内容及其范围（幅度）在招标文件规定的范围（幅度）内时，综合单价不得变动，工程价款不作调整。

（二）措施项目费

措施项目费是指为完成建设工程施工，发生于该工程施工前和施工过程中的技术、生活、安全、环境保护等方面的费用。

根据现行工程量清单计算规范，措施项目费分为单价措施项目与总价措施项目。

由于影响措施项目设置的因素太多，清单规范中也不可能将施工中可能出现的措施项目一一列出。在编制措施项目清单时，措施项目作为措施项目列项的参考。各专业工程的措施项目，根据清单规范附录中的内容选择列项，也可根据工程的具体情况对措施项目清单作补充。不同的省、地区对此项目的列项和补充也各有规定。

投标人可根据工程实际情况结合施工组织设计，对招标人所列的措施项目进行增补。措施项目费应根据招标文件中的措施项目清单及投标时拟定的施工组织设计或施工方案按规范规定自主报价。

1. 总价措施项目

总价措施项目是指在现行工程量清单计算规范中无工程量计算规则，以总价（或计算基础乘费率）计算的措施项目。其中各专业都可能发生的通用的总价措施项目如下：

（1）安全文明施工：为满足施工安全、文明、绿色施工以及环境保护、职工健康生活所需要的各项费用。本项为不可竞争费用。

（2）夜间施工。

（3）二次搬运。

（4）冬雨季施工。

（5）地上、地下设施、建筑物的临时保护设施。

（6）已完工程及设备保护。

（7）临时设施费。

（8）赶工措施费。

（9）工程按质论价。

（10）特殊条件下施工增加费。

总价措施项目除通用措施项目外，还各专业措施项目，如建筑与装饰工程的非夜间施工照明、住宅工程分户验收等费用。

2. 单价措施项目

单价措施项目是指在现行工程量清单计算规范中有对应工程量计算规则，按人工费、材料费、施工机具使用费、管理费和利润形式组成综合单价的措施项目。单价措施项目根据专业不同，包括项目分别为建筑与装饰工程、安装工程、市政工程、仿古建筑工程、房屋修缮工程、城市轨道交通工程等。

单价措施项目中各措施项目的工程量清单项目设置、项目特征、计量单位、工程量计算规则及工作内容均按现行工程量清单计算规范执行。

3. 措施项目费报价

措施项目费应根据招标文件中的措施项目清单及投标时拟定的施工组织设计或施工方案自主确定。措施项目清单计价应根据拟建工程的施工组织设计，可以计算工程量的适宜采用分部分项工程量清单方式的措施项目应采用综合单价计价，其余的措施项目可以以"项"为单位的方式计价，应包括除规费、税金外的全部费用。措施项目清单中的安全文明施工费应按照国家或省级、行业建设主管部门的规定计价，不得作为竞争性费用。

（三）其他项目费

其他项目费指的是分部分项工程费和措施项目费用以外，该工程项目施工中可能发生的其他费用。

其他项目清单宜按照下列内容列项：

（1）暂列金额。

（2）暂估价（包括材料暂估价、专业工程暂估价）。

（3）计日工（包括用于计日工的人工、材料、施工机械）。

（4）总承包服务费。

其他项目费应按下列规定报价：

（1）暂列金额应按招标人在其他项目清单中列出的金额填写。

（2）材料暂估价应按招标人在其他项目清单中列出的单价计入综合单价；专业工程暂估价应按招标人在其他项目清单中列出的金额填写。

（3）计日工按招标人在其他项目清单中列出的项目和数量，自主确定综合单价并计算计日工费用。

（4）总承包服务费根据招标文件中列出的内容和提出的要求自主确定。

（四）规费和税金

1. 规费

规费项目清单应按下列内容列项：

（1）工程排污费。

（2）社会保险费：包括养老保险、医疗保险、失业保险、工伤保险和生育保险等五项社会保险方面的费用。

（3）住房公积金。

（4）危险作业意外伤害保险。

2. 税金

税金包括营业税、城市建设维护税、教育费附加，按工程所在地有权部门规定的标准计取。

规费、税金及现场安全文明施工措施费为不可竞争性费用，必须按规定的标准计取，不得随意降低计取标准或让利。

五、投标报价的编制程序

不论采用何种投标报价体系，一般计算过程均是：

（1）熟悉招标文件、考察现场。招标文件对投标报价采用的方法、编制要求、价格的调整方法等都作了要求，这是投标报价的基本依据，也是影响工程报价的直接因素，只有认真领会，才能避免盲目报价，保证报价的准确性。为了全面真实地掌握工程实际施工条件及报价所需的相关基本资料，承包人必须对工程现场进行考察，了解可能对投标报价产生影响的信息，准确报价。

（2）编制投标施工组织设计。投标人编制投标施工组织设计，就是为了发挥本企业的优势，采用先进的施工技术、合理的施工方案，优化资源配置，保证质量，保证实现工期目标，有效降低成本，降低报价。实现经济效益最大化。

（3）列组价项目、计算工程量，测定消耗量、确定综合单价，计算合价、计算各项费用，汇总造价。根据项目工程内容列组价项目，根据计价表计算工程量，按企业定额确定消耗量，按市场价计算各项综合单价，得出合价，再计算分部分项工程费、措施项目费、其他项目费、规费、税金，汇总工程总造价。

（4）制定投标策略，确定投标报价。对工程总报价进行审查、核算和评估，考虑企业的竞争态势，充分考虑影响报价的各种因素，运用一定的投标策略和技巧对价格进行调整，最终提出具有竞争力的报价。

投标报价的编制程序如图3-3所示。

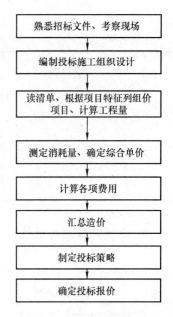

图3-3　投标报价的编制程序

六、工程量清单报价的标准格式及填写规定

工程量清单报价应采用统一格式，由招标人随招标文件发至投标人，由投标人填写。

根据《建设工程工程量清单计价规范》，工程量清单报价格式如下：

1. 封面（见表3-2）

表3-2　封面

投 标 总 价

建 设 单 位：＿＿＿＿＿＿＿＿＿＿＿＿＿＿＿

工 程 名 称：＿＿＿＿＿＿＿＿＿＿＿＿＿＿＿

投 标 总 价（小写）：＿＿＿＿＿＿＿＿＿＿＿

　　　　　（大写）：＿＿＿＿＿＿＿＿＿＿＿

投 标 人：＿＿＿＿＿＿＿＿＿＿　（单位盖章）

法定代表人：＿＿＿＿＿＿＿＿＿＿　（签字或盖章）

编 制 人：＿＿＿＿＿＿＿＿＿＿　（造价人员签字盖专用章）

时 间：　　年　　月　　日

2. 总说明（见表3-3）

表3-3　总说明

工程名称：　　　　　　　　　　　　　　　　　　　　　第　　页　共　　页

总说明应按下列内容填写：

1）工程概况、建设规模、工程特征、计划工期、施工组织设计的特点、自然地理条件、环境保护要求等。

2）编制依据等。

3. 工程项目投标报价汇总表（见表3-4）

表3-4　工程项目投标报价汇总表

工程名称：　　　　　　　　　　　　　　　　　　　　　第　页　共　页

序号	单项工程名称	金额/元	其中/元		
			暂估价	安全文明施工费	规费
合　计					

注：本表适用于投标报价的汇总。

4. 单项工程投标报价汇总表（见表3-5）

表3-5　单项工程投标报价汇总表

序号	单项工程名称	金额/元	其中/元		
			暂估价	安全文明施工费	规费
合　计					

注：本表适用于单项工程投标报价的汇总。暂估价包括分部分项工程中的暂估价和专业工程暂估价。

5. 单位工程投标报价汇总表（见表3-6）

表3-6　单位工程投标报价汇总表

单位工程名称：　　　　　　　　　　　　　　　　　　　　　单位：元

序号	汇总内容	金额/元	其中：暂估价/元
1	分部分项工程		
1.1			
1.2			
...			
2	措施项目		
其中	安全文明施工费		
3	其他项目		
3.1	其中：暂列金		
3.2	其中：专业工程暂估价		

（续）

序号	汇总内容	金额/元	其中：暂估价/元
3.3	其中：计日工		
3.4	其中：总承包服务费		
4	规费		
5	税金		
	投标报价合计 = 1 + 2 + 3 + 4 + 5		

注：本表适用于单位工程投标报价的汇总。如无单位工程划分，单项工程也使用本表汇总。

6. 分部分项工程量清单与计价表（见表3-7）

表3-7　分部分项工程量清单与计价表

单位及专业工程名称：　　　　　　　　　　　　　　　　　　第　页　共　页

序号	项目编码	项目名称	项目特征描述	计量单位	工程量	金额/元		
						综合单价	合价	其中暂估价
			本页小计					
			合　计					

注：为计取规费等的使用，可在本表中增设其中："定额人工费"。

7. 工程量清单综合单价分析表（见表3-8）

表3-8　工程量清单综合单价分析表

单位及专业工程名称：　　　　　　标段：　　　　　　第　页　共　页

项目编码		项目名称		计量单位	m³

清单综合单价组成明细

定额编号	定额名称	定额单位	数量	单　价					合　价				
				人工费	材料费	机械费	管理费	利润	人工费	材料费	机械费	管理费	利润
综合人工工日				小计									
元/工日				未计价材料费									
清单项目综合单价													

（续）

	主要材料名称、规格、型号	单位	数量	单价/元	合价/元	暂估单价/元	暂估合价/元
材料费明细							
	材料费小计						

注：1. 如不使用省级或行业建设主管部门发布的计价依据，可不填写定额项目、编号等。

2. 招标文件提供了暂估单价的材料。按暂估的单价填入表内"暂估单价"及"暂估合价"栏。

3. 未计价材料费是指安装、市政等工程中的主材费。

8. 总价措施项目清单与计价表（见表3-9）

表3-9　总价措施项目清单与计价表

单位及专业工程名称：　　　　　　　　　　　　　　　　　　第　页　共　页

序号	项目编码	项目名称	计算基础	费率（%）	金额/元	调整费率（%）	调整后金额/元	备注
1		安全文明施工费						
2		夜间施工增加费						
3		二次搬运						
4		冬雨季施工增加费						
5		已完工程及设备保护费						
6								
7								
8								
9								
		合计						

编制人：　　　　　　　　　　审核人：

9. 其他项目清单与计价汇总表（见表3-10）

表3-10　其他项目清单与计价汇总表

单位工程名称：　　　　　　　　　　　　　　　　　　第　页　共　页

序号	项目名称	计量单位	金额/元	备注
1	暂列金额			明细见表3-11
2	暂估价			
2.1	材料（工程设备）暂估价			明细见表3-12
2.2	专业工程暂估价			明细见表3-13
3	计日工			明细见表3-14
4	总承包服务费			明细见表3-15
5	索赔与现场签证			明细见表3-16
	合　计			

注：材料暂估单价进入清单项目综合单价，此处不汇总。

10. 暂列金额明细表（见表3-11）

表3-11 暂列金额明细表

单位工程名称： 第 页 共 页

序号	项目名称	计量单位	暂定金额/元	备 注
合 计				

注：此表由招标人填写，也可只列暂定金额总额，投标人应将上述暂列金额计入投标总价中。

11. 材料（工程设备）暂估价及调整表（见表3-12）

表3-12 材料（工程设备）暂估价及调整表

单位工程名称： 第 页 共 页

序号	材料名称、规格、型号	计量单位	数量		暂估/元		确认/元		差额±/元		备注
			暂估	确认	单价	合价	单价	合价	单价	合价	
合计											

注：1. 此表由招标人填写，并在备注栏说明暂估价的材料拟用在哪些清单项目上，投标人应将上述材料暂估单价计入工程量清单综合单价报价中。
2. 材料包括原材料、燃料、构配件以及按规定应计入建筑安装工程造价的设备。

12. 专业工程暂估价及结算价表（见表3-13）

表3-13 专业工程暂估价及结算价表

单位工程名称： 第 页 共 页

序号	工程名称	工程内容	暂估金额/元	结算金额/元	差额±/元	备注
合计						

注：此表由招标人填写，投标人应将上述专业工程暂估价计入投标总价中。

13. 计日工表（见表3-14）

表3-14 计日工表

单位工程名称： 第 页 共 页

编号	项目名称	单位	暂定数量	综合单价/元	合价/元
一	人工				
1					
2					
…					

（续）

编号	项目名称	单位	暂定数量	综合单价/元	合价/元
	人 工 小 计				
二	材料				
1					
2					
...					
	材 料 小 计				
三	施工机械				
1					
2					
...					
	施工机械小计				
	总 计				

注：1. 此表暂定项目数量由招标人填写，编制招标控制价、单价由招标人按有关规定确定。

2. 投标时，工程项目、数量按招标人提供的数据计算，单价由投标人自主报价。

14. 总承包服务费计价表（见表3-15）

表3-15 总承包服务费计价表

单位工程名称：　　　　　　　　　　　　　　　　　　　第　页　共　页

序号	项目名称	项目价值/元	服务内容	费率（%）	金额/元
1	发包人分包专业工程				
2	发包人供应材料				
	合 计				

15. 索赔与现场签证计价汇总表（见表3-16）

表3-16 索赔与现场签证计价汇总表

工程名称：　　　　　　　　　标段：　　　　　　　第　页　共　页

序号	签证及索赔项目名称	计量单位	数量	单价/元	合价/元	索赔及签证依据
—	本页小计	—	—	—		—
—	合计	—	—	—		—

16. 规费、税金项目清单与计价表（见表3-17）

表3-17 规费、税金项目清单与计价表

工程名称：　　　　　　　　　　　　　　　　　　　　　第　页 共　页

序号	项目名称	计算基础	费率（%）	金额/元
1	规费	定额人工费		
1.1	社会保险费	定额人工费		
1.2	住房公积金	定额人工费		
1.3	工程排污费	按工程所在地环保部门收取标准按实计入		
2	税金	分部分项工程费＋措施项目费＋其他项目费＋规费		
	合计			

17. 发包人提供材料价格、工程设备一览表（见表3-18）

表3-18 发包人提供材料和工程设备一览表

工程名称：　　　　　　　标段：　　　　　　　　　第　页 共　页

序号	材料（工程设备）名称、规格、型号	单位	数量	单价/元	交货方式	送达地点	备注

18. 承包人提供主要材料和工程设备一览表（见表3-19）

表3-19 承包人提供主要材料和工程设备一览表

工程名称：　　　　　　　标段：　　　　　　　　　第　页 共　页

序号	名称、规格、型号	单位	数量	风险系数（%）	基础单价/元	投标单价/元	发包人确认单价/元	备注

任务五　投标报价的策略

投标策略是指承包人在投标竞争中的系统工作部署及其参与投标竞争的方式和手段。投标策略作为投标取胜的方式、手段和艺术，贯穿于投标竞争的始终，内容十分丰富。

常用的投标策略主要有：

1. 根据招标项目的不同特点采用不同报价

投标报价时，既要考虑自身的优势和劣势，也要分析招标项目的特点。按照工程项目的不同特点、类别、施工条件等来选择报价策略。

（1）遇到如下情况报价可高一些：施工条件差的工程；专业要求高的技术密集型工程，而本公司在这方面又有专长，声望也较高；总价低的小工程，以及自己不愿做、又不方便不投标的工程；特殊的工程，如港口码头、地下开挖工程等；工期要求急的工程；投标对手少的工程；支付条件不理想的工程。

（2）遇到如下情况报价可低一些：施工条件好的工程，工作简单、工程量大而一般公司都可以做的工程；本公司目前急于打入某一市场、某一地区，或在该地区面临工程结束、机械设备等无工地转移时；本公司在附近有工程，而本项目又可利用该工程的设备、劳务，或有条件短期内突击完成的工程；投标对手多、竞争激烈的工程；非急需工程；支付条件好的工程。

2. 不平衡报价法

这一方法是指一个工程项目总报价基本确定后，通过调整内部各个子项目的报价，以期既不提高总报价、不影响中标，又能在结算时得到更理想的经济效益。一般可以考虑在以下几种情况下采用不平衡报价：

（1）能够早日结账收款的项目（如临时设施费、基础工程、土方开挖、桩基等）可适当提高。

（2）预计今后工程量会增加的项目，单价适当提高，这样在最终结算时可多赚钱；将工程量可能减少的项目单价降低，工程结算时损失不大。

上述两种情况要统筹考虑，即对于工程量有错误的早期工程，如果实际工程量可能小于工程量表中的数量，则不能盲目抬高单价，要具体分析后再定。

（3）设计图纸不明确，估计修改后工程量要增加的，可以提高单价；而工程内容解说不清楚的，则可适当降低一些单价，待澄清后可再要求提价。

（4）暂定项目，又叫任意项目或选择项目，对这类项目要具体分析。因为这类项目要在开工后再由业主研究决定是否实施，以及由哪家承包人实施。如果工程不分标，不会另由一家承包人施工，则其中肯定要做的单价可高些，不一定做的则应低些。如果工程分标，该暂定项目也可能由其他承包人施工时，则不宜报高价，以免抬高总报价。

采用不平衡报价一定要建立在对工程量表中工程量仔细核对分析的基础上，特别是对报低单价的项目，如工程量执行时增多将造成承包人的重大损失；不平衡报价过多和过于明显，可能会引起招标方反对，甚至导致废标。

3. 计日工单价的报价

计日工单价的报价要视具体情况而定，如果是单纯报计日工单价，而且不计入总价中，则可以报高些，以便在业主额外用工或使用施工机械时可多盈利。但如果计日工单价要计入总报价，则需具体分析是否报高价，以免抬高总报价。总之，要分析业主在开工后可能使用的计日工数量，再来确定报价方针。

4. 可供选择的项目的报价

有些工程项目的分项工程，业主可能要求按某一方案报价，而后再提供几种可供选择方案的比较报价。例如，某住房工程的地面水磨石块，工程量表中要求按 25cm×25cm×2cm

的规格报价，另外，还要求投标人用更小规格水磨石块 20cm×20cm×2cm 和更大规格水磨石块 30cm×30cm×3cm 作为可供选择项目报价。投标时，除对几种水磨石地面砖调查询价外，还应对当地习惯用砖情况进行调查。对于将来有可能被选择使用的地面砖应适当提高其报价；对于当地难以供货的某些规格地面砖，则可将价格有意抬高得更多一些，以阻挠业主选用。但是，所谓"可供选择项目"并非由承包人任意选择，而是只有业主才有权进行选择。因此，投标方虽然适当提高了可供选择项目的报价，但并不意味着肯定可以取得较好的利润，只是提供了一种可能性，一旦业主今后选用，承包人即可得到额外加价的利益。

5. 暂定工程量的报价

暂定工程量有三种：第一种是业主规定了暂定工程量的分项内容和暂定总价款，并规定所有投标人都必须在总报价中加入这笔固定金额，但由于分项工程量不很准确，所以允许将来按投标人所报单价和实际完成的工程量付款。第二种是业主列出了暂定工程量项目的数量，但并没有限制这些工程量的估价总价款，要求投标人既要列出单价，也应按暂定项目的数量计算总价，当将来结算付款时可按实际完成的工程量和所报单价支付。第三种是只有暂定工程的一笔固定总金额，将来这笔金额做什么用，由业主确定。第一种情况，由于暂定总价款是固定的，对各投标人的总报价水平竞争力没有任何影响，因此，投标时应当对暂定工程量的单价适当提高。这样做，既不会因今后工程量变更而吃亏，也不会削弱投标报价的竞争力。第二种情况，投标人必须慎重考虑。如果单价定得高了，同其他工程量计价一样，将会增高总报价，影响投标报价的竞争力；如果单价定得低了，将来这类工程量增大，将会影响收益。一般来说，这类工程量可以采用正常价格。如果承包人估计今后实际工程量肯定会增大，则可适当提高单价，使将来可增加额外收益。第三种情况对投标竞争没有实际意义，按招标文件要求将规定的暂定款列入总报价即可。

6. 多方案报价法

对于一些招标文件，如果发现工程范围不很明确，条款不清楚或很不公正，或技术规范要求过于苛刻时，则要在充分估计投标风险的基础上，采用多方案报价法处理。即按原招标文件报一个价，然后再提出，如某条款作某些变动，报价可降低多少，由此可报出一个较低的价。这样，可以降低总价，吸引业主。

7. 增加建议方案

有时招标文件中规定，可以提一个建议方案，即可以修改原设计方案，提出投标者的方案。投标者这时应抓住机会，组织一批有经验的设计和施工工程师，对原招标文件的设计和施工方案进行仔细研究，提出更为合理的方案以吸引业主，促成自己的方案中标。这种新建议方案可以降低总造价或是缩短工期，或使工程运用更为合理。但要注意对原招标方案一定也要报价。建议方案不要写得太具体，要保留方案的技术关键，防止业主将此方案交给其他承包人。同时要强调的是，建议方案一定要比较成熟，有很好的可操作性。

8. 分包商报价的采用

由于现代工程的综合性和复杂性，总承包人不可能将全部工程内容完全独家包揽，特别是有些专业性较强的工程内容，需分包给其他专业工程公司施工，还有些招标项目，业主规定某些工程内容必须由其指定的几家分包商承担。因此，总承包人通常应在投标前先取得分包商的报价，并增加总承包人摊入的一定的管理费，而后作为自己报标总价的一个组成部分一并列入报价单中。应当注意，分包商在投标前可能同意接受总承包人压低其报价的要求，但等到总承包人得标后，他们常以种种理由要求提高分包价格，这将使总承包人处于十分被动的地位。解决的办法是，总承包人在投标前寻找 2～3 家拟合作的分包商分别报价，而后选择其中一家信誉较好、实力较强和报价合理的分包商签订协议，同意该分包商作为本分包工程的唯一合作者，并将该分包商列入投标文件中，但要求该分包商相应地提交投标保函。如果该分包商认为这家总承包人确实有可能得标，也许愿意接受这一条件。这种把分包商的利益同投标人捆在一起的做法，不但可以防止分包商事后反悔和涨价，还可能迫使分包商报出较合理的价格，以便共同争取得标。

9. 无利润算标

缺乏竞争优势的承包人，在不得已的情况下，只好在算标中根本不考虑利润去夺标。这种办法一般是处于以下条件时采用：

（1）有可能在得标后，将大部分工程分包给索价较低的一些分包商。

（2）对于分期建设的项目，先以低价获得首期工程，而后赢得机会创造第二期工程中的竞争优势，并在以后的实施中赚得利润。

（3）较长时期内，承包人没有在建的工程项目，如果再不得标，就难以维持生存。因此，虽然本工程无利可图，只要能有一定的管理费维持公司的日常运转，就可设法渡过暂时的困难，以图将来东山再起。

上述策略与技巧是投标报价中经常采用的，此外还有以信誉取胜、联合保标等。施工投标报价是一项系统工程，必须要掌握足够的信息，根据工程实际情况在报价中灵活运用。需要说明的是，报价的策略与技巧只是提高中标率的辅助手段，最根本的还是要依靠企业自身的实力参加竞争。

任务六　投标文件的编制与递交

一、投标文件的组成

投标文件一般应包括以下内容（具体格式示例参见附录 B）：

（1）投标书。

（2）投标书附录。

（3）投标保证书（银行保函、担保书等）。

（4）法定代表人资格证明书。

（5）授权委托书。

（6）具有标价的工程量清单和报价表。

（7）施工规划或施工组织设计。

（8）施工组织机构表及主要工程管理人员人选及简历、业绩。

（9）拟分包的工程和分包商的情况（如有时）。

（10）其他必要的附件及资料，如投标保函、承包人营业执照和能确认投标人财产经济状况的银行或其他金融机构的名称及地址等。

二、投标文件的编制

（一）编制投标文件的准备工作

投标单位领取招标文件、图纸和有关技术资料后，应仔细阅读"投标须知"，投标须知是投标单位投标时应注意和遵守的事项。

投标单位应根据图纸核对招标单位在招标文件中提供的工程量清单中的工程项目和工程量，如发现项目或数量有误时应在收到招标文件七日内以书面形式向招标单位提出。

组织投标班子，确定参加投标文件编制的人员，为编制好投标文件和投标报价，应收集现行定额标准、取费标准及各类标准图集。收集掌握政策性调价文件，以及材料和设备价格情况。

（二）编制投标文件

投标文件应完全按照招标文件的各项要求编制，投标单位依据招标文件和工程技术规范要求，并根据施工现场情况编制施工方案或施工组织设计。投标文件应当对招标文件规定的实质性要求和条件作出响应。要按招标文件规定的格式和要求编制。投标文件编制完成后应仔细整理、核对，按招标文件的规定进行密封标志，并提供足够份数的投标文件副本。

三、投标文件的递交和接收

（一）投标文件的递交

将投标文件在投标截止时间前按规定的地点递交至招标单位。在递交投标文件以后，在投标截止时间之前，投标单位可以对所递交的投标文件进行修改或撤回，但所递交的修改或撤回通知必须按招标文件的规定进行编制、密封和标志。

（二）投标文件的接收

在投标截止时间前，招标单位应做好投标文件的接收工作，在接收中应注意核对投标文件是否按招标文件的规定进行密封和标志，并作好接收时间的记录等。投标文件递交签收单见表3-20。

在开标前，应妥善保管好投标文件、修改和撤回通知等投标资料，由招标单位管理的投标文件需经招标管理机构密封或送交招标管理机构统一保管。完成接收投标工作后，招标单位应按规定准时开标。

表3-20　投标文件递交签收单

投标文件递交签收单
_____ :（投标人名称） 你单位递交的招标编号为_____的投标文件正本_____份，副本_____份收讫。   递交时间： 地　　点：   　　　　　　　　　　　　　　　　　　　　签收人： 　　　　　　　　　　　　　　　　　　　年　月　日

说明：此表一式二份，招标人、投标人各执一份。

任务七　单元训练

一、案例

【案例3-1】　评分法选择投标项目

▶背景：

某施工企业拟用评分法对某工程项目投标进行选择性决策，投标考虑的指标见表3-21，项目可参加投标的最低分值为0.68。

▶问题：

请对该工程的投标作出选择。

表3-21　选择投标项目表

投标考虑的指标	要求	权重W	等级C					指标得分
			好 (1.0)	较好 (0.8)	一般 (0.6)	较差 (0.4)	差 (0.2)	
1. 管理条件	（略）	0.15		√				0.12
2. 技术条件	（略）	0.15	√					0.15
3. 机械设备实力	（略）	0.05	√					0.05
4. 对风险的控制能力	（略）	0.15			√			0.09
5. 实现工期的可能性	（略）	0.10			√			0.06
6. 资金支付条件	（略）	0.10		√				0.08
7. 与竞争对手实力比较	（略）	0.10				√		0.04
8. 与竞争对手积极性比较	（略）	0.10		√				0.08
9. 今后的机会（社会效益）	（略）	0.05				√		0.02
10. 劳务和材料条件	（略）	0.05	√					0.05
$\sum W \times C$								0.74

▶案例分析：

项目的$\sum W \times C$最低得分值高于项目可参加投标的最低分值，可选择参加投标。

【案例3-2】　对招标文件的研究分析

▶背景：

某市新建中心医院工程项目，进行公开招标。计价方式为工程量清单报价，合同类型为固定单价。招标文件中关于投标报价条款约定如下：

.(1) 投标报价应包括招标文件所确定的招标范围内工程量清单中所含施工图项目的全部内容，以及为完成上述内容所需的全部费用。投标人应按招标人提供的工程量计算工程项目的单价和合价。工程量清单中的每一单项均需计算并填写单价和合价。未填单价或合价的子目，招标人将按照其他投标人对该子目的最低报价作为结算依据。

（2）招标人的工程量为估算工程量，投标人应对招标文件提供的各项工程量进行复核，并对其已标价工程量清单中填报工程量的准确性负责，除发生下面两种情形外，结算时工程量不再调整：①实际工程量差异在10%以上的据实调整工程量；②工程设计变更。

（3）附件中给出的设备材料暂估价供投标人报价时参考。

（4）投标函报价应与已标价工程量清单汇总一致。投标文件中的大写金额与小写金额不一致的，以大写金额为准；总价金额与单价金额不一致的，以单价金额为准，但单价金额小数点有明显错误的除外。

（5）评标基准价计算方法。评标基准价为去掉一个最低、一个最高有效报价的算术平均数。投标报价高于评标基准价时，中标价为评标基准价，低于评标价时为其投标报价。

（6）签订施工承包合同时，中标人应将中标价让利3%。

▶问题：

指出上述报价条款中的不妥之处，并逐一说明理由。

▶案例分析：

（1）未填单价或合价的工程项目，招标人将按照其他投标人对该子目的最低报价作为结算依据不妥。

理由：投标文件是投标人本人的意思表示，不应以他人的意思表示为依据。可规定为：视为已经包含在该投标人其他报价之中。

（2）投标人对其已标价工程量清单中填报工程量的准确性负责不妥。理由：工程量准确性应由招标人负责。实际工程量与其填报工程量差异在10%以上的可以调整不妥。理由：单价合同工程量应据实结算。

（3）招标文件提供的暂估价供投标人报价时参考不妥。理由：暂估价为非竞争因素，不允许投标人修改暂估价。

（4）规定投标报价高于评标基准价时，中标价为评标基准价，低于评标价时为其投标报价不妥。理由：中标价必须为中标人投标价格。

（5）签订施工承包合同时，中标人应将中标价让利3%不妥。理由：招标人与中标人在中标通知书发出之日起30日内签订合同，不得作实质性修改。

【案例3-3】　工程量清单的分析

▶背景：

某房屋建筑工程位于某市商业繁华地带，工程场地十分狭窄，总建筑面积36286m²，地下3层，地上25层，为全现浇箱形基础，框架、剪力墙结构。现采用工程量清单计价方式进行工程施工总承包人招标。

▶问题：

1. 招标文件工程量清单由哪几部分组成？简述各部分的内容。

2. 分部分项工程量清单表中一般有哪几部分内容？画表示意。其中的综合单价包括哪些费用？与工程结算是什么关系？

3. 造价咨询单位提供的本项目措施项目清单表内容见表3-22，该表中的内容是否正确及完整？为什么？

表 3-22　措施项目清单表

序号	项 目 名 称	项目特征	单位	数量
1	环境保护		项	1
2	安全文明施工		项	1
3	夜间施工		项	1
4	冬期雨期施工		项	1
5	大型机械设备进出场及安拆		项	2
6	施工排水		项	1
7	地上、地下设施、建筑物的临时保护设施		项	1
8	已完工程及设备保护		项	1
9	混凝土、钢筋混凝土模板及支架		项	1
10	脚手架		项	3

▶案例分析：

1. 招标文件工程量清单的组成

依据《建设工程工程量清单计价规范》（GB 50500—2008），招标文件工程量清单一般包括九部分内容：①封面；②总说明；③项目、单项工程招标控制价表；④分部分项工程量清单与计价表；⑤工程量清单综合单价分析表；⑥措施项目清单与计价表（一）和（二）；⑦其他项目清单与计价汇总表；⑧暂列金额明细表、材料暂估价表、专业工程暂估价表、计日工表、总承包服务费计价表；⑨规费项目清单、税金项目清单等。

2. 分部分项工程量清单表包括的内容

工程量清单表中，一般应包括序号、编码、子目名称、项目特征描述、计量单位、工程量、综合单价、合价与备注等内容，见表 3-23。

表 3-23　工程量清单

工程名称：　　　　　　　　　　　　　　　　　　　　　　　　第　　页　共　　页

序号	编码	子目名称	项目特征描述	计量单位	工程量	综合单价	合价
			合　计				

表 3-23 中的综合单价是完成单位工程量所需的人工费、材料费、机械使用费、管理费和利润，并考虑合同风险因素的价格。在工程量清单计价模式下进行工程结算时，用实际工程量乘以综合单价得到该子目的结算价格，所有计算价格汇总，加上暂估价项目实际费用、暂列金额实际支出以及其他一些规定费用，得到工程造价。

3. 关于措施项目清单表

造价咨询单位给出的措施项目清单表中的内容不完全正确。存在以下问题：

1）措施项目清单是以项为单位进行计量的子目，对应于合同条款中的总价子目，对应一个具体建设工程来说，对应的工程量均为 1 项。所以，在本案例中，大型机械设备进出场及安拆与脚手架分别给出工程量 2 和 3 不正确，均须调整为 1。

2）造价咨询单位给出的措施项目清单内容不完整，因为工程地处商业繁华地带，场地十分狭窄，需要求投标人考虑基坑支护、材料二次搬运、人员不能在场内居住以及在装修装饰施工阶段材料、人员垂直运输等事项，须要在措施项目清单中补充相应项目。

3）没有项目特征内容。正确的措施项目清单表见表3-24。

表3-24　正确的措施项目清单表

序号	项目名称	项目特征	单位	数量
1	环境保护	现场及周边环境保护，污染物指标控制在国家规定范围内	项	1
2	安全文明施工	按国家规范、行业规程设置现场安全防护，保持现场良好作业、卫生环境和工作秩序	项	1
3	夜间施工	夜间施工生产、生活设施、人员安排及夜餐补助等	项	1
4	冬期雨期施工	冬期雨期施工生产、生活设施及人员安排、防雨防寒	项	1
5	大型机械设备进出场及安拆	自重5t及以上大型机械设备准备、安拆、场内外运输、路基、路轨铺拆	项	1
6	施工排水	施工排水设施修建及拆除	项	1
7	地上、地下设施、建筑物的临时设施保护费	施工期地上、地下设施及建筑物临时设施保护材料及设置	项	1
8	已完工程及设备保护	已完工程及设备保护材料准备、保护措施及保护	项	1
9	混凝土、钢筋混凝土模板及支架	混凝土、钢筋混凝土施工模板及架料准备、模板及支架安拆	项	1
10	脚手架	施工期间脚手架材料准备及脚手架搭拆	项	1
11	基坑支护	基坑支护方案及基坑支护施工、基坑支护体系监测	项	1
12	场外生产生活设施及交通费	厂外生活设施及人员交通	项	1
13	二次搬运	材料二次搬运	项	1
14	垂直运输	材料、人员运输	项	1

【案例3-4】 不平衡报价的运用

某承包人参加某工程的投标，决定对其中部分子项采用不平衡报价，见表3-25。

承包人决定提高垫层的单价20%，则此项调整为：

单价：$80.86 \times (1 + 20\%) = 97.03$

合价：$97.03 \times 20 = 1940.60$

表3-25　报价调整前后对照表 　　　　　　　　　　（单位：元）

序号	项目名称	单位	工程量	调整前		调整后	
				单价	合价	单价	合价
1	挖基础土方	m³	40	6.77	270.80	6.52	260.80
2	垫层	m³	20	80.86	1617.20	97.03	1940.60
3	水磨石面层	m²	30.3	17.50	530.25	16.84	510.25
4	找平层	m²	28.39	273.27	7758.13	263.10	7469.47
5	墙面粉刷	m²	8	16.23	129.84	15.64	125.13
合计					10306.22		10306.22

调整后，上升了 $1940.60 - 1617.20 = 323.4$

为了保持不变，将增加的部分平均分摊给其余四分项：

下降系数 = 分项工程调整额之和/其余分项工程合价之和

$\quad\quad\quad = 323.4/(10306.22 - 1617.20) = 0.0372$

调整系数：$1 - 0.0372 = 0.9628$

调整后单价 = 单价 × 调整系数

调整后的单价、合价见表3-25。

二、单项训练

某建设工程交易网上发布一招标公告：某学院拟建两栋学生宿舍，六层框架结构，建筑面积约9700m²，投标企业如何完成对此工程的投标工作？

（一）训练目的

1. 能完成投标前期的各项工作，能对投标项目作出选择。

2. 训练学生编制投标报价。

3. 训练学生编制投标文件。

4. 训练学生灵活运用投标技巧。

（二）训练内容

研究招标文件，根据招标文件的要求，编写工程量清单报价、编写投标文件，避免废标。

（三）训练题

1. 将学生分成一个招标小组和若干个投标小组。

2. 投标小组模拟投标人，设定投标单位相关信息，编写工程量清单报价、编写投标文件。

三、思考与讨论

1. 投标人的资格条件是什么？

2. 建设工程投标程序是什么？

3. 在建设工程投标的各程序中，你认为哪一个环节是最重要的？

4. 获得项目招标信息后，应完成哪些工作？

5. 选择投标项目，重点要作哪些方面的决策？

6. 简述承包人参加资格预审的注意事项。

7. 资格预审对承包人来说有何重要意义？

8. 承包人对招标文件的研究重点在哪几个方面？

9. 承包人参加现场踏勘应做好哪些准备工作？

10. 简述投标报价的组成与编制程序。

11. 试述投标人如何才能实现自主报价。

12. 承包人怎样运用投标策略提高中标率？

13. 试述承包人应该怎样处理报价的计算与运用的关系。

14. 简述编制投标文件的注意事项。

15. 投标人怎样避免废标？

单元四　建设工程咨询服务招投标

引言

　　本单元主要介绍建设工程咨询服务招投标基本理论，并对建设工程咨询服务招标的工作内容进行了阐述，包括建设工程招标代理招标；建设工程设计招标；建设工程监理招标；工程造价咨询招标；工程建设项目管理服务招标；特许经营项目融资招标。

学习目标

　　知识目标：掌握建设工程咨询服务招标的招标方式、基本程序，评标方法和程序、中标的原则。

　　　　　　　熟悉建设工程咨询服务招标资格审查的原则和方法、开标的程序，投标工作的流程。

　　　　　　　了解建设工程咨询服务的分类和各类建设工程咨询服务招标的工作内容。

　　能力目标：会编制建设工程咨询服务资格预审文件，编制招标文件、投标文件。

　　　　　　　能组织建设工程咨询服务开标、评标，选择合格的投标人。

【案例引入】

　　我国在北京成功地举办了第 29 届奥运会，奥运工程建设管理实现了整体创新，奥运场馆和相关基础设施的建设实施项目法人责任制，由项目法人负责项目的设计、投融资、建设和运营。项目法人通过招标方式确定。经过国际公开招投标，以中国中信集团为代表的联合体与北京市国有资产经营有限公司组建项目公司，成为国家体育场"鸟巢"的项目法人。采取 PPP 融资模式，其中北京市国有资产经营有限公司投资占 58%，其余 42% 由以中国中信集团为代表的联合体投资。工程的管理实施工程总承包制，通过公开招投标，北京城建集团公司成为"鸟巢"的总承包单位。实施设计—采购—施工一体化的总承包管理模式。在项目的管理过程中，各环节均实施了招投标管理，如项目采用融资招标，工程设计采用设计方案国际竞争性招标等。那么什么是项目融资招标？工程设计方案招标又有何特点？将在本单元的学习中详细阐述。

任务一　建设工程招标代理招标

一、建设工程招标代理概述

　　招标代理机构是随着招投标活动的开展而逐步发展起来的，是市场经济的需要，是社会分工专业化的必然结果。建设工程招标代理，是指工程招标代理机构（以下简称招标代理机构）接受招标人的委托，以招标人的名义，进行建设工程项目勘察、设计、施工、监理、项目管理、工程咨询、造价咨询以及与工程建设有关的重要设备（进口机电设备除外）、材料采购招标的行为。从事工程招标代理业务的机构必须依法取得国务院或者省级建设行政主管部门认定的工程招标代理机构资格，并在其资格许可的业务范围和有效期内承接工程招标代理业务。

（一）招标代理机构的特征

招标代理机构有以下几个特征：

（1）招标代理机构应当与招标人签订书面委托代理合同，在合同约定的权限范围内依法从事工程招标代理活动。

（2）招标代理机构是社会中介组织。招标代理机构是以其专业知识和经验为被代理人提供高智能的服务，具有独立进行意思表示的职能。

（3）招标代理机构是以代理人的名义办理招标事务，招标代理行为的法律效果由被代理人承担。

（二）招标代理的工作要求

（1）招标代理机构在从事招标活动时必须严格遵守公开、公平、公正、诚实信用的原则，维护招标人和投标人的合法权益。

（2）从事工程招标代理业务的机构必须取得相应的招标代理资质，并接受建设行政主管部门的监督管理。招标代理机构不得与行政机关或国家机关有关系。

（3）工程招标代理机构从事招标代理活动，必须在其资质允许的范围内与招标人签订书面委托代理合同，取得招标人的授权委托书。

（4）工程招标代理机构在接洽招标代理业务时，应当首先对工程项目进行全面的了解，不得对已施工或已签合同的工程再组织招标，不得代理场外交易项目。

（5）从事工程招标代理工作的业务人员，必须经过法律、法规和业务知识的培训，取得相应的资格证书，并持证上岗。

（6）招标代理机构应当在招标人委托的范围内办理招标事宜，不得无权代理、越权代理和违法代理；不得接受同一招标项目的投标咨询服务。

（三）招标代理机构的工作任务

招标代理机构受招标人的委托，可承担下列工作：

（1）向招投标监督部门办理招标登记手续。

（2）拟订招标方案。

（3）编制和发布招标公告、资格预审公告或者招标邀请书。

（4）为招标人编制招标文件（包括编制资格预审文件和标底）。

（5）审查投标人的资格。

（6）组织投标人踏勘现场并答疑。

（7）按程序组织开标、评标、定标。

（8）协调招标人与中标人的关系，提供招标前期咨询，协调合同的签订。

（四）招标代理服务收费

（1）招标代理服务收费是指招标代理机构接受招标人委托从事编制招标文件（包括编制资格预审文件和标底），审查投标人的资格，组织投标人踏勘现场并答疑，组织开标、评标、定标以及提供招标前期咨询，协调合同的签订等业务所收取的费用。其收费实行政府指导价，招标代理机构不得低于国家规定的最低收费标准承接业务。招标代理服务费用由招标人支付。政府指导价收费标准可参照《招标代理服务收费管理暂行办法》（计价格〔2002〕1980 号）。目前各地方政府也相继制定了适合本地区的招标代理招标综合服务费收取标准。

（2）招标代理机构出售资格预审文件、招标文件等资料，可收编制成本费，但不得以盈利为目的，不得向投标人或者中标人附加不合理的条件或者收取额外费用。

二、建设工程招标代理招标工作流程

招标代理招标工作流程如图 4-1 所示。

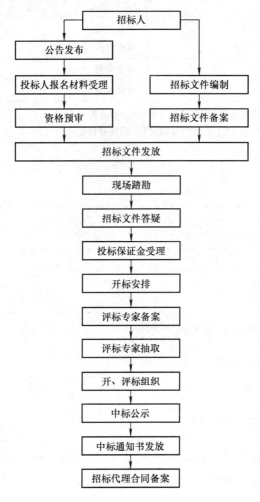

图 4-1　招标代理招标工作流程

（一）招标范围与方式

原国家计委第 3 号令《工程建设项目招标范围和规模标准规定》，确定了必须进行招标的工程建设项目的具体范围、规模标准和必须公开招标的项目，也允许各省、自治区、直辖市在不缩小规定范围的情况下可以规定本地区必须进行招标的具体范围和规模标准。对此各省、自治区、直辖市对招标范围、招标方式均有规定。对招标代理的招标方式在我国各地区也有详细的规定，例如某地区规定，招标人采取委托代理招标的，招标项目的单项合同估算价达到30万元人民币以上的，或者单项合同估算价低于招标标准，但项目投资总额在2000万元人民币以上的，应当采用招标方式确定招标代理机构。达不到上述标准的，应当采用比选、询价以及其他竞争方式择优选定招标代理机构。招标代理人招标，招标人需要提交的材料有：计划批文、项目管理班子成员名单、"招标代理人招标备案表"（见表4-1）。招标代理招标采用公开招标的方式时，招标人要在指定的媒体上发布"建设工程招标代理人招标公告"（见表4-2）。

表4-1　招标代理人招标备案表

招标人概况	招标人		法定代表人	
	单位地址		经办人及联系电话	
招标工程概况	工程名称		资金来源	
	建设地址		概算投资	
	工程类别	□建筑类（A）□市政类（B）□土石方类（C） □园林类（D）□装饰装潢（E）□建材设备（F）□其他（G）：_____		
招标内容及范围				
投标人报名条件	企业资质等级			
	其他			
公告发布媒体				

工程招标具备条件	工程建设项目招标代理人招标应具备下列条件： 1.□计划批文 2.□招标人已组建项目管理班子					
	业主管理班子	职务	组长	成员	成员	成员	成员
		姓名					

招标方式	□邀请招标	□公开招标

上述填写内容均已认真逐项核对，确实表达本单位意见，并愿对本表所填写内容的真实性承担法律责任。

招标人：_____（盖章）　法定代表人：_____（签名）

经办人：_____（签名）

年　　月　　日

市招管办备案意见	经办人意见	
	科室意见	
	办领导意见	

注：提供材料应附原件，如提供复印件应由法定代表人签字，并加盖提供人公章。

表4-2　建设工程招标代理人招标公告

建设工程招标代理人招标公告

××市招代理〔200 　〕_____号

_____工程经有关部门批准，决定公开招标选定招标代理人，现将有关事项公告如下：

一、招标工作概况：

1. 建设地点：_____

2. 工程规模：概况投资_____万元

□（建筑类）

□（市政类）

□（园林类）

□（其他类）

3. 招标内容：_____

二、报名条件：

1. 企业资质等级要求：_____

2. 人员要求：_____

_____

三、报名时间： _____年_____月_____日至_____年_____月_____日时止

四、报名地点： ××市建设工程交易中心

五、报名资料（须按顺序装订成册，带原件核对，复印件盖单位公章）：

1. 企业营业执照、资质证书正本、副本。

2. 法人委托书。

3. 拟派项目组长及成员资格证书、职称证书、身份证、养老保险交纳证明。

4. 其他：_____

招标人联系电话：

××市交易中心电话：

××市交易中心

（招标人）：_____

（××市招标办核备章）

200 　年　月　日

（二）资格预审

招标人需要按照招标公告要求受理投标人报名材料，并进行资格预审，参加资格预审的单位及人员应对资格预审结果严格保密。资格预审完成的工作有：

（1）确定通过资格预审的投标人。

（2）向通过资格预审的投标人发放"资格预审合格通知书"（见表4-3）。

（3）向未通过资格预审的投标人发放"资格预审结果通知书"（见表4-4）。招标人需

要将每家投标人的资格预审结果分别以书面形式告知相应投标人。

表4-3　资格预审合格通知书

资格预审合格通知书

_____：

　　_____工程公开招标选定招标代理人的资格预审工作已结束。对你方提交的报名资料及单位的有关情况进行了审查。你方资格预审合格，现通知你方参加投标。

　　1. 你方应在_____年_____月_____日_____时前在××市工程交易中心凭本通知书获取工程招标文件及相关资料。

　　2. 本通知书我方以□传真 □电子邮件方式通知你方，请你方在收到本通知书后于_____年_____月_____日前以书面传真方式予以确认是否参加投标。

　　3. 投标人如在上述规定时间内未领取招标文件及资料的，则视为主动放弃本工程投标。

　　4. 经确认正式参加投标的企业，不得无故放弃投标，确有特殊情况不能参加投标的须以书面形式向招标人陈述原因，并报市招标办备案，无合理原因或理由而放弃投标的按扰乱招投标秩序论处，由市招标办按不良行为进行记录。

　　招标人（盖章）：

　　法定代表人或授权人（签字或盖章）：

　　联系电话：

_____年_____月_____日

表4-4　资格预审结果通知书

资格预审结果通知书

_____：

　　_____工程公开招标选定招标代理人的资格预审工作已结束。我方对你方递交的报名资料及单位的相关情况进行了审查，根据《××市建设工程施工招投标管理办法》之规定，现将结果通知如下：

　　□你方资格预审合格，由于名额限制，经随机抽签你方未被确定为正式投标人，感谢支持，欢迎再次合作！

　　□你方因_____未通过资格预审。

　　你方对上述结果如有异议，可以向我单位提出，或向××市招投标管理办公室投诉（地址：××路××号×楼；投诉电话：×××××××）。

　　异议方应当以书面形式，于_____年_____月_____日_____时之前，送达我方。逾期不予受理。

　　招标人（盖章）：
　　法定代表人或授权人（签字或盖章）：
　　联系电话：

_____年_____月_____日

（三）开标、评标、定标

经过开标、评标确定中标单位，具体的工作有：

（1）根据招标文件预定的开标时间，由招标人组织开标。

（2）开标时间由于不可预见的原因更改时需要重新约定开标时间，同时该约定好的开标时间必须以招标答疑的形式告知所有潜在投标人。

（3）招标代理人招标评标专家选聘按相关法律、法规要求，并在开标前 30min 确定评标专家。

（4）按招标文件及有关规定审查招标人的进场开标条件。

（5）招标人对项目情况及招标文件方面以及投标人有疑问的地方进行解释。

（6）评标委员会通过对投标人标书的评审确定推荐中标人并形成评标报告，评标报告提交给招标人并报市招标监管办备案。

（7）评标结束后，中标结果在相关建设工程交易网上公示，公示时间按各地规定；中标结果公示后且无异议的，招标人必须及时将中标通知书经市招标监管办备案后发放给中标人，同时向未中标人发放未中标通知书。

（8）招标人必须严格按照招标文件规定及有关法律法规要求同中标人签订合同，合同签订后七日内向所属招标监管办备案。

相关用表见表 4-5、表 4-6 及表 4-7。

表 4-5　建设工程招标代理人招标决标报告

××市招投标管理办公室：

_____工程招标代理招标，按《工程建设项目施工招投标办法》、《××市建设工程施工招投标管理办法》以及本工程招标文件的有关条款，在评标专家组（委员会）对投标单位及其投标书进行全面分析、综合评议、择优推荐的基础上（评标报告附后），经项目法人（招标委员会）研究决定_____为中标单位，中标价让利率为_____。现将有关情况报告如下，请予审核。

招标单位		主管部门	
决标地点		决标时间	
限　价		工期要求	

<table>
<tr><td colspan="8" align="center">中标候选人情况</td></tr>
<tr><td rowspan="2">排名</td><td rowspan="2">中标候选人名称</td><td colspan="2">商务标</td><td>技术标</td><td>资信标</td><td>信誉分</td><td rowspan="2">总分</td><td rowspan="2">投标书存在问题及其他说明</td></tr>
<tr><td>让利</td><td>得分</td><td>得分</td><td>得分</td><td>得分</td></tr>
<tr><td>第1名</td><td></td><td></td><td></td><td></td><td></td><td></td><td></td><td></td></tr>
<tr><td>第2名</td><td></td><td></td><td></td><td></td><td></td><td></td><td></td><td></td></tr>
<tr><td>第3名</td><td></td><td></td><td></td><td></td><td></td><td></td><td></td><td></td></tr>
<tr><td>决标理由</td><td colspan="8"></td></tr>
<tr><td>决标人员签名</td><td colspan="8">招标单位（盖章）：　　　　日期：</td></tr>
<tr><td rowspan="2">市招标办意见</td><td colspan="3" align="center">初审意见</td><td colspan="3" align="center">公示结果</td><td colspan="2" align="center">办领导意见</td></tr>
<tr><td colspan="3"></td><td colspan="3"></td><td colspan="2"></td></tr>
</table>

表4-6 建设工程招标代理人招标中标结果公示

工程编号_____

公示日期_____年_____月_____日至_____年_____月_____日

　　根据《××市建设工程施工招投标管理办法》第十一条第十款之规定，现将本工程中标结果公示如下，如对本次招投标活动的真实性和合法性有异议，请在五天内向市公共资源办提出书面意见。举报人应提供真实姓名和电话，否则将视为无效投诉。

1	工程名称				
2	招标人（盖章）				
4	评标办法				
5	中标人				
6	中标价				
7	项目组组长		执业资格/职称		
	执业资格证号		身份证号		
项目组人员组成	姓名	身份证号	技术职称	执业资格	担任职务

　　注：1. 本公示在交易中心信息网发布，发布时间应不少于2个工作日。招标人还可在其他媒体上发布公示，但公示内容应与本公示一致。公示结束后方可办理中标通知书确认手续。

　　　　2. 本表一式三份，招标人、市招标办和工程交易中心各存一份。

表4-7 中标通知书

工程编号：××市招代理［200 1］_____号　　　　　　工程类别：招标代理

招标工程概况	项目名称	
	建设地点	
中标情况	中标单位	
	中标价	以招标代理的项目中标价为基数，按照国家规定收费标准，乘以（1－中标让利率）收取招标代理服务费
	招标代理服务期	
	评标办法	综合评估法
项目组主要人员		

姓　名	身份证号	执业资格	执业资格证书号	职　称

备　注	1. 招标人应当将中标结果通知所有未中标的投标人 　2. 招标人和中标人应当自中标通知书发出之日三日内，按照招标文件和中标的投标文件订立书面合同 　3. 订立书面合同后七天，中标人应当报市招标办备案

招标人（建设单位盖章）

核备单位：××市招投标管理办公室（盖章）

年　月　日

三、招标代理招标文件

建设工程招标代理招标文件，是招标代理机构投标的重要依据，招标代理招标文件的主要内容一般包括：

（一）投标须知

投标须知是指导投标人正确编制投标文件的依据，包括工程概况、投标人资格条件、投标文件的组成、投标书的递交、投标文件的密封与标志、投标截止期、投标文件的修改与撤回、开标、评标、中标、评标细则及合同签订等。

（二）招标项目要求

招标项目要求主要是对招标代理服务提出要求，对招标代理服务的报价内容进行说明。

（三）投标文件的格式

投标人必须按招标文件中所提供的投标文件全部格式提供相关内容。一般提供的格式有：投标函、法定代表人授权委托书、投标人组织结构及资格信息、投标人上两年度相关业务业绩。

四、招标代理投标文件

投标文件由下列内容组成：

（1）投标函。

（2）法定代表人授权委托书（法定代表人参加投标时，不需提供）。

（3）投标人资格信息资料（含营业执照副本、资质文件原件及加盖公章的复印件）。

（4）投标人简介。

（5）招标代理服务工作方案。

（6）相关业务业绩。

（7）企业信誉（附证书复印件）。

（8）投标人认为其他应介绍或提交的资料和文件。

任务二　建设工程设计招标

一、建设工程设计招标概述

工程设计费虽然一般只占工程总投资的 3% ~ 10%，但项目投资决策一旦确定下来，工程规划设计对工程建设项目的功能定位、规模标准、质量、造价便具有决定性作用，对工程造价实际影响程度可达到 75%。所以说建设工程设计质量对于工程建设来说有着至关重要的影响。通过招投标的方式确定设计单位，开展设计竞争，可以让先进的技术和设计成果尽早进入市场发挥效益，还可以达到缩短建设周期，降低工程造价的目的。

建设工程设计分阶段实施，各阶段的工作特征和需求控制目标是有区别的。建设工程设计阶段一般划分为方案设计、初步设计和施工图设计三个阶段。工程设计招标通常只对设计方案进行招标。

根据设计条件和设计深度的不同，方案设计可分为建设工程项目可研阶段的概念性规划方案设计及项目可研报告后的实施性方案设计。其中概念性规划方案设计是项目可行性研究的组成部分，为研究确定建设工程项目功能布局、规模、标准、建筑艺术造型、交通、环境、总体规划、投资估算指标等技术方案和满足城市规划所必需的设计程序；实施性方案设计是依据项目可行性研究报告确定的技术方案框架范围，确定和细化建设工程项目功能布局、规划、结构选型、材料设备、制作建筑模型、技术经济指标等主要功能特征和实施技术特征的设计程序。

对于某些有特殊要求的大型复杂工程项目，甚至只进行概念设计招标。但为了保证设计指导思想能够顺利地贯彻于设计的各个阶段，一般由中标单位实施第二、第三阶段的设计，不另选别的设计单位。需要说明的是，如果本次招标的委托工作范围仅为概念设计或施工图设计将另行委托其他具有设计资质的单位完成时，都应在招标公告或投标邀请书中明确说明。因此，招标人应充分考虑工程项目的具体特点，来确定招标的工作范围。

（一）建设工程设计招标方式

原建设部 2000 年第 82 号令《建筑工程设计招标投标管理办法》中规定，建筑工程的设计，采用特定专利技术、专有技术，或者建筑艺术造型有特殊要求的，经有关部门批准，可以直接发包。其余均应采取招标方式确定设计单位。

建筑工程设计招标依法可以公开招标或者邀请招标。

国家八部委 2003 年第 2 号令《工程建设项目勘察设计招标投标办法》中规定，依法必须进行勘察设计招标的工程建设项目，在下列情况下可以进行邀请招标：

（1）项目的技术性、专业性较强，或者环境资源条件特殊，符合条件的潜在投标人数量有限的。

（2）如采用公开招标，所需费用占工程建设项目总投资的比例过大的。

（3）建设条件受自然因素限制，如采用公开招标，将影响项目实施时机的。

全部使用国有资金投资或者国有资金投资占控股或者主导地位的工程建设项目，以及国务院发展和改革部门确定的国家重点项目和省、自治区、直辖市人民政府确定的地方重点项目，除符合可以进行邀请招标规定条件并依法获得批准外，应当公开招标。

（二）建设工程设计招标的特点

设计招标，招标人对投标人所提出的要求不那么明确、具体，只是要求介绍工程项目的实施条件、预期达到的技术经济指标、投资限额、进度等。投标人按要求分别报出工程项目的构思方案、实施计划和报价。招标人通过开标、评标程序对方案进行比较选择后确定中标人。设计招标与其他招标在程序上的主要区别表现在如下几个方面：

（1）招标文件的内容不同。设计招标文件中仅提出设计依据、工程项目应达到的技术功能指标、项目的预期投资限额、项目限定的工作范围、项目所在地基本资料、要求完成的时间等内容，而无具体的工作量。设计招标人给予投标人充分的想象空间，投标人展示设计构思和初步方案，并论述该方案的优点、实施计划和报价。

（2）开标形式不同。开标时不是由招标单位的主持人宣读投标书并按报价高低排定标价次序，而是由各投标人自己宣读投标书，不仅要宣读报价，而且更重要的是在规定的时间内向评标委员会阐述设计意图、设计构想、采用何种先进的技术、满足功能需要的程度。

（3）评标原则不同。评标时不过分追求设计费报价的高低，评标委员会更多地关注于所提供方案的技术先进性、合理性、预期达到的技术经济指标以及对工程项目投资效益的影响。

（4）竞争的关键不同。工程设计招标竞争的关键是设计方案的优劣和设计团队的素质能力，而不是设计服务费用。

（5）工程设计方案涉及知识产权。建设工程设计属于智力服务，是建筑艺术和技术创作过程，其设计方案具有一定的知识产权。因此，招标人在招标文件中应该根据项目特点和具体要求，规定设计招标所涉及的知识产权范围和归属及投标的补偿费用。另外，招标人除采用中标设计方案外，还有可能采用未中标方案中的部分构思或设计成果，从而需要考虑补偿一定的投标方案编制费用。目前国际及国内通行的做法是：不管中标与否，招标人一般都要给投标人一定数量的补偿费用。同时为了获取优秀的设计投标方案，招标人还可以在设定投标补偿费用的基础上，设置优秀设计方案奖。

（三）建设工程设计招标及招标人应具备的条件

1. 建设工程设计招标应具备的条件

依法必须进行设计招标的工程建设项目，必须具备以下条件才能进行招标：

（1）按照国家有关规定需要履行项目审批手续的，已履行审批手续，并获得批准。

（2）已按规定办理工程报建手续。

（3）有城市规划行政主管部门确定的规划设计要求和用地红线图。

（4）有符合要求的地形图，以及能满足方案设计招投标需要的工程地质、水文地质初勘资料或有参考价值的场地附近工程地质、水文地质详勘资料，且有水、电、燃气、环保、消防、市政道路等相关的基础资料。

（5）有设计要求说明书，应包括：项目建设的内容；对供水、供电及其他动力的初步意见；环保与消防设施、建筑物（或构筑物）的性质及使用功能、设计周期等要求，以及需要申明的其他要求。

（6）法律法规规定的其他条件。

2. 招标人应具备的条件

原建设部 2000 年第 82 号令《建筑工程设计招标投标管理办法》中规定，招标人具备下列条件的，可以自行组织招标：

（1）有与招标项目工程规模及复杂程度相适应的工程技术、工程造价、财务和工程管理人员，具备组织编写招标文件的能力。

（2）有组织评标的能力。

招标人不具备前款规定条件的，应当委托具有相应资格的招标代理机构进行招标。

二、建设工程设计招标工作流程

（一）建设工程设计招标程序

建设工程设计招标应按下列程序进行：

（1）确定招标组织者，提出招标申请，招标人应在发布招标公告或发出招标邀请书 15 日前持招标申报表、招标工作计划、评标组织组建方案、招标公告或招标邀请书报建设行政主管部门备案，备案机关应在接受备案之日起一周内审核完毕，逾期未提出异议的，招标人可实施招标活动。

（2）编制招标文件。

（3）发布招标公告或投标邀请书。

（4）对申请投标人进行资格审查，并将审查结果通知各申请投标人。

（5）向合格的投标人发放招标文件及有关资料，组织投标人踏勘工程现场，并对招标文件进行统一答疑。

（6）投标单位编制投标书。

（7）投标单位按规定时间密封报送投标书。

（8）招标人当众开标，组织评标，确定中标人，发出中标通知书。

（9）招标人与中标人签订合同。

（二）投标人的资格审查

建设工程设计招标涉及补偿费用的问题，如果投标人数量过多，投标方案出现雷同的可能性就大，且招标人承担的补偿费用也就越多；而投标人数量过少时，设计方案的离散性和适配性便可能不足，招标人获得设计创意和优秀设计方案的数量就会相应减少，这就可能影响建设工程设计招标的效果。因此，一般在通过资格预审，从众多的设计投标申请人中择优选择具有与招标类似业绩经验的设计单位参与设计投标。

1. 资格审查的主要内容

（1）企业设计资质审查。企业设计资质审查是指对投标单位所持有的设计资质证书等级是否符合招标工程的等级要求，是否具备实施资格进行审查。企业设计资质等级和营业范围，要满足《建设工程勘察设计资质管理规定》原建设部 2007 年 160 号令和《工程设计资质标准》原建设部建市 2007 年 86 号规定。

（2）设计能力审查。设计能力审查是指审查投标人是否具备企业法人资格和从事相应工程设计的资质等级。投标人在近两年内是否承担过与招标工程在规模、性质、形式上相同或类似的工程，完成的数量、质量及获奖情况。投标人拟投入招标项目的主要技术人员和管理人员结构、资历、业绩状况。

（3）类似工程经验审查。通过投标人报送的最近几年完成工程项目表，评定其设计能力和水平。

（4）投标人的履约信誉及其他。主要审查近几年其完成项目的成果和履约信誉情况，包括投标人是否涉及设计质量、安全事故，处理结果如何，投标人是否涉及仲裁和诉讼。

2. 资格审查的方法

资格审查的方法是在招标文件中明确规定投标人参加资格审查必须提交的材料，通过对材料的审查考察企业是否具备规定的合格条件，是否有能力完成设计任务。要求投标人提交的材料主要包括以下主要内容：

1）资质证书、企业法人营业执照。

2）投标人申请人基本情况。

3）法定代表人资格证明和由企业法定代表人委托代理人签署的授权委托书（原件）。

4）拟担任本项目设计负责人和其他主要设计人员情况。

5）拟投标人和拟担任设计项目负责人近三年完成类似项目的设计业绩情况。

6）组成联合体投标的，已附上联合体协议书且符合招标文件规定。

7）其他证明材料。

（三）建设工程设计招标文件

建设工程设计招标文件一般包括投标须知、设计条件及要求、主要合同条件、投标文件格式、附件及附图等内容。评标方法和标准可以作为投标须知的附件，也可以在招标文件中单列章节。

（1）投标须知。建设工程设计招标文件与其他招标文件的较大区别之处在于对投标保证金的规定、投标补偿费用和奖金设定及支付方式、未中标投标文件的退还、知识产权的规定等内容不同。

1）投标保证金的金额。《工程建设项目勘察设计招标投标办法》规定：招标文件要求投标人提交投标保证金的，保证金数额一般不超过勘察设计费的投标报价的，最多不超过10万元人民币。

2）投标补偿费用和奖金。设计招标文件中应明确招标人对递交有效投标文件而未中标的投标人所支付的补偿费用（包括招标人有可能使用其部分设计方案或部分设计要素）和支付方式，明确是否设置优秀设计方案，优秀设计方案的等级、数量和奖金金额等内容。

3）未中标投标文件的退还。招标人应当在中标结果通知所有未中标人后七个工作日内，返还未中标人的投标文件。

4）知识产权的范围及归属。知识产权的规定是建设工程设计招标中的特有条款。在设置该条款时，要注意保护自己的知识产权，同时也要避免侵犯他人的知识产权。如果设计文件中包含投标人的专利技术，招标文件中还应包括专利技术转让条款。

（2）设计条件及要求。设计条件及要求是招标文件的核心文件，是投标人进行方案设计的指导性和纲领性文件，一般包括以下内容：

1）项目综合说明，包括工程建设项目的名称、建设背景、项目功能、使用性质、周边环境、交通情况、自然地理条件、气候及气象条件、抗震设防要求。

2）设计目的和任务。

3）设计条件。它是指主要技术经济指标要求，包括工艺要求、用地及建设规模、建筑密度、绿地率、城市规划管理部门确定的规划控制条件和用地红线图。

4）项目功能要求，设计使用年限要求。

5）各专业系统设计要求。

6）设计深度与设计成果要求。设计深度应符合国家规定的深度要求；设计成果要求中应明确成果内容、编制格式、数量等要求。

（3）附件及附图。建设工程设计招标文件中应提供投标人编制投标文件的基础性依据资料，例如，已批准的项目建议书或者可行性研究报告；可供参考的地质、水文地质、测量等建筑勘察成果报告；供水、供电、供气、供热、环保、市政道路等方面的基础资料等。

（四）建设工程设计招标的评标、定标

评标方法和因素设置的公正性和科学性是评价和选择设计方案的关键。各个投标人发散思维与评标委员会收敛思维的全面综合，是每一个优秀建设工程设计中标方案诞生的基础，投标人的创造与评委会的评价是促进设计水平提高的两个重要方面。

1. 评标方法

工程建设设计招标、评标通常采用综合评估法。实践应用中采用的记名或无记名投票法、排序法等评标方法，均属于综合评估法的不同形式。

（1）综合评估法。评标委员会对通过符合性初审的投标文件，按照招标人文件中详细的评价内容、因素、权值和具体的评分方法进行综合评估，推荐得分最高的前 1~3 名投标人为中标候选人。

（2）记名或无记名投票法。评标委员会对通过符合性初审的投标文件进行详细评审，各评标委员会以计名或不计名的方式投票，对投票汇总排序后，得票最多的前 1~3 名投标人作为推荐的中标候选人。

（3）排序法。评标委员会在对通过符合性初审的投标文件进行详细评审时，各评委根据招标文件要求，按第一名得 3 分、第二名得 2 分、第三名得 1 分的投票方式投票，统计汇总各投标人的得分总数，得分最多的前 1~3 名投标人作为中标候选人。

2. 评标因素

评标因素的选择与权重的分配，反映招标人对投标人及其某些设计要素或设计能力、水平的关注程度。一般来说，评标因素有技术因素、经济因素、商务因素三个方面。由于建设工程设计属于智力服务，因此设计费报价的评估权重不宜过高（一般不超过 15%），评审的重点是技术设计方案。

（1）技术因素。建设工程设计招标技术因素，包括项目规划设计指标、总体布置和场地利用系数、工艺流程及功能分区、选型创意、结构造型及与周围环境的协调度、设备选型、技术先进实用性、环保节能、可持续发展及技术经济指标等方面。

（2）商务因素。建设工程设计招标商务因素，包括投标人的设计资质等级和管理体系认证情况、投标人的类似项目设计业绩、投标人拟投入的项目设计团队人员资格业绩情况、投标人的设计服务承诺和建议、设计周期和设计进度安排、建筑标准和建设工期是否合理。其核心是投标人拟投入的团队人员，尤其是总设计师、总建筑师、总工艺师等人员是否主持过类似项目的设计。

（3）经济因素。建设工程设计招标经济因素，包括设计费报价的合理性、设计费支付进度、投资估算是否超过投资限额、先进的工艺流程可能带来的投资回报、财务分析评价等。设计费报价应在原国家计委《工程设计收费标准》（计价格［2002］1 号）规定的幅度内合理竞争报价。

3. 工程设计招标的定标条件

建设工程设计招标人依据下列条件定标：

（1）评标委员会的评标报告和推荐的候选中标人。

（2）中标候选人的设计方案、工艺、技术水平、工期与投资规模、综合效益是否满足建设项目的使用要求。

（3）中标候选人的设计方案在重大技术问题、工艺设备等方面的技术风险。

（4）中标候选人的设计方案在施工技术与工期、投资等方面的经济风险。

（5）中标候选人的设计方案在运行期的运营成本与效益。

（6）中标候选人的设计方案是否适应生产力发展或建筑艺术、城市规划景观要求。

（7）中标候选人的勘察设计工作进度与质量保证、设计师素质。

（8）中标候选人的报价作为参考。

三、建设工程设计投标

一般情况下，建设工程设计投标文件应包括投标商务文件、投标设计技术文件。

1. 投标商务文件

投标商务文件的内容包括：

（1）投标人的设计资质等级证明材料、管理体系认证文件、类似项目业绩和获奖情况。

（2）拟派设计团队主要人员的资格、经历、获奖情况和类似业绩。

（3）设计费投标报价及分项报价表。

（4）设计周期和设计进度计划。

（5）设计服务建议及服务承诺。由投标人根据设计项目特点和招标文件要求及自身拟提供的服务自行编制。

（6）投标设计方案版权声明（是建设工程设计招标中特有的知识产权特征的体现）和经审计的财务报告。

2. 投标设计技术文件

投标设计技术文件包括项目设计的整体说明书、设计说明、主要经济技术指标、工程建设项目造价估算文书和分项投资估算表、技术论证书、设备选型建议、方案设计图纸、展板、多媒体文件、模型等内容。

任务三 建设工程监理招标

一、建设工程监理招标概述

我国的监理招投标源于参照施工招投标而来，并沿用至今。《中华人民共和国招标投标法》明确规定了国家重点建设工程、大中型公用事业工程、成片开发建设的住宅小区工程和利用外国政府或国际组织贷款、援助资金的工程等，必须实行监理。此后，原建设部印发的《建设工程监理范围和规模标准规定》对强制监理的工程范围又作了具体规定。

（一）建设工程监理招标的方式

建设工程监理招标的方式有公开招标和邀请招标两种方式。全部使用国有资金投资、国有资金投资占控股或者主导地位的，应当公开招标。对可以实行监理邀请招标或经建设行政主管部门批准可以不进行监理招标的建设项目，各地区也都有相关具体规定。

（二）建设工程监理招标的特点

因监理属于咨询业的范畴，是一种专业性很强的智力服务，所以监理招标体现出与施工招标不同的特点。

建设工程监理服务与勘察设计、施工承包、货物采购等最大的区别为：监理不直接产出新的物质或信息成果。监理是智力服务，监理的服务效果不仅依赖遵循规范化的管理程序和方法，更多地取决于监理人员的专业知识、经验、职业道德素质和工程管理的分析判断、处理能力。因此，监理招标更注重素质能力的竞争，价格竞争位于其次。建设工程监理招标具有以下特点：

1. 招标宗旨是对监理单位能力的选择

监理单位以及具体监理人员的经验、能力和职业信誉是决定监理服务质量的主要因素，是建设工程监理招标时要考虑的主要评价标准。监理服务是监理单位的高智力投入。监理服务的质量主要取决于参与监理工作的人员专业知识、工程管理经验、对事物发展的判断能力等，监理服务的质量直接影响整个工程的管理水平，影响到工程的质量、进度和投资。因此在选择监理单位时，首要的是对监理单位能力的选择。

2. 报价在选择中居于次要地位

监理招标是基于能力的选择，当监理价格过低时，监理单位很难派出高素质的监理人员，也就无法提供优质服务。因此，服务质量与价格也有相应的关系，招标人在优先对监理能力选择的同时，也要对监理服务费的报价居于其次考虑。

3. 邀请的投标人较少

选择监理企业一般采用邀请招标的方式，且邀请的数量宜 3~5 家。因为监理招标是对知识、技能和经验等方面综合能力的选择，每一份标书都会提出具有独特见解或创造性的实施建议，各有优缺点，对于每一份标书的评价需要全面考虑投标监理企业的综合能力。如果邀请过多投标人参与竞争，不仅要增大评标工作量，而且定标后还要给予未中标人以一定的补偿费，与在众多投标人中优中选优的目的比较，往往产生事倍功半的效果。

二、建设工程监理招标工作流程

（一）建设工程监理招标程序

（1）招标人组建项目管理班子，确定委托监理的范围；自行办理招标事宜的，应在规定时间内到招投标管理机构办理备案手续。

（2）编制招标文件。

（3）发布招标公告或发出邀标通知书。

（4）向投标人发出投标资格预审通知书，对投标人进行资格预审。

（5）招标人向投标人发出招标文件；投标人组织编写投标文件。

（6）招标人组织必要的答疑、现场勘察、解答投标人提出的问题、编写答疑文件或补充招标文件等。

（7）投标人递送投标书，招标人接受投标书。

（8）招标人组织开标、评标、决标。

（9）招标人确定中标单位后向招投标管理机构提交招投标情况的书面报告。

（10）招标人向投标人发出中标或者未中标通知书。

（11）招标人与中标单位进行谈判，订立委托监理书面合同。

（12）投标人报送监理规划，实施监理工作。

（二）建设工程监理资格审查

资格审查主要是考察投标人的企业资质、经验条件、资源条件、公司信誉和承接新项目能力等几个方面是否满足招标监理工程的要求。

（1）企业资质，包括资质等级、营业执照注册范围、隶属关系、公司组成及所在地、法人条件和公司章程。考察其监理专业资质等级是否满足招标工程监理业务的专业和最低等级要求。

（2）经验条件，包括已监理过的同类工程项目、已监理过的与招标工程类似的工程项目。监理质量业绩及其监理成效。

（3）现有资源条件，包括监理企业和拟派往工程建设项目的人员规模、素质、专业结构比例、监理人员执业资格和结构比例等，还包括开展正常监理工作可采用的试验检验设备、检测方法和手段以及使用计算机软件的管理能力。

（4）公司信誉，包括监理单位在专业方面的名望、地位，在已往服务过后工程项目中的信誉，是否能与业主和承包人良好合作。

（5）承接新项目的监理能力，包括正在进行监理工作的工程项目数量、规模，正在进行监理业务的饱满程度，估计监理富余力量。

（6）财务状况，包括银行的信誉等级、资产状况和利润率。

（三）建设工程监理招标文件

招标文件是指导投标人正确投标报价的依据，建设工程监理招标文件应着重工程项目的综合情况介绍，一般包括招标公告、投标人须知、监理大纲要求、合同文件、工程技术文件、投标文件格式、双方提供的设备仪器与设施要求等内容。

1. 投标人须知

投标人须知是用来指导投标人正确投标的。一般包括：

（1）工程项目综合说明，包括项目主要建设内容、规模、地点、总投资、现场条件，开竣工日期、投标起止时间，以及开标、评标、定标时间和地点。

（2）委托监理的范围和监理内容。委托监理的范围是指监理的工程范围和监理的阶段范围。工程范围主要说明监理的工程项目名称、所包括的单项或单位工程和监理的范围。阶段范围主要说明需要监理的服务时段。项目建设在可行性研究阶段、勘察设计阶段、施工阶段、设备采购阶段等不同阶段，委托监理工作的范围不同。在此只涉及工程建设施工阶段的监理。

监理服务的内容是指监理单位在工程监理范围内实施监督管理的工作内容及其职责。

（3）监理投标报价说明。监理费用应依据国家发改委《建设工程监理与相关服务收费标准》（发改价格［2007］670号）规定，明确监理服务费用计价方式，招标人是否免费提供设备、设施，监理费用调整的幅度和调整的方式等。

（4）投标文件的编制要求，包括投标文件的格式、投标文件的递交、投标有效期、投标保证金和不合格投标的规定等要求。

2. 监理大纲要求

监理大纲要求是招标人对监理单位提出的监理服务的实质性要求，是对监理的范围、内容、职责及所期望的工程质量、投资、进度控制目标等详细要求。监理大纲的要求是指导投标人编制投标文件中的监理大纲和报价的依据，但不作为监理合同的有效文件。委托监理范围可在合同专用条款中简要概括，并与投标文件中的监理大纲共同构成合同文件。

监理大纲要求包括监理服务的任务和要达到的目标，监理服务的质量要求，对拟派监理团队人员的资格及技能要求、驻现场的要求。

3. 合同文件

合同文件是招标文件的组成部分，包括合同协议书、中标通知书、投标函、合同专用条件、合同标准条件、合同附件。其中合同标准条件可参照相关示范文本。如原建设部和国家工商行政总局联合颁布的《建设工程委托监理合同（示范文本）》GB—2000—0202，对专用或特殊合同条件应结合工程建设项目特点，针对示范文本的标准条件的要求予以补充、细化或修改。招标人认为有必要时，也可自行编制合同条件。

4. 工程技术文件

工程技术文件主要包括工程水文、地质、气象等资料；招标项目工程总体布局、主要工程建设项目结构布置、工程量和施工总进度计划；工程质量控制、投资控制和工程进度控制的特别要求；应遵守的有关技术规定以及其他必要的设计文件、图纸及有关资料。

5. 双方提供的设备仪器与设施要求

招标文件应明确招标人为监理单位在执行监理过程中提供的设备或设施、工具等，以及提供的时间；监理单位应自行配备的设备或设施、工具及物品要求，进场时间和监理检测手段要求，对设备或设施、工具、物品等的使用权以及维修、维护与运行费用等内容作出详细说明。

（四）建设工程监理招标评标

1. 评标方法

监理招标评标一般采用综合评估法。根据招标项目特点设定评标因素、标准及评分权重。评标办法一经确定，开标后不得更改，否则定标结果无效。评标委员会对投标单位的监理规划、人员素质、监理业绩、监理取费等进行全面评审，依据评标办法综合评分。对各投标人的得分按高低排序，推荐中标候选人。

2. 评标因素

建设工程监理的特点决定了监理单位以及从事具体项目监理的人员的经验、能力和职业信誉是决定监理服务的主要因素，是建设工程监理招标时要考虑的主要评价内容。招标文件要按工程的技术管理特点合理设置评标因素的评价标准和权重。一般可选择以下评标因素：

（1）投标人监理经验与业绩，主要包括投标人监理类似工程的经验和业绩。

（2）监理人员配备，包括总监等级是否满足具体工程等级和招标文件要求，监理人员的专业配置与具体工程专业是否相符；监理力量投入是否能满足工程的需要，监理人员的年龄是否配备合理；现场监理人员的进场计划等。

（3）监理大纲，包括工程质量控制目标和实施措施，工程进度控制目标和实施措施，工程投资控制目标和实施措施，工程安全、文明施工控制目标和实施措施，合同、信息和资料管理措施，各项工作制度的建立和现场组织、协调措施，对工程监理重点、难点有明确分析、处理方法和监理实施意见等。

（4）监理试验或检测设备、仪器和工具是否能满足工程要求。重点评审投标人在投标文件中所列的设备、仪器、工具等是否能满足工程建设监理的要求。

（5）商务报价。采用量化评分的方式对投标人和监理费报价以及可能导致招标人承担风险的情况进行评审，重点评审以下内容：

1）监理费报价：评审监理费用报价的依据，按设定的评分办法对监理费用报价总额计算得分。评审监理费用的报价水平和构成是否合理、完整，监理费用的调整是否符合招标文件的要求。监理费报价权重一般不超过20%。

2）监理服务范围、内容和监理期限：评审监理费用报价的监理服务范围、服务内容、服务期限与招标文件规定的是否一致。

3）监理费用的支付方式：主要评审投标人要求的监理费用支付方式。

三、建设工程监理投标

投标文件一般包括：监理投标函、监理资信标书、监理方案标书三部分。

投标人应当按照以下格式和内容要求编制投标文件，并对招标文件提出的实质性要求和条件作出响应：

（1）监理投标函。监理投标函内容包括建设工程监理服务收费报价书、投标承诺书、法定代表人证明书、法人授权委托书、投标保证金交纳证明。对于监理服务收费报价，投标人应当根据招标工程情况、工程要求和工程监理服务条件，按照现行工程监理服务取费的相关规定执行。

（2）监理资信标书。监理资信标书的内容包括投标人基本情况，投标人项目业绩情况，投标人奖惩情况，监理机构资源配置情况，用于工程的检测设备、仪器一览表或委托有关单位进行检测的协议。

（3）监理方案标书。监理方案标书的内容包括工程概况，工程特点、难点与工程风险，工程监理与相关服务策划，工程监理服务质量保证措施以及合理化建议。

为了合理减少篇幅，招标人在招标文件中对资信标书及方案标书的篇幅页数作出规定，投标人篇幅超过规定页数的，招标人可视其为无效标书或者在招标文件中设定扣分标准。

任务四　工程造价咨询招标

一、工程造价咨询招标概述

（一）工程造价咨询业务范围

工程造价咨询业务范围包括：

（1）建设项目建议书及可行性研究投资估算、项目经济评价报告的编制和审核。

（2）建设项目概预算的编制与审核，并配合设计方案比选、优化设计、限额设计等工作进行工程造价分析与控制。

（3）建设工程项目招投标策划，编制或审核工程招标文件。

（4）建设项目合同价款的确定（包括招标工程工程量清单和标底、投标报价的编制和审核）；合同价款的签订与调整（包括工程变更、工程洽商和索赔费用的计算）及工程款支付，工程结算及竣工结（决）算报告的编制与审核等。

（5）工程造价经济纠纷的鉴定和仲裁的咨询。

（6）提供工程造价信息服务等。

工程造价咨询企业可以对建设项目的组织实施进行全过程或者若干阶段的管理和服务。

（二）工程造价咨询招标的特点

工程造价咨询招标是业主拟将工程造价咨询业务委托工程造价咨询企业完成，工程造价咨询企业主要服务于业主单位，按业主和有关规定的要求提供工程造价咨询的成果文件，也是一种智力服务。

业主对工程造价咨询企业的考核更多的是对从事工程咨询人员的专业知识、经验、职业道德素质进行考核。咨询服务报价仅列其次。优秀的咨询公司提供的服务往往会给业主带来远远大于多支出咨询费用很多倍的效益。

二、工程造价咨询招标

（一）工程造价咨询招标程序

招标人应按下列程序进行工程造价咨询招标：

（1）成立工程造价咨询招标小组或委托具有相应资格的招标代理机构。

（2）编制招标文件。

（3）发布招标公告或发出投标邀请书。

（4）实行资格预审的，对投标申请人进行资格审核，并将结果通知投标申请人。

（5）发售招标文件。

（6）成立评标委员会。

（7）召开开标会议，组织评标，确定中标人。

（8）签发中标通知书。

（9）与中标人签订工程造价咨询合同。

（二）工程造价咨询招标资格审查

采取资格预审的，招标人可以发布资格预审公告。招标人应当在资格预审文件中载明资格预审的条件、标准和方法。

资格预审申请文件一般包括下列内容：

（1）资格预审申请函。

（2）授权委托书。

（3）申请人基本情况表（包括单位名称、经营范围、单位地址、法人代表、工商和税务登记号、银行账号及开户行、经济类型、联系电话等，并附企业营业执照、工程造价咨询资质证书）。

（4）近三年财务状况表。

（5）近三年工程造价咨询主要业绩和资信情况（附有关证明）。

（6）拟派项目负责人及本项目造价咨询人员一览表（附项目负责人、各专业技术负责人和各专业咨询人员职称证书和执业资格注册证书等）。

（7）其他资料。

资格审查时，招标人不得以不合理的条件限制、排斥潜在投标人，不得对潜在投标人实行歧视待遇。任何单位和个人不得以行政手段或者其他不合理方式限制投标人的数量。

（三）工程造价咨询招标文件

工程造价咨询招标文件为咨询提供报价的依据，主要包括投标须知、评标办法、合同条款、投标文件格式等内容。

（1）投标须知。投标须知包括工程综合说明、项目名称、建设地点、招标范围和内容、项目估算造价、招标方式、投标有效期、投标人合格条件、投标保证金的形式及金额、工程造价咨询服务方案内容要求、投标报价要求、业绩、信誉等材料提交要求、投标文件份数、递交投标文件截止时间、投标文件递交地点、开标时间、开标地点等。

（2）评标办法。评标方法包括评标采用的方法、评标委员会与评标过程的保密、评标准备、投标人资格后审和投标文件的初步评审、评标细则等。

（3）合同条款。合同条款包括通用合同条款和专用合同条款。

（4）投标文件格式。投标文件格式是为投标人提供投标函、授权委托书、服务方案、投标报价计算书、本项目造价咨询人员、投标人基本情况、投标信誉、业绩等情况的格式文件表格。

（四）工程造价咨询开标、评标

1. 开标

开标由招标人主持，并邀请所有投标人参加。

开标时，由投标人或者其推选的代表检查投标文件的密封情况，确认无误后，由招标人的工作人员或公证人员当众拆封，宣读投标文件的主要内容，并予以记录。

2. 评标

评标应遵循公平、公正、科学、择优的原则。评标由招标人依法组建的评标委员会负责。评标委员会应由招标人代表和评标专家组成，成员为五人及以上单数，其中招标人的代表不得超过评标委员会成员数量的1/3。

评标专家应从省工程造价咨询评标专家库中随机抽取产生。

3. 评标程序

（1）熟悉招标文件。

（2）投标文件的符合性审查。

（3）资信、业绩评审。

（4）咨询服务方案评审。

（5）商务评审。

（6）询标及澄清。

（7）根据评标办法对投标文件进行评分。

（8）完成评标报告，推荐中标候选人。

4. 投标文件不予受理的情况

投标文件如存在下列情况之一的，招标人不予受理。

（1）投标文件未按照招标文件要求密封。

（2）投标文件逾期送达或未送达指定地点的。

5. 投标文件作废标处理的情况

投标文件有下述情形之一的，视为重大偏差，并按规定作废标处理：

（1）投标人的资格不满足国家有关规定或招标文件载明的投标资格条件。

（2）投标文件无单位盖章并无法定代表人或法定代表人授权的代理人签字或盖章。

（3）投标人未按照招标文件的要求提供投标保证金。

（4）未按规定的格式填写，内容不全或关键字迹模糊、无法辨认的。

（5）投标人递交两份或多份内容不同的投标文件，或在一份投标文件中报有两个或多个报价，且未声明哪一个有效。

（6）投标文件载明的招标咨询任务项目完成期限超过招标文件规定的期限。

（7）投标文件附有招标人不能接受的条件。

（8）评标委员会发现投标人以他人名义投标或者串通投标，或者以行贿手段谋取中标，或者在投标活动中弄虚作假。

（9）投标人的报价超出文件规定的浮动幅度。

（10）不符合招标文件中规定的其他实质性要求。

6. 评标委员会编制评标报告

评标委员会每位成员应在评标报告上签字。评标委员会成员如有保留意见应当在评标报告中阐明。

评标报告至少应包括下列内容：

（1）基本情况一览表。

（2）评标委员会成员名单。

（3）评标办法。

（4）开标记录。

（5）投标文件初步评审结论。

（6）评审打分情况表。

（7）推荐的中标候选人名单。

（8）澄清、说明、补正事项纪要。

（9）其他情况记录。

三、工程造价咨询投标

（一）投标文件的主要内容

投标人应按照招标文件的要求编制投标文件。投标文件应包括下列内容：

（1）投标函。

（2）授权委托书。

（3）工程造价咨询服务方案。

（4）投标报价。

（5）项目负责人及本项目造价咨询人员一览表（附项目负责人、各专业技术负责人和各专业咨询人员职称证书和执业资格注册证书等）。

（6）投标人基本情况表（包括单位名称、经营范围、单位地址、法人代表、工商和税务登记号、银行账号及开户行、经济类型、联系电话等，并附企业营业执照、工程造价咨询资质证书）。

（7）近三年工程造价咨询主要业绩和资信情况（附有关证明）。

（8）招标人要求的其他资料。

（9）投标人认为有必要提供的其他资料。

（二）投标文件的送达

投标文件须由投标人密封后盖章，在招标文件规定的投标截止时间前送达招标人。送达的投标文件需更正和补充的，应在招标文件规定的投标截止时间前，按投标文件同样的签署和密封要求送达招标人。

任务五　工程建设项目管理服务招标

一、工程建设项目管理服务概述

工程建设项目管理服务是指项目业主或投资主体委托专业的项目管理单位对工程建设项目全过程或分阶段实施的管理服务行为。建设项目代建管理服务是其中的一种典型模式，是指政府部门将其全部或部分投资的非经营性工程建设项目委托项目管理单位承担全过程或分阶段的工程建设项目管理任务，并承担特定责任行为。

按照上述定义，建设工程监理也应是项目管理服务的一种方式方法，其任务、内容与作用是相互包容、补充或相似的。我国在 20 世纪 90 年代确立了建设工程监理的法律、法规，但由于受当时特定历史条件的限制，目前建设工程监理的范围一般仅限于工程施工阶段，监理的内容主要偏重于工程施工质量控制，监理的定位也是相对项目业主和工程承包人而独立的第三方。为此，建设工程监理服务的效果距离建设项目全过程、全方位管理要求还有较大差距。为规范工程建设项目管理，提高投资效益，越来越多的项目业主和投资人对引入高素质的项目管理团队提供全面的项目管理服务有了正确认识和现实需求。2004 年，建设行政主管部门也出台了推动实行专业化、社会化工程建设项目管理的指导意见和试行办法，同年发布的《国务院关于投资体制改革的决定》中也明确提出了对非经营性政府投资项目加快代建制的要求。

（一）工程建设项目管理服务模式

（1）按照项目管理服务过程的时间跨度可分为全过程和阶段性两类。全过程服务是指项目管理服务单位的服务周期从项目策划、立项申请或可行性研究开始至项目完成验收投入使用为止；阶段性服务则是指项目管理服务单位根据项目业主的委托仅在项目建设周期中某个阶段参与项目工作并提供项目管理服务。

（2）按照项目管理服务的管理责任不同可分为咨询协调型和责任承包型。咨询协调型是指项目管理服务单位根据项目业主委托授权参与工程建设项目管理，负责提供咨询意见和综合协调服务，不对项目成本、进度和质量等项目管理服务目标实现情况承担经济赔偿或法律责任，一般不直接与参建单位签约，也无权决定参建部位和拨付工程款。责任承包型是指项目管理服务单位根据项目业主委托授权进行项目责任目标管理，项目管理服务单位根据成本控制等项目管理责任目标的实现情况，按照预先确定的奖励或赔偿罚则承担直接责任。目前应用较多的项目代建就属于责任承包型的项目管理服务模式。

（3）按照项目管理服务的专业范围不同可分为全面服务型和专业服务型。全面服务型是指项目管理单位在其服务期内，就技术、质量、投资、进度表、安全、商务等几乎所有专业性的项目管理事务向业主提供全方位的项目管理服务。专业服务型是指项目管理单位仅就一定时期内某个或几个专业领域为项目业主提供专业咨询服务。

（二）工程建设项目管理服务模式的选择

项目业主选择合适的工程建设项目管理服务模式主要考虑以下因素：项目的技术经济和管理的特点、难度和要求，项目业主的管理定位、能力和需要提供的项目管理服务阶段和内容，项目管理的风险构成、规模以及可能造成的威胁与损失；项目业主自身能否承担风险，能否成功转移风险，以及转移风险的代价。

一般来说，项目业主倾向于把难度大、技术复杂的管理工作以责任承包的方式委托给专业项目管理单位，其余难度较小的管理工作则优先考虑自行开展或以咨询协调的方式委托项目管理单位。

（三）工程建设项目管理的招标人和招标特点

采用工程建设项目全过程管理方式，项目管理服务招标的时间可能处于工程建设项目前期决策阶段，项目招标人可能是项目发起人，也可能是投资人或投资人设立的项目法人，其中政府工程代建管理项目的招标人情况则更加复杂，既可能是该工程建设项目投资的政府主管部门，也可能是项目建成后的产权管理或使用单位，还可能是政府为本工程建设专门设立的项目指挥部等临时机构。但无论哪类招标人都必须经过正式授权，且必须具有法人身份，办理法人注册登记。

项目管理服务招标与建设工程监理招标类似，其招标采购的标的是不构成物质产品的智能服务，项目管理服务单位及其投入项目管理人员的素质信誉、经验能力是构成投标竞争和招标选择的主要因素。因此，项目管理服务招标不应将服务价格作为竞争和评价的主要因素。

二、工程建设项目管理服务招标

（一）工程建设项目管理服务招标方式、方法

原建设部《建设工程项目管理试行办法》明确工程建设项目管理服务的采购方式为：工程项目业主方可以通过招标或委托等方式选择项目管理企业。《国务院关于投资体制改革的决定》明确政府工程代建管理服务的采购方式是：即通过招标等方式，选择专业化的项目管理单位负责建设实施"。许多地方政府也相继制定了地方法规和规章，规定政府投资项目的委托代建管理单位与国有投资项目的委托管理单位必须采用招标方式选择相应的管理单位，所以，公开招标方式或邀请招标方式已经成为选择项目管理单位的主要方式，并正在逐步规范。

由于工程建设项目管理的模式、规范、标准、工作责任范围还不成熟，需要进一步完善，相应的招投标实施管理办法尚未制定，强制统一招标还有许多不适应。为此，在实践中，除了采用招标方式，也允许采用其他方式竞争选择项目管理服务单位。有部分政府和大型企业集团在选择工程建设项目管理服务单位时，往往采用招标和竞争谈判相结合的方式，先通过公开招标竞争，集中选择一批具备委托开展项目管理服务的工程建设项目管理单位的合格短名单，并形成框架协议。然后，通过竞争性谈判等方式从合格短名单中择优确定具体的工程建设项目管理单位。这种方法有利于项目业主和政府主管部门优选项目管理单位，并对这些单位的业绩和信用进行动态考查、监督、建立档案。

（二）工程建设项目管理服务招标资格审查

审查内容包括以下几方面：

（1）工程建设项目管理企业的专业资质。投标企业应具有与工程建设项目管理相适应的专业资质类别、等级，并应符合工程建设项目管理的企业资格规定和项目管理业务范围。

（2）类似项目业绩。投标企业已经完成的工程建设项目数量和质量及其实现项目管理成效。

（3）项目管理各类人员的资格、能力条件。它包括承担工程建设项目前期咨询决策管

理、工程设计与施工协调的注册咨询工程师（投资）、投资建设项目管理师、注册监理工程师、注册造价工程师与注册设备监理工程师等个人执业资格要求，类似工程建设项目管理和相关专业管理的业绩经验条件。

（三）工程建设项目管理服务招标文件

工程建设项目管理的招标文件通常由招标公告、投标人须知、项目管理大纲要求、合同文件、工程技术文件、投标文件格式等几部分组成。工程建设项目管理的招标文件内容与格式，很多地方与建设工程监理招标文件相同，但招标文件对投标文件的项目管理大纲内容有严格的要求，主要体现在以下几点：

（1）项目管理架构（组织分解结构）。投标人应提供项目管理架构，以考察投标人对本项目人力资源的投入、项目管理组织的结构及投标人对现场管理机构的安排。项目管理架构能反映管理公司常驻现场的项目管理部及对项目管理部提供专业支持的公司职能部门两个层面的管理力量投入情况。

（2）合同网络图（工程分解结构）建议。工程建设初步设计完成后组织项目招标的，投标人应提供合同网络图建议，以考察投标人对项目技术经济构成及商务安排的理解程度与相关经验。

（3）项目管理重点与难点分析。投标人应提供项目全过程各阶段管理的重点与难点分析，以考察投标人对项目全过程、全方位管理内容和困难是否已有充分的认识。

（4）项目管理规划。投标人应提供项目管理规划，以考察投标人对项目管理工作流程与管理体系的具体内容以及投标人对项目决策流程管理的建议。

（5）项目总进度控制（里程碑）计划及其管理体系。投标人应提供总进度控制计划及其进度管理体系。总进度控制计划应涵盖投标人所承担项目管理的过程，应包括所有来源于项目业主、管理、设计、工程承包人等对项目进度造成影响的因素。

（6）项目投资控制管理体系。投标人应提供项目投资控制管理体系，并同时要求投标人必须响应招标列出的项目投资管理目标。

（7）办理政府审批手续。投标人应详细描述招标项目需投标人办理的主要政府审批环节，明确这些审批之间的逻辑关系，并将此反映到项目总进度控制（里程碑）计划中。

（8）项目管理前期咨询管理服务要点。项目决策阶段开始的全过程管理服务招标，投标人应提供包括工程建设项目功能策划管理、工程方案设计任务书及其编制要点、工程设计管理的方案、建设资金需求等其他各项预控计划的编制等项目前期咨询管理的主要内容。

（四）工程建设项目管理服务评标

工程建设项目管理服务评标一般采用综合评估法。因项目管理单位作为项目业主管理代表的重要性，使得选择项目管理单位的素质、信誉成为一个项目能否成功实施的关键，工程建设项目管理服务评审要素中商务、技术管理、经济报价三个部分所占评分权重一般分别为30%~45%、40%~55%、10%~20%，可以考虑重点评审以下内容：

（1）项目管理单位的实力和信誉的分析评价。应对项目管理单位的实力和信誉进行分析和评价，包括企业资质、认证体系、类似项目管理业绩、财务和资信等评价。

（2）项目管理机构设置及人力资源配备的分析和评价。重点对项目管理组织机构及主要管理人员的类似项目管理业绩、经验能力、信誉等情况进行评价。

（3）项目管理团队答辩的评价。重点考查主要项目管理人员对项目管理实质问题的理解、陈述情况，进而对项目管理团队的管理能力、沟通能力、应变能力进行评价；对项目管理大纲进行分析评价，包括项目管理目标承诺、管理的任务及工作流程的描述，项目管理重点和难点分析、项目投资、进度、质量、安全目标控制方案、方法和措施，项目管理过程的组织与协调，工程分解结构草案、项目投资控制管理框架体系和项目进度控制计划的评价等。

三、工程建设项目管理服务投标

工程建设项目管理服务投标文件一般由商务文件和技术文件两部分组成。其中招标文件对投标文件格式有规定的，按规定格式填写。

1. 商务文件

下述文件构成投标文件的商务文件：

（1）投标书。

（2）投标保证金。

（3）法定代表人授权委托书。

（4）法定代表人资格证明书。

2. 技术文件

下述文件构成投标文件的技术文件：

（1）企业基本情况。

（2）企业项目管理业绩情况。

（3）拟设项目管理机构情况。

（4）项目管理工作方案。项目管理工作方案应包括项目管理组织、项目进度控制、项目的质量控制、项目的投资控制、项目的信息管理、项目的合同管理、项目的组织协调、项目的安全及文明施工管理、项目的风险控制与管理。

（5）投标人其他材料。

任务六　特许经营项目融资招标

一、特许经营项目融资招标概述

（一）特许经营项目融资招标的相关概念

1. PPP（公私合作/民营化）模式

PPP（Public Private Partnership），即公共部门与私人企业合作（公私合作）或民营化模式，是公共基础设施的一种项目融资模式。在该模式下，鼓励私人企业与政府进行合作，参与公共基础设施的建设。

PPP模式的构架是：从公共事业的需求出发，利用民营资源的产业化优势，通过政府与民营企业双方合作，共同开发、投资建设，并维护运营公共事业的合作模式，即政府与民营经济在公共领域的合作伙伴关系。通过这种合作形式，合作各方可以达到与预期单独行动相比更为有利的结果。合作各方参与某个项目时，政府并不是把项目的责任全部转移给私人企业，而是由参与合作的各方共同承担责任和融资风险。

2. BOT 模式

BOT（Build－Operate－Transfer），即建设—经营—移交模式，是政府通过特许权协议，授权投资者建设、经营和维护公共基础设施项目的特许权，投资者在特许经营协议约定的特许期内通过项目运营提供公共产品或服务，并在规定的特许期内向该产品或服务的使用者收取适当的费用，由此回收项目的投资、经营和维护等成本，并获得合理的回报。特许期满后，政府无偿收回项目。这是一种典型的新建特许经营项目的融资模式。此外，还有建设—拥有—经营—移交（BOOT）、建设—拥有—经营（BOO）等多种变形模式。

3. TOT 模式

TOT（Transfer－Operate－Transfer），即移交—经营—移交模式，指政府与投资者签订特许经营协议后，把已经投产运行的可收益公共设施项目移交给民间投资者经营，凭借该设施在未来若干年内的收益，一次性地从投资者手中融得一笔资金，用于建设新的基础设施项目；特许经营期满后，投资者再把该设施无偿移交给政府管理。

TOT 模式与 BOT 模式是有明显的区别的，它不需要直接由投资者投资建设基础设施，因此避开了基础设施建设过程中产生的大量风险和矛盾，比较容易使政府与投资者达成一致。TOT 模式主要适用于交通基础设施的建设。

4. 融资招标

融资是指筹集资金的行为过程，可以分为股权融资和债权融资两种方式。本书的融资招标特指股权融资招标，通过招标筹集股权资金的融资行为叫做股权融资招标。股权融资招标的中标人设立的项目公司为招标项目法人，所以股权融资招标有时也被称为法人招标。按照与基础设施的相关性划分，股权融资招标可以分成两种类型：一种是基础设施项目的股权融资招标，另一种是非基础设施的股权融资招标。

5. 特许经营招标

此处的特许经营是指公共基础设施的垄断性经营。与商业特许经营不同，政府按照有关法律、法规规定通过招标方式选择经营人，经营人在约定范围和期限内独家经营某项基础设施产品或提供某项服务。基础设施实行特许经营是由于基础设施具有自然垄断性。基础设施一般包括城市公共交通、城市公用事业、公路、铁路、航空、管道、通信电力等设施。

6. 特许经营项目融资招标

特许经营招标和融资招标都是近年来国内兴起的招标类型，特许经营招标和融资招标的种类很多，每种招标都存在较大的差别。本书主要介绍与基础设施有关的特许经营项目的股权融资招标（以下简称为基础设施特许经营项目融资招标），典型的有：基础设施企业股权转让招标、BOT 项目招标、TOT 项目招标等。特许经营项目融资招标又可分为新建基础设施特许经营项目融资招标和已建基础设施特许经营项目融资招标。从融资角度来讲两种类型的本质差别不大。新建基础设施特许经营项目融资招标的典型方式是 BOT 项目招标，特点是通过招标选定的投资人负责项目的融资、投资、设计、建设和运营维护管理，并在运营期间向招标人或用户收取服务费用；已建基础设施特许经营项目融资招标主要有股权转让招标和 TOT 项目招标，特点是通过招标选定的出资人出资购买已经建成的项目设施资产或已经存续的企业股权，负责基础设施的运营维护和管理，并在运营期间向招标人或用户收取服务费用。

（二）特许经营项目融资招标的特点

1. 招标人的特征不同

特许经营项目融资招标的招标人不是项目法人，项目法人是通过招标选择的。特许经营项目融资招标的招标人一般是由地方政府或地方政府有关部门组建或设立项目招标委员会，少数项目的招标人为国有资产投资管理公司或国有行业独资公司。特许经营项目通常需要由投资人设立的项目公司与政府部门（或法定的国有企业）之间建立长期复杂的合同关系，项目的成功实施依赖于政府各部门的有效协调和组织。

2. 项目招标过程中涉及的面较广

特许经营项目融资招标经常与基础设施体制改革、国有基础设施企业改制相伴，涉及的问题复杂而且解决方案极具个性，同样的问题在不同的项目或不同地域的解决方案可能完全不同。项目招标过程中需要招标人随时根据实际情况作出决策，因此，招标人一般需要聘请熟悉有关财务、经济、商务、技术、法律、政策的咨询机构担任项目招标的咨询顾问，负责研究项目实施中的各种问题，为招标人决策和项目运作提出专业的咨询服务。

3. 项目中标人的责任不同

特许经营项目融资招标选择的中标人要承担项目的投资、融资和运营责任，若是新建项目还要承担设计和建设责任。项目中标人既要承担项目融资与建设质量、造价、进度控制风险，又要承担与项目运营有关的经济、市场变化等各种风险。

4. 招标时关注的重点不同

基础特许经营项目基础产品或服务的价格是政府或市民未来支付费用的重要依据，因此，招标人会十分关注项目的产品或服务的价格。基础特许经营项目融资招标时，吸引投资人的是投资回报率。基础设施项目投资回报与项目投资额、建设期、运营维护成本以及提供产品或服务的规模数量、价格水平和特许经营期限等因素有关。

5. 价格竞争类型不同

特许经营项目融资招标的类型不同，价格竞争类型也不同。如 TOT 项目，如果以资产价格固定为条件，则会以提供产品价格为竞争要素，招标人希望产品价格越低越好；如果以固定产品价格为条件，以资产转让价格为竞争要素，则招标人希望资产转让价格越高越好。

6. 投标费用不同

特许经营项目融资招标的投标文件需要编制技术管理方案、项目协议响应方案、融资方案、报价方案等，投标人制作投标文件的前期投入费用较多。

二、特许经营项目融资招标

（一）特许经营项目融资招标的程序特征和需求

特许经营项目融资招标的详细程序如图 4-2 所示。

1. 项目实施方案

特许经营项目融资招标前一般应制订项目实施方案。项目实施文字的内容通常包括：项目特许经营者应具备的条件及选择方式、特许经营协议的条款和特许工期期限、投资回报和产品或服务价格测算、政府承诺和保障措施等。政府批复的项目实施方案是特许经营项目融资招标的依据。

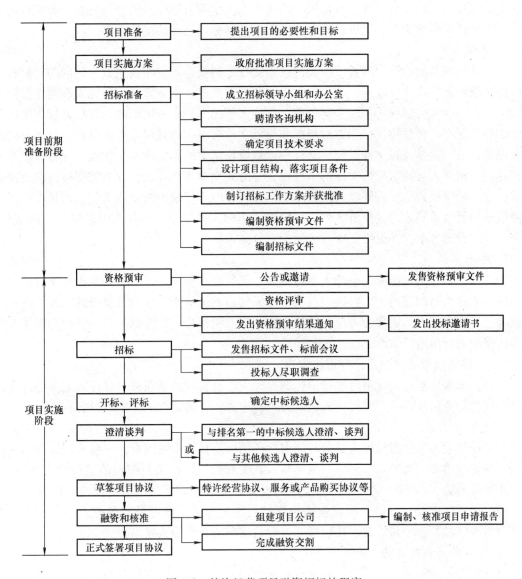

图 4-2　特许经营项目融资招标的程序

2. 资格审查

特许经营项目融资招标选择的投标人应具备完成基础设施融资项目的投资、融资、设计、建设、运营和维护的部分或全部的能力和经验。新建项目的资格审查，不仅要审查投标人投资、融资和经营管理企业的实力及设计、建设类似项目的能力，而且由于招投标双方要长期合作，审查投标人的履约信誉应十分严格。已建成的项目一般不审查投标人的项目设计和建设能力。

3. 评标

特许经营项目融资招标的评标，主要评审项目技术和管理方案、融资方案、项目协议响应方案和投标报价。其中，评审融资方案不仅要评估投标人筹集资本金和筹集贷款的方案，而且要评估项目的财务可行性。投标报价的评审取决于项目招标的类型和特点，股权转让类招标，以选择高报价为主，提供经营产品或服务类招标以选择低报价为主。

4. 澄清谈判

特许经营项目的执行周期长，项目协议需要规定招投标双方在长达数十年间的权利和义务，协议条件涉及法律、政策、技术、财务、商务等内容，十分繁复。投标人在制作投标文件时完全理解和接受招标文件的全部条款，在很多情况下是十分困难的。在招标过程中经常发生两种情况：一种是招投标双方对招标和投标文件有不同的理解或存在笔误，这部分内容需要澄清；另一种是投标文件对招标文件中项目协议草案的非实质性条款提出完善、修改或补充建议，招标人可能对投标文件的某些建议部分或全部存在异议，双方需要通过澄清谈判达成一致。澄清谈判是在特许经营项目融资招标程序中不可缺少的组成部分，而且项目越复杂澄清谈判就越重要。通过澄清谈判，可以确认招标人的要求、条件和中标候选人的报价、融资、技术管理方案，并最终在项目协议中充分体现。

5. 中标签约

特许经营项目融资招标的中标人不是项目协议的最终签约人，中标人为招标项目设立的公司法人才是项目的签约人。特许经营项目招标的目的是落实招标项目投资的法人。在中标人被确定后，中标人一般都会为招标项目成立专门的项目公司，并以项目的资产和有关权益作为担保向银行申请贷款。

（二）特许经营项目融资招标资格审查

目前，国家对特许经营项目融资招标的投标人设有特别的专项资质管理规定。特许经营项目融资招标资格审查主要对投标人的能力进行审查，资格审查的主要内容有：

1. 类似项目业绩

类似项目业绩是证明投标人是否有能力胜任招标项目的重要因素。一般来说，投标人的类似项目业绩越多，其项目管理经验越丰富。TOT 和股权转让项目强调的是投标人的融资、投资和运营经验，而 BOT 项目还要增加项目设计和建设管理业绩经验的要求。审查投标人的业绩，通常要求投标人提供项目业绩的详细信息，包括完成项目的名称、项目地点和规模、项目投资总额、项目协议、建设和开始运营的时间、证明人联系方式。

2. 财务实力和融资能力

财务实力和融资能力是反映投标人资格能力的关键因素。特许经营项目融资招标一般要求投标人具备筹集项目资本金和贷款的能力。财务实力主要体现在投标人的总资产和净资产规模、盈利能力等方面。

3. 投标人信誉

招标选定的投标人要与招标人长期进行合作，因此，招标人对投标人的履约信誉要求很高。招标人要求投标人提供与其他合作伙伴的合作、履约、守信、违法、违规情况，以及是否有诉讼记录。

目前，国内尚未建立统一的企业诚信考核体系，有些地区为了评审履约信誉，通常要求投标资格申请人自行声明是否发生过任何重大违法违规情况，以及是否发生过重大合同违约或被解除合同情况，有否财务被冻结，近年是否发生过诉讼或仲裁等。

（三）特许经营项目融资招标文件的主要内容

特许经营项目融资招标文件包括招标公告或投标邀请书、投标人须知、项目协议、投标文件格式、参考资料等。投标人须知具体内容和格式可参照工程施工招标文件。下面重点介绍项目协议、投标文件的内容和格式以及参考资料的特点。

1. 项目协议

项目协议是特许经营项目融资招标文件的核心内容。不同种类的融资项目模式，其项目协议的构成也不同，但一般都包括项目特许经营协议，而股权转让项目的协议则另有股权转让合同和合资合同；TOT 项目的项目协议另有资产转让（或经营转让）合同和合资合同；BOT 项目的协议视情况需要可以从项目特许经营协议中分离出产品或服务购买协议。各种项目协议文本列入招标文件，以使投标人了解招标条件并对协议文本提出响应性修改意见，投标人对项目协议的响应修改情况将是评标的主要内容。起草既能保护招标人利益，又能兼顾投资人利益且符合市场行情的项目协议，是基础设施特许经营项目融资招标成功且顺利实施的关键。

特许经营协议是以合同的形式确定项目中政府与投资人权利义务关系的核心法律文件。政府通常授权行业主管部门作为特许经营协议的签约主体。

2004 年以来，建设部陆续印发了《城市供水特许经营协议示范文本》《城市污水处理特许经营协议示范文本》《城市管道燃气特许经营协议示范文本》和《城市生活垃圾处理特许经营协议示范文本》。这些范本对特许经营融资招标具有一定的指导作用，但在实际操作中还需要当事双方对协议的具体内容进行完善、补充、协商和调整。

不同种类的特许经营承包项目，其协议的内容有所不同，以 BOT 项目的特许经营协议为例，通常包括：

（1）定义与释义。

（2）特许经营权。

（3）双方的申明和保证。

（4）项目土地与前期工作。

（5）项目建设、验收和竣工。

（6）项目运营和维护、质量标准和检测。

（7）产品或服务数量、价格和服务费用。

（8）特许期满移交、不可抗力、提前终止。

（9）补偿和违约赔偿、争议解决和附件等内容。

2. 投标文件的内容和格式

为了规范投标文件格式，招标文件需要对投标文件的内容与格式提出明确要求。一般情况下应包括投标商务文件和投标方案文件两大部分。

（1）投标商务文件。投标商务文件包括投标函、投标人一览表、法人代表授权委托书及投标人资格证明格式文件。

（2）投标方案文件。不同种类的融资招标项目对投标方案的要求不尽相同，以 BOT 项目为例，一般包括融资方案、技术和管理方案、项目协议响应方案等。

1）融资方案。投标人在投标文件中须明确投标人拟在项目公司中投入注册资本的金额、出资比例、出资方式以及出资的时间表等内容。同时根据项目投资估算和项目实施进度计划制订融资方案，包括融资金额、融资成本、融资期限、还款时间表等。此外还须提供有关融资方的承诺函及信用支持等书面材料，以证实所需资金来源的可靠性。

融资方案中应包括项目财务分析报告。财务分析应包括项目总投资估算表、项目资本支出时间表、详细的融资计划明细表、投资支出明细表、银行借款本金利息归还进度明细表、维护修理资金支出明细表以及预测的年度损益表、资产负债表和现金流量表等，其内容及深度应达到国家颁布的《建设项目经济评价方法与参数》的要求。

2）技术和管理方案。技术和管理方案包括建设方案、运营维护方案和移交方案。

① 建设方案。建设方案包括投标人说明其对建设方案的理解，并提出按照招标文件的要求分析判断建设方案的关键点、难点、解决方法和保证手段，提出工程建设项目设计、工程进度、质量、投资和成本控制目标及控制措施，此外还应包括与建设方案内容相对应、与财务投资明细表保持一致的建设期投资估算。

② 运营维护方案。运营维护方案提出项目运营维护的方案及实施步骤，提出项目运营组织机构设置、部门职责和人员配置，并对其在运营强度反射率期内涉及的成本和费用的构成作出分析和说明。有些项目需要投标人提供运营维护手册。

③ 移交方案。特许经营协议规定的特许经营期满后，投标人中标后组建的项目公司应将项目无偿移交给政府或指定的接收人，并保证交出的项目功能完善、设施良好、设备运行正常、资料齐全，并符合原设计要求。投标人需按照特许经营协议项目移交条款规定的标准、时间和内容编制移交方案。

3）项目协议响应方案。项目协议响应方案是指对投标文件的项目协议中关于招投标双方权利、义务责任条款的接受、补充、完善和修改的建议方案。投标人应对招标文件中的项目协议条款作出逐条响应，按条款顺序将建议修改的内容填入特许经营协议条款偏差表中。特许经营协议条款偏差表一般包括序号、条款号、原条款号、原条款的内容、修改后的条款内容等栏目。偏差表需要由投标人盖章，授权代表签字。

投标人的项目协议响应方案条款如果涉及修改招标文件的核心或实质性条款，一般会被招标人拒绝。

3. 参考资料

特许经营项目一般投资规模大、项目周期长。为增加投标人对项目的了解，提高投标人准备投标的效率，招标人在发售招标文件时一般会提供一些社会经济、财务法律和技术类参考资料。但招标人会在招标文件中声明，参考资料的相关内容只供投标人参考。

（四）特许经营项目融资招标开标、评标

1. 评标方法

根据目前的实践，对于特许经营项目融资招标，典型的评标方法有综合评估法和栅栏评标法。

（1）综合评估法。主要适用于技术、性能相对复杂，对投标人的财务状况和融资能力要求比较高的项目。

第一阶段先对融资方案、技术管理方案及协议响应方案进行评估，并设定相应方案的评估因素、合格标准和评分值。达到第一阶段评估合格标准的投标人才有资格进入第二阶段的投标报价评估。

第二阶段的投标报价评估应重点注意两个方面的因素，一是投标报价评分占整体分数的权重，二是各投标报价之间的价格差距。评标前应该根据具体项目投标报价的敏感程度以及招标人对报价的重视程度，研究设计适合项目报价评分权重及投标报价的评分的幅度差。设计评标方法时应该进行试算，以合理调动投标人进行价格竞争的积极性。

两阶段综合评标法最终得分为其第一阶段和第二阶段的评估得分之和，招标人按照投标人的最终得分排序，根据招标文件规定推荐 1~3 名投标人为中标候选人。

（2）栅栏评标法。这种方法主要适用于对技术、性能没有特殊要求，对投标人的融资能力要求也不高的项目。与两阶段综合评标法相比，这种方法简单，但其缺点是不能全面、充分反映投标人在技术、管理、财务法律方面的能力和作出的最大的努力，类似工程招标中的经评审的最低价投标法。

栅栏评标法也分为两个阶段进行评标：第一阶段先对融资方案、技术和管理方案、项目协议响应方案进行评估，各部分都超过最低要求的投标人被认为是合格的投标，进入第二阶段评审。第二阶段对所有合格投标人的投标报价按投标价格高低排序。当以资产转让价格为要素时，资产价格越高则越符合招标人利益，按资产转让价格由高到低排序；当以基础设施产品或服务价格为要素时，产品或服务价格越低则越符合招标人利益，按产品或服务价格由低到高排序。按照以上投标价格排序，推荐 1~3 名投标人为中标候选人。

2. 评标因素

（1）投标报价。特许经营项目融资招标的投标报价是招标人评价和选择投标人的因素。BOT 项目招标人在项目运营期间需依照中标价格向投标人支付产品或服务费用，投标人的报价越低对招标人越有利。股权转让项目，投标人需在项目初期依据其投标报价向招标人支付转让价款，投标人的报价越高对招标人越有利。TOT 项目有两种报价方式：第一种是转让资产的价格固定不变，投标人的产品或服务价格越低对招标人越有利；第二种是产品或服务价格固定不变，投标人的资产转让价格越高对招标人越有利。

（2）技术和管理方案。技术和管理方案是投标文件的重要内容，BOT 项目的技术管理方案包括工程设计、设备采购、验收和运营维护管理、移交；股权转让项目和 TOT 项目的技术管理方案只包括项目运营维护管理和移交。应按照招标文件规定的因素、标准评估投标文件的技术和管理方案的可行性、科学性、可靠性和合理性。

（3）融资方案。特许经营项目融资招标的中标人需负责项目的投资和融资。投标人应按要求提交相关资料证明其具备良好的财务状况，且能够在规定的时间内完成融资交割。投标人的融资方案和财务状况是评标的重要因素，投标融资方案的评价标准是满足项目实施需要的财务实力和融资能力，其提出的项目融资方案应可靠，项目财务分析应客观可行。

融资方案主要包括资本金的筹措方案和贷款的筹措方案。资本金筹措方案的评估主要是对投标文件和相关文件内容的研究，核实资本金来源的可靠程度，可靠性越高对招标人越有利。贷款方案的评估主要是研究银行支持文件，确定银行对项目的支持态度和项目获得贷款的可能程度，可能性越大对招标人越有利。项目财务可行性分析是融资方案评估的辅助性指标，回报水平不是越高越好，也不是越低越好，应该处于合理水平。

（4）项目协议响应方案。招标人通常都会允许投标人对招标文件中提出的项目协议文本提出接受和补充、修改意见，修改内容是评标因素的组成部分。投标人对项目协议文本提出不利于招标人权利的修改建议越少，或修改建议对招标人权利负面影响越小，则对招标人越有利。

三、特许经营项目融资投标

（一）特许经营项目融资投标文件的主要内容

（1）投标函及其附录。

（2）法定代表人身份证明或授权委托书。

（3）投标保证金。

（4）技术及建设方案。

（5）联合体协议书（如有）。

（6）投标报价文件。

（7）对《特许经营协议（草案）》的响应意见。

（8）履约保证金银行保函（中标后开具）。

（9）资格审查资料（资格后审）。

（二）投标文件格式样例

特许经营项目融资招标一般会在招标文件中对投标文件的格式提供统一格式要求，以下仅以某城市污水处理特许经营项目招标文件示范文本中对《特许经营协议（草案）》的响应意见（见表4-8）的格式为例说明投标的格式，其余格式可参照建设工程施工投标所用的表格。

表4-8　对《特许经营协议（草案）》的响应意见

对《特许经营协议（草案）》的响应意见（格式）
致：_____（招标人名称）
为参与贵单位组织的编号_____（招标编号）的_____城市污水处理厂项目，我单位仔细阅读了招标文件中《特许经营协议（草案）》的各项条款，我单位并已在答疑会上充分地反映了我单位对该《特许经营协议（草案）》的意见。
我单位完全接受贵单位根据答疑会反馈的意见进行修订、调整之后所制定的《特许经营协议（草案）》。我单位并承诺，如果中标，我单位将无条件与贵单位签署该经过修改、调整之后的《特许经营协议（草案）》。
投标人/联合体牵头人全称（公章）：
法定代表人或授权委托人（签字）：
_____年_____月_____日

任务七　单元训练

一、案例

【案例4-1】招标代理服务费的计算

▶背景：

某地区一工程招标，最终中标金额为1100万元，试按表4-9招标代理服务费计算标准，计算招标代理服务费。

表4-9　招标代理服务费计算标准

中标金额/万元	货物招标	服务招标	工程招标
100 以下	1.5%	1.5%	1.0%
100～500	1.1%	0.8%	0.7%
500～1000	0.8%	0.45%	0.55%
1000～5000	0.5%	0.25%	0.35%
5000～10000	0.25%	0.1%	0.2%
10000～100000	0.05%	0.05%	0.05%
100000 以上	0.01%	0.01%	0.01%

注：费用按差额定率累进计算方式。

▶案例分析：

招标代理服务费计算如下：

$$100 \text{万元} \times 1\% = 1 \text{万元}$$
$$(500 - 100) \text{万元} \times 0.7\% = 2.8 \text{万元}$$
$$(1000 - 500) \text{万元} \times 0.55\% = 2.75 \text{万元}$$
$$(1100 - 1000) \text{万元} \times 0.35\% = 0.35 \text{万元}$$
$$\text{合计收费} = 1 + 2.8 + 2.75 + 0.35 = 6.9 \text{万元}$$

【案例4-2】工程施工监理招标评标标准与方法分析

▶背景：

某学院扩建工程项目由教学楼、学生宿舍楼、学生食堂、专家楼、会展馆、体育中心及教学辅助用房等共计10个单项工程组成，占地43600m²，总建筑面积82000m²，其中教学楼工程建筑面积32426m²。工程结构均为框架结构。工程点地下水位较高，须考虑降水和基坑支护、土方、地基基础与结构、楼地面、装饰、给水排水、电气、通风空调、消防、电梯等。招标人采用公开招标（资格后审）方式确定工程施工监理人，不接受联合体投标人。要求投标方最低配备的人员和专业见表4-10。

表4-10　人员配置要求

职位名称	人员数量	技术资格要求
总监理工程师	1	具有注册监理工程师证书
建筑结构	2	具有建筑结构专业工程师及以上技术职称和监理岗位证书

（续）

职位名称	人员数量	技术资格要求
建筑	2	具有建筑学专业中级及以上技术职称和监理岗位证书
给水排水	1	具有给水排水专业工程师及以上技术职称和监理岗位证书
暖通空调	1	具有通风空调专业工程师及以上技术职称和监理岗位证书
电气	1	具有电气工程专业工程师及以上技术职称和监理岗位证书
造价管理	1	具有注册造价工程师证书
合同信息管理	1	具有助理工程师及以上专业技术职称证书
安全管理	2	具有助理建筑安全工程师专业资格证书
监理旁站	2	具有监理岗位证书
总计	14	

▶问题：

1. 评价监理人的内容有哪几方面？其投标文件由哪几部分组成？与评价标准的对应关系如何？

2. 工程设计、监理等咨询类招标，为什么不宜采用经评审的最低投标价法评标？

3. 针对本项目编制一份完整的评标标准，其中投标报价10%，监理部人员40%，监理业绩20%，监理大纲20%，其他10%。试分析，如果在权重分配中，投标报价占60%的比重，会产生什么样的结果？

▶案例分析：

《中华人民共和国标准施工招标文件》（2007年版）对监理人的定位是受发包人委托，享有合同约定的权利。这种权利具体体现在两个方面，一是在发包人委托范围内代表发包人行使合同管理权；二是协调解决发包人与承包人的合同争议，确保工程建设实施。《建设工程安全生产管理条例》第四条规定，工程监理单位及其他与建设工程安全生产有关的单位，必须遵守安全生产法律、法规的规定，保证建设工程安全生产，依法承担建设工程安全生产责任。这样，结合现行国家标准《建设工程监理规范》GB 50319—2000对监理工作的归纳，建设监理的主要工作为"三控三管一协调"，即投资控制、质量控制、进度控制、安全管理、合同管理、信息管理、协调解决发包人承包人争议事项等。这些工作绩效，也是评价监理人和选择监理人的考核指标。

1. 问题1解答

评价监理人，主要从监理人资质、监理业绩、人员构成、素质及执业资格、质量管理体系、必要的检测设备和监理方法与措施等方面进行评价。

监理投标文件一般包括以下内容：①投标函，递交投标要约；②监理费计算表，表明其投标报价的依据与计算过程；③企业资质，衡量投标人是否具有国家有关行政管理部门认可的资质条件；④监理大纲，衡量投标人针对本招标项目如何实施"三控三管一协调"；⑤项目监理部人员及相关证明材料，衡量投标人派往招标项目的人员素质，如总监理工程师、专业监理工程师的执业或职业资格、业绩、履历等，是否符合本项目对监理工程师的要求；⑥其他辅助材料，如监理的工程获得的奖项，其他证明合同履约能力的文件、资料等。

2. 问题2解答

工程设计、监理等咨询类招标之所以不采用经评审的最低投标价法评标，其中主要原因有两个：①工程设计、监理等咨询类行业是依据专业人员的智慧、经验提供咨询建议，进而为委托人创造经济效益的行业。这里，人自身素质的高低直接决定咨询成果的优劣，从而决定其咨询成果对委托人贡献的大小。②工程设计、监理，特别是国家价格主管部门出台过咨询服务收费行业标准，不宜以价格高低确定咨询人。《中华人民共和国价格法》（以下简称《价格法》）规定，收费价格分为政府定价、政府指导价和市场调节价三种形式。对于依法必须进行监理的项目，其收费标准为政府指导价，即收费标准允许上下浮动20%，但绝对不允许超出这个范围，否则视为恶意竞争，违反《价格法》。所以咨询类项目招标，不宜采用经评审的最低投标价法确定中标人。

3. 问题3解答

针对本项目监理招标的评标标准分为两部分，即初步评审以及详细评审。

（1）初步评审。初步评审包括形式评审、资格评审、响应性评审。

1）形式评审。形式评审标准见表4-11。

表4-11　形式评审标准

评标因素	评标标准
投标人名称	与营业执照、资质证书及其营业范围一致
投标函及投标函附录	有法定代表人或其委托代理人签字或加盖单位章，委托代理人签字的，其法定代表人授权委托书须由法定代表人签署
投标文件格式	符合招标文件对投标文件格式的要求
投标唯一性	只能提交一次有效投标，不接受联合体投标

2）资格评审。资格评审标准见表4-12。

表4-12　资格评审标准

评标因素			评标标准
投标人资质			具备建设行政主管部门核发的房屋建筑工程专业监理甲级资质
投标人业绩			近三年监理过建设规模、结构形式相同或相近的群体工程1个及以上
人员配备最低要求	职位名称	数量	技术资格要求
	总监理工程师	1	具有注册监理工程师证书
	建筑结构	2	具有建筑结构专业工程师及以上技术职称和监理岗位证书
	建筑	2	具有建筑学专业中级及以上技术职称和监理岗位证书
	给水排水	1	具有给水排水专业工程师及以上技术职称和监理岗位证书
	暖通空调	1	具有通风空调专业工程师及以上技术职称和监理岗位证书
	电气	1	具有电气工程专业工程师及以上技术职称和监理岗位证书
	造价管理	1	具有注册造价工程师证书
	合同信息管理	1	具有助理工程师及以上专业技术职称证书
	安全管理	2	具有助理建筑安全工程师专业资格证书
	监理旁站	2	具有监理岗位证书

（续）

评标因素	评标标准
投标资格	有效，投标资格没有被取消或暂停
企业经营权	有效，没有处于被责令停业、财产被接管、冻结、破产状态
投标行为	合法，近三年内没有骗取中标行为
合同履约行为	合法，没有严重违约事件发生
其他	法律法规规定的其他资格条件

这里，要求投标人具有建设行政主管部门核发的房屋建筑工程监理甲级资质，是因为教学楼单体建筑面积为 $32426m^2$，超过了乙级监理企业许可的单体监理面积不超过 $30000m^2$ 的规定；投标人业绩是衡量投标人是否从事过类似项目的施工监理；人员配备最低要求是依据工程特点测算的最低人员配备要求；投标资格、企业经营权、投标行为、合同履约行为和其他等，用以衡量投标人是否满足现行法律法规对投标人的资格要求。

3）响应性评审。响应性评审标准见表4-13。

表4-13　响应性评审标准

评标因素	评标标准
服务内容	符合招标文件"招标范围"和"服务要求"约定
投标报价	在国家价格主管部门规定的取费范围内
服务期	满足招标文件"服务期"要求
投标有效期	满足招标文件投标有效期要求
投标保证金	满足招标文件数量、金额、担保形式及其有效期的约定
权利义务	符合招标文件合同条款双方权利义务的约定
其他	法律法规的其他实质性条件

（2）详细评审。详细评审采用综合评估方法，采用百分制打分法设置评标因素和标准，详见表4-14。

表4-14　打分表

评标因素	最高得分		评标标准	
投标报价	8		以通过初步评审的投标报价算术平均数为评标基准价，投标报价等于评标基准价的，得8分；每高一个百分点或低一个百分点扣0.2分，扣完为止	
项目监理部	40	数量与专业结构 30分	数量满足本项目监理需求，分工明确，老中青结合，均具有高、中级技术职称的，30分；每有一个人员为中级以下职称，扣1分；每有一个人员专业不对口，扣2分，扣完为止	
		注册监理工程师所占比例 10分	40%以上	10
			30%~40%（不含40%）	8
			20%~30%（不含30%）	6
			20%以下	4

（续）

评标因素	最高得分		评 标 标 准
项目业绩	20		近三年每监理过1个同等建设规模群体工程，得5分，最高20分评价
监理大纲	22	质量控制	分A、B、C、D四等，A得5分，B得4分，C得3分，D得2分评价
		进度控制	分A、B、C、D四等，A得5分，B得4分，C得3分，D得2分评价
		投资控制	分A、B、C、D四等，A得5分，B得4分，C得3分，D得2分评价
		合同管理	分A、B、C三等，A得3分，B得2分，C得1分评价
		安全管理	分A、B两等，A得2分，B得1分评价
		信息管理	分A、B两等，A得2分，B得1分评价
其他	检测仪器	6	配备的监测仪器完全满足监理工作6分，每缺一种扣1分，扣完为止
	服务承诺	4	符合合同条款约定的，4分，每缺一种扣1分，扣完为止

以上设置的评标因素中，项目监理部重点考核监理人员的素质（占40%），监理大纲考核监理对本项目监理的规划情况，检测仪器考核监理人是否有相应的监测仪器以完成项目监理工作，投标报价、服务承诺等为辅助性指标。

在上述评标标准中，如果调整投标报价权重分配值为60%，则低报价的中标人可能报价得分最高，其人员素质、业绩及其咨询能力等并不理想，但同样能得到最高分成为中标人。这与选择一家咨询水平高的监理企业的初衷相违背。所以监理等咨询类项目招标时，投标报价的权重一般不宜超过10%。

【案例4-3】　BOT项目招标的合法性分析

▶背景：

某市越江隧道工程全部由政府投资。该项目为该市建设规划的重要项目之一，且已列入地方年度固定资产投资计划，概算已经主管部门批准，施工图及有关技术资料齐全。根据《国务院关于投资体制改革的决定》，该项目拟采用BOT模式建设，市政府正在与有意向的BOT项目公司洽谈。现决定对该项目进行施工招标。因估计除本市施工企业参加投标外，还可能有外省市施工企业参加投标，故招标人委托咨询单位编制了两个标底，准备分别用于对本市和外省市施工企业投标价的评定。招标人对投标人就招标文件所提出的所有问题统一作了书面答复，并以备忘录的形式分发给各投标人，为简明起见，采用表格形式，见表4-15。

表4-15　投标预备会答疑表

序号	问题	提问单位	提问时间	答复

在书面答复投标人的提问后，招标人组织各投标人进行了施工现场踏勘。在投标截止日期前 10 天，招标人书面通知各投标人，由于市政府有关部门已从当天开始取消所有市内交通项目的收费，因此决定将收费站工程从原招标范围内删除。

▶问题：

1. 该项目施工招标在哪些方面存在问题或不当之处？请逐一说明。

2. 如果在评标过程中才决定删除收费站工程，应如何处理？

▶案例分析：

1. 问题 1 解答

该项目施工招标存在五方面问题（或不当之处），分述如下：

（1）本项目尚处在与 BOT 项目公司谈判阶段，说明资金尚未落实，不具备施工招标的必要条件，因而尚不能进行施工招标。

（2）不应编制两个标底，因为根据规定，一个工程只能编制一个标底，不能对不同的投标单位采用不同的标底进行评标。

（3）招标人对投标人的提问只能针对具体问题作出明确答复，但不应提及具体的提问单位（投标人），也不必提及提问的时间（这一点可不答），因为按《招标投标法》规定，招标人不得向他人透露已获取招标文件的潜在投标人的名称、数量以及可能影响公平竞争的有关招投标的其他情况。

（4）根据《招标投标法》的规定，若招标人需改变招标范围或变更招标文件，应在投标截止日期至少 15 天（而不是 10 天）前以书面形式通知所有招标文件收受人。若迟于这一时限发出变更招标文件的通知，则应将原定的投标截止日期适当延长，以便投标单位有足够的时间充分考虑这种变更对报价的影响，并将其在投标文件中反映出来。本案例背景资料未说明投标截止日期已相应延长。

（5）现场踏勘应安排在书面答复投标单位提问之前，因为投标人对施工现场条件也可能提出问题。

2. 问题 2 解答

如果在评标过程中才决定删除收费站工程，则应将各投标人的总报价减去其收费站工程的报价后再按原定的评标方法和标准进行评标。

二、单项训练

（一）训练目的

1. 熟悉招标代理招标的程序。

2. 培养学生完成招标代理招标工作和投标工作的能力。

（二）训练内容

1. 编制招标代理招标公告，编写招标代理招投标文件。

2. 组织招标代理招标开标、评标、定标。

3. 将学生分成一个建设项目招标小组和若干个投标小组，招标小组模拟招标人，完成招标方工作。投标小组作为招标代理机构，设定招标代理投标单位相关信息，模拟招标代理机构投标。

（三）训练题

某学院新建实训楼工程 10000m²，工程投资规模 3000 万元，拟进行新建实训楼工程招标代理招标。

招标小组完成：编制招标代理招标公告，编写招标代理招标文件，组织开标、评标、定标，发中标通知书并提交评标报告。

投标小组完成：编写招标代理投标文件，参加招标代理招标活动。

三、思考与讨论

1. 为什么要实行建设工程招标代理制度？
2. 简述建设工程招标代理招标的招标方式。
3. 试述建设工程招标代理招标的工作流程和工作内容。
4. 简述建设工程招标代理招标资格审查的原则和方法。
5. 招标代理招标文件的主要内容有哪些？
6. 简述建设工程招标代理招标开标、评标的工作程序。
7. 招标代理机构的标前、标中、标后应做哪些工作？工作流程有哪些？
8. 招标代理机构（没有工程咨询资格）可以编制工程量清单及标底吗？
9. 招标代理服务费包括工程量清单编制费吗？另外该费用是否应包含在工程量清单中？
10. 对招投标代理机构的监督如何进行？
11. 工程建设设计或监理工作招标的招标文件评标方法中为何不提标底？
12. 简述建设工程设计招标的特点。
13 简述建设工程设计招标资格审查的主要内容。
14. 简述建设工程设计招标文件的主要内容。
15. 常用的建设工程设计招标评标方法有几种？
16. 简述建设工程设计招标投标文件的组成。
17. 简述建设工程监理招标的特点。
18. 建设工程监理招标资格审查的主要内容有哪些？
19. 简述建设工程监理招标招标文件的主要内容。
20. 常用的建设工程监理招标评标方法有几种？
21. 简述建设工程监理招标投标文件的组成。
22. 简述建设工程造价咨询招标的特点。
23. 简述建设工程造价咨询招标资格审查的主要内容。
24. 简述建设工程造价咨询招标招标文件的主要内容。
25. 简述建设工程造价咨询招标评标程序？
26. 简述建设工程造价咨询招标投标文件的主要内容。
27. 建设工程造价咨询招标与建设工程招标代理招标有何区别？
28. 简述工程建设项目管理服务招标的特点。
29. 简述工程建设项目管理服务招标资格审查的主要内容。
30. 简述工程建设项目管理服务招标招标文件的主要内容。
31. 常用的工程建设项目管理服务招标评标方法有几种？

32. 简述工程建设项目管理服务招标投标文件的组成。

33. 什么是特许经营项目融资招标?

34. 简述特许经营项目融资招标的特点。

35. 简述特许经营项目融资招标资格审查的主要内容。

36. 简述特许经营项目融资招标招标文件的主要内容。

37. 常用的特许经营项目融资招标评标方法有几种?

38. 简述特许经营项目融资招标投标文件的主要内容。

单元五　建设工程项目货物招投标

引言

本单元主要介绍建设工程项目货物招标的条件、程序，货物招标公告的发布、资格审查，货物招投标文件的编制，货物招标评标方法与步骤。

学习目标

知识目标：掌握货物招标的程序；掌握货物招标资格审查的方法。

掌握货物招标评标方法。

熟悉货物招标评标程序；熟悉货物招标与工程招标评标方法的区别。

了解货物招标的条件。

能力目标：会编写货物招标公告、招标文件、投标文件。

能完成货物招投标相关工作。

【案例引入】

某学校新建实训大楼，建设项目配有垂直客梯3台，校方对电梯设备的采购应该采取何种方式？对电梯的维修保养服务应该做哪些打算？通过本单元的学习，将会获得满意的解决方案。

任务一　建设工程项目货物招标概述

一、建设工程项目货物招标的基本含义

（一）货物招标的概念

建设工程项目货物招标是指与工程建设项目有关的重要设备、材料招标。建设工程项目使用的货物招标，应根据整个工程建设项目对货物的需求目标进行招标策划与组织实施。货物招标主要集中于使用功能、技术标准、质量、价格、服务和交货期等主要因素，其中性价比是多数招标人考虑的主要因素。

（二）货物的特征和需求

货物与工程的最大区别在于它的可移动性。货物招标必须了解和掌握货物的技术、经济管理特征和需求。

1. 货物的一般特征和需求

货物产品具有多样性、技术性和来源的广泛性。工程使用的材料有钢材水泥等建筑和装饰材料。工程设备分为具有国家标准的标准设备和不具有国家标准的非标准设备。工程设备投资占工程建设项目投资比例一般可以达到30%～70%，还有其他货物，如生产资料、办

公设备、机电设备等。货物中的机电设备大多属于技术密集型产品，而且货物的性能更多地取决于生产工艺设备的先进性。货物的来源要根据货源需要进行国内采购或国际采购。

2. 货物的技术特征和需求

货物的功能、技术性能、质量标准、产品标准化水平、节能环保指标均是货物招标采购需要考虑的主要因素。

（1）货物的功能。功能是指货物能够满足某种需求的一种属性。货物的功能有使用功能与美观功能、基本功能与辅助功能。

货物功能对招标采购的影响有：

1）货物的使用功能与美观功能要有机结合，货物的基本功能与辅助功能要合理搭配、界定清晰。

2）要结合采购预算、交货期等因素对货物功能进行取舍。

3）货物的功能会对标包的划分产生影响，功能越简单，各部分之间功能配套影响越弱，标包划分的受制约束就越小。

4）功能的复杂程度决定评标方法的选择。货物功能的复杂程度是选择评标方法时应考虑的重要因素，如货物功能复杂，将更适合采用综合评估法。

（2）货物的技术性能。性能指标是货物的重要参数，招标人应该选择性价比最高的性能指标要求。

（3）货物的质量标准。货物质量反映了产品的特性和满足用户使用及其他相关要求的能力。货物的质量可以通过标准的设定加以体现。现行标准可分为国际标准和国内标准，其中又包括强制性标准和推荐性标准。招标文件通过按照标准选择货物质量保证，以满足人体健康、财产安全、环境管理的要求，满足生产、交换、使用等需求。所以招标文件中要科学选择国内外强制性和推荐性标准。

（4）货物的产品标准化水平。货物标准化水平也是评标时要考虑的重要因素。货物标准化水平高，产品使用成本和替换成本低，宜使用经评审的最低投标价法；标准化水平低，技术通用性、可比性差，则宜采用综合评估法。

（5）货物的节能环保指标。货物招标文件中应提出明确的节能环保要求，引导投标人采取技术可行、经济合理及招标人可以承受的措施，从货物生产到消费各环节，降低消耗，减少污染物排放，有效、合理地利用能源。此外，还要把节能环保指标的基本条件列为评标因素，适当加大节能环保指标的分值权重，以起到正确引导投标人的作用。

3. 货物的交接、检验、服务特征和需求

货物的交接、检验和交货服务方式是货物招标采购区别于工程招标采购而需要考虑的重要因素。使用贸易术语和交货期限要与工程建设项目整体要求统一衔接。

（1）国际标准贸易术语规定了双方货物交接的责任、风险和费用的划分。《2000年国际贸易术语解释通则》列出了13种贸易术语，其中较为常用的7种是：

1）工厂交货 EXW（指定目的地）。它是指卖方负责在其所在地的生产工厂、车间、仓库等把货物交付给买方，但通常不负责将货物装上买方准备的车辆，不办理货物清关手续。买方承担自卖方所在地将货物运至预期目的地的全部费用。采用 EXW 条件成交时，卖方的风险、责任、费用都是最小的。

2）货交承运人 FCA（目的地）。它是指卖方应负责将其货物办理出关后，在指定的地点交付给买方指定的承运人照管。

3）船上交货 FOB（装运港，离岸价）。它是指卖方在指定的装运港把货物送过船舷后交付。货过船舷后买方必须从该点起承当货物灭失或损坏的一切风险。另外，由卖方负责办理货物的出口清关手续。该术语仅适用于海运或内河运输。

4）成本加运费 CFR（目的港）。它是指卖方必须支付把货物运至指定目的港所需的开支和运费，但在货物越过指定港的船舷后，货物的风险、灭失或损坏以及发生事故后造成的额外开支，就由卖方转向买方负担。另外要求卖方办理货物的出口结关手续。本术语适用于海运或内河运输。

5）成本保险费加运费 CIF（目的港，到岸价）。它是指卖方除承担与"成本加运费"相同的义务外，还应负责办理货物运输保险并支付保险费，但卖方的义务仅限于投保最低的保险险别，至于货物的风险，是在装运港装船越过船舷时由卖方转移给买方。

6）运费和保险费付至 CIP（目的地）。它是指卖方向其指定的承运人交货，但卖方还必须支付将货物运至目的地的运费。亦即买方承担卖方交货之后的一切风险和额外费用。此术语只要求卖方投保最低限度的保险险别。如买方需要更高的保险险别，则需要与卖方明确地达成协议，或者自行作出额外的保险安排。

7）完税后交货 DDP（目的地）。它是指卖方将货物在进口国指定地点交付，而且承担将货物运至指定地点的一切费用和风险，并办理清关手续。

从1）至7）卖方责任风险由小到大。选择贸易术语时要考虑运输工具、交货地点、费用承担、风险划分、包装要求等因素，并且要考虑大部分潜在投标人的相应能力。常用价格术语的责任、风险、费用对比见表5-1。

表 5-1　常用价格术语的责任、风险、费用对比

代码	交货地点	风险划分界限	租船订舱	办理保险	进口税	
EXW	出口国工厂	货交买方	买方	买方	买方	从上到下买方承担的责任和风险越来越小，卖方承担的责任和风险越来越大
FOB	出口国装运港船上	越过船舷	买方	买方	买方	
CFR	出口国装运港船上	越过船舷	卖方	买方	买方	
CIF	出口国装运港船上	越过船舷	卖方	卖方	买方	
CIP	出口国某一地点货交承运人	货交承运人	卖方	卖方	买方	
DDP	进口国指定地点	指定地点货交买方	卖方	卖方	卖方	

（2）国内贸易通常采用出厂交货价、现场交货价、指定目的地车板交货价等交货方式。

（3）交货期限。确定交货期限既要考虑项目进度的实际需要，也要考虑货物采购规模及其货物制造、供应的周期。交货期限会影响标包的划分规模、招标采购的方式、投标人资格条件以及合同的相关条件。

（4）检验标准和试验方法。检验标准和试验方法是验证货物的技术性能指标是否合格以及合同履行的依据。招标文件的技术规范应明确货物检验指标的标准目录或内容，明确货

物试验的方法、步骤等。

（5）服务和培训。对大型和技术要求较高的货物需要安装指导、调试、培训、维修、配件供应和售后服务。同时规定技术资料的种类和交付时间要求。

4. 货物的价格特征和需求

（1）价格构成。货物的预算价格是指批准货物的概预算金额。货物采购价格是指招标人按照招标文件采购方式选择的中标货物价格以及据此签订的采购合同价格。最终的采购价格不应高于预算价格。这就要求招标人既要了解市场价格行情，又要确定合理的货物技术性能需求。

货物采购价格有国内货物价格和进口货物价格之分。其中，国内货物价格构成包括出厂价、包装费、运输费、运输保险费和其他杂费；进口货物价格包括到岸价、进口环节税（包括进口关税、进口增值税、消费税）、国内运输费、国内运输保险费及其他杂费。

招标人应掌握国内货物和国外货物成本加费用构成，合理分解货物价格构成。

（2）货物的使用寿命。货物的使用寿命也是采购货物时需要重点考虑的因素。货物的使用寿命直接影响招标人的经济成本。招标人一般会将使用寿命参照强制性标准要求，逐步引入全寿命周期成本方法，将货物寿命周期的经济性作为评选的重要因素。

（3）货物的使用成本。货物的使用成本包括运行成本、维护保养成本、维修改造成本、故障成本和废弃成本等。对于技术复杂的货物要兼顾一次性采购成本和使用成本、维修改造成本，进行定量分析。

（4）货物的付款条件。具体如下：

1）支付方式。国际贸易常采用的支付方式有电汇付款（T/T）、交单付款（D/P）、承兑付款（D/A）和信用证付款（L/C）等；国内贸易经常采用的支付方式有电汇付款、汇票付款、支票付款和现金付款。

2）支付进度。支付进度有预付款、进度款、交货款、验收款、质保金等。招标人可根据货物采购情况设定支付方式。

（5）货物的税收。它包括关税、增值税、购置税和消费税。应在招标文件中明确相关规则，特别是对于国际货物来说，税收往往是一笔较大的费用开支。

5. 履约风险控制

货物的采购风险控制是货物招标管理的重要内容。有由于供应商供货能力、行为带来的风险，也有因采购规模较大、合同履行周期长、采购地区距离较远，履约过程中面临市场价格波动、环境变化等风险。招标人要认真分析采购货物的各种风险特征，选择恰当的合同价格类型，设置严密的风险条款，合理规避、分配采购、供应双方履约中可能产生的风险。

（三）货物招标的特点

货物招标具有以下三个显著特点：

（1）货物招标是实物招标，招标人看重的是投标人所供物品的性能和质量，而施工和勘察设计招标实质上都是服务招标，招标人看重的是投标人的服务能力和水平。

（2）货物招标在工程建设项目所占比重中往往占大头，招标人从控制造价和质量的角度出发，即使在实行总承包招标时也经常将货物单独拿出来进行招标。

（3）货物有同一品牌、同一型号、同一标准的情况，如代理商投标和中标人转分包问题，与施工和勘察设计招标也很不一样。为了体现货物招标的上述特点，很有必要制定专门的货物招投标办法。

（四）货物招标应遵循的原则

工程项目货物招投标活动除应遵循公开、公平、公正和诚实信用的原则外，还应遵守下列原则：

（1）质量保证原则。招标采购的货物必须保证质量，必须符合设计文件和合同文件对货物的技术性能方面的要求。

（2）安全保证原则。招标采购的货物必须安全，在运输、安装、调试和使用过程中，要保证人身和财产的绝对安全。

（3）进度保证原则。招标采购的货物必须按期到货，保证与工程项目相关各方面的进度要求一致，不因货物供应进度产生问题，而影响工程总进度，使项目拖期。

（4）经济原则。在保证货物质量的前提下，货物必须遵守低成本、低价格、使用时低消耗的原则，每种货物的购置费用，原则上不应超过计划安排的投资额。

（5）国产化原则。货物采购要立足国内，除个别关键设备国内无法生产以外，凡是国内能生产的，且能保证质量的，原则上就不应再到国外采购。

二、工程建设项目货物招标的一般规定

（1）工程建设项目货物招投标活动，依法由招标人负责。工程项目招标人对项目实行总承包招标时，未包括在总承包范围内的货物达到国家规定规模标准的，应当由工程建设项目招标人依法组织招标；工程项目招标人对项目实行总承包招标时，以暂估价形式包括在总承包范围内的货物达到国家规定规模标准的，应当由总承包中标人和工程建设项目招标人共同依法组织招标。双方当事人的风险和责任承担由合同约定。

（2）工程建设项目招标人或者总承包中标人可委托依法取得资质的招标代理机构承办招标代理业务。招标代理服务收费实行政府指导价。招标代理服务费用应当由招标人支付；招标人、招标代理机构与投标人另有约定的，从其约定。

（3）依法必须招标的工程建设项目，应当具备下列条件才能进行货物招标：

1）招标人已经依法成立。

2）按照国家有关规定应当履行项目审批、核准或者备案手续的，已经审批、核准或者备案。

3）有相应资金或者资金来源已经落实。

4）能够提出货物的使用与技术要求。

（4）依法必须进行招标的工程建设项目，按国家有关投资项目审批管理规定，凡应报送项目审批部门审批的，招标人应当在报送的可行性研究报告中将货物招标范围、招标方式（公开招标或邀请招标）、招标组织形式（自行招标或委托招标）等有关招标内容报项目审批部门核准。项目审批部门应当将核准招标内容的意见抄送有关行政监督部门。企业投资项目申请政府安排财政性资金的，其招标内容由资金申请报告审批部门依法在批复中确定。

任务二 建设工程项目货物招标程序

一、建设工程项目货物招标方式

货物招标分为公开招标和邀请招标。国务院发展改革部门确定的国家重点建设项目和各省、自治区、直辖市人民政府确定的地方重点建设项目，其货物采购应当公开招标。有下列情形之一的，经批准可以进行邀请招标：

（1）货物技术复杂或有特殊要求，只有少量几家潜在投标人可供选择的。

（2）涉及国家安全、国家秘密或者抢险救灾，适宜招标但不宜公开招标的。

（3）拟公开招标的费用与项目的价值相比，不值得的。

（4）法律、行政法规规定不宜公开招标的。

国家重点建设项目货物的邀请招标，应当经国务院发展改革部门批准；地方重点建设项目货物的邀请招标，应当经省、自治区、直辖市人民政府批准。

二、建设工程项目货物招标程序

招标采购程序包括招标通告的发布、资格审查、招标文件的准备、招标文件的发售、开标、评标、定标、厂商协调会、签订合同、催交、现场监造与检验、包装和运输等。招标是竞争性招标采购的第一阶段，它是竞争性招标采购工作的准备阶段。在这一阶段需要做大量的基础性工作，其具体工作可由采购单位自行办理，如果采购单位因人力或技术原因无法自行办理的，可以委托给社会中介机构。

（一）招标公告的发布

采用公开招标方式的，招标人应当发布招标公告。依法必须进行货物招标的招标公告，应当在国家指定的报刊或者信息网络上发布。采用邀请招标方式的，招标人应当向三家以上具备货物供应能力、资信良好的特定法人或者其他组织发出投标邀请书。

招标公告或者投标邀请书应当载明下列内容：

（1）招标人的名称和地址。

（2）招标货物的名称、数量、技术规格、资金来源。

（3）交货的地点和时间。

（4）获取招标文件或者资格预审文件的地点和时间。

（5）对招标文件或者资格预审文件收取的费用。

（6）提交资格预审申请书或者投标文件的地点和截止日期。

（7）对投标人的资格要求。

招标人应当按招标公告或者投标邀请书规定的时间、地点发出招标文件或者资格预审文件。自招标文件或者资格预审文件发出之日起至停止发出之日止，最短不得少于五个工作日。

对招标文件或者资格预审文件的收费应当合理，不得以营利为目的。

除不可抗力原因外，招标文件或者资格预审文件发出后，不予退还；招标人在发布招标公告、发出投标邀请书后或者发出招标文件或资格预审文件后不得擅自终止招标。因不可抗力原因造成招标终止的，投标人有权要求退回招标文件并收回购买招标文件的费用。

（二）资格审查

招标人可以根据招标货物的特点和需要，对潜在投标人或者投标人进行资格审查；法律、行政法规对潜在投标人或者投标人的资格条件有规定的，依照其规定。

和施工招标一样，资格审查分为资格预审和资格后审。资格预审，是指招标人在出售招标文件或者发出投标邀请书前对潜在投标人进行的资格审查。资格预审一般适用于潜在投标人较多或者大型、技术复杂货物的公开招标，以及需要公开选择潜在投标人的邀请招标。资格后审，是指在开标后对投标人进行的资格审查。资格后审一般在评标过程中的初步评审开始时进行。

采取资格预审的，招标人应当在资格预审文件中详细规定资格审查的标准和方法；采取资格后审的，招标人应当在招标文件中详细规定资格审查的标准和方法。招标人在进行资格审查时，不得改变或补充载明的资格审查标准和方法或者以没有载明的资格审查标准和方法对潜在投标人或者投标人进行资格审查。

对于大型或复杂的土建工程或成套设备，在正式组织招标以前，需要对供应商的资格和能力进行预先审查，即资格预审。通过资格预审，可以缩小供应商的范围，避免不合格的供应商作无效劳动，减少他们不必要的支出，也减轻了采购单位的工作量，节省了时间，提高了办事效率。

1. 资格预审的内容

资格预审包括两大部分，即基本资格预审和专业资格预审。基本资格是指供应商的合法地位和信誉，包括是否注册、是否破产、是否存在违法违纪行为，对于专用设备，是否具备行业行政主管部门颁发的生产许可证等。

专业资格是指已具备基本资格的供应商履行拟定采购项目的能力。具体包括如下内容：

（1）经验和以往承担类似合同的业绩和信誉。

（2）为履行合同所配备的人员情况。

（3）为履行合同任务而配备的机械、设备及施工方案等情况。

（4）财务状况。

（5）售后维修服务的网点分布、人员结构等。

2. 资格预审的程序

进行资格预审，首先要编制资格预审文件，邀请潜在的供应商参加资格预审，发售资格预审文件和提交资格预审申请，然后进行资格评定。

（1）编制资格预审文件。资格预审文件可以由招标人编写，也可以由招标人委托的研究、设计或咨询机构协助编写。资格预审文件一般包括：资格预审邀请书、申请人须知、资格要求、其他业绩要求、资格审查标准和方法、资格预审结果的通知方式。

（2）邀请潜在的供应商参加资格预审。实施资格预审的货物招标，可以由资审通告代替招标通告，其内容基本相同。

（3）发售资格预审文件和提交资格预审申请。资格预审通告发布后，采购单位应立即开始发售资格预审文件，资格预审申请的提交必须按资格预审通告中规定的时间，截止期后提交的申请书一律拒收。

（4）资格评定，确定参加投标的供应商名单。采购单位在规定的时间内，按照资格预审文件中规定的标准和方法，对提交资格预审申请书的供应商的资格进行审查。只有经审查合格的供应商才有权继续参加投标。

经资格预审后，招标人应当向资格预审合格的潜在投标人发出资格预审合格通知书，告知获取招标文件的时间、地点和方法，并同时向资格预审不合格的潜在投标人告知资格预审结果。资格预审合格的潜在投标人不足三个的，招标人应当重新进行资格预审。

对资格后审不合格的投标人，评标委员会应当对其投标作废标处理。

任务三　建设工程项目货物招标文件

一、建设工程项目货物招标文件的组成

建设工程项目货物招标文件一般包括下列内容：

（1）招标公告（投标邀请书）。

（2）投标人须知。

（3）投标文件格式。

（4）技术规格、参数及其他要求。

（5）评标标准和方法。

（6）合同主要条款。

二、工程建设项目货物招标文件的编制

（一）投标人须知

招标文件中的投标人须知是对投标人的具体要求，一般包括下列内容：

（1）总则。总则用以阐明招标的目的。

（2）符合招标文件的声明。投标人应向招标人声明，保证报价完全符合招标文件的要求并没有异议。如果投标人对招标文件及其附件中某些条款有异议，应在报价偏差表中逐条列出。

（3）技术说明。投标人推荐的货物应满足采购单中所阐明的技术要求。为了能对所推荐的货物有准确详细的了解，投标人应以足够的详细资料数据加以说明。

（4）货物采购单及其附件。包括在招标文件中的货物采购单及其附件中的有关要求，必须填写完整并与报价书一起返回询价单位。

（5）价格。报价书中的价格应为投标人负责货物生产制造和包装、发送到指定交货地点为止的不变价格（固定价），并应按供货一览表的要求分项列出。

（6）报价费用。投标人不得以任何理由向招标人索取报价费用。

（7）报价书的采用。招标人有权部分采用报价书中的内容或完全不采用。

（8）报价有效期。报价有效期规定为报价日期之后多少天有效。

（9）报价截止日期。投标人应在报价截止日期（以邮戳日期为准）以前提出报价。若在规定的截止日期不能提出报价而需延期时，必须将延期时间通知招标人，并征得招标人同意。

（10）招标文件澄清。对于招标文件，如果投标人要求说明必须以书面形式提出，招标

人应予以书面答复。

（二）招标文件中的技术规格、参数及其他要求

（1）应详细说明拟采购的货物设计意图、标准规范、特殊功能要求，以及应注意的事项。如设备采购，要说明用途、性能、大小、材质、结构、操作条件、辅件、维护要求等，都要提供详细的技术数据。

（2）图纸是重要技术性文件，招标文件中必须提供设备、材料等详细的、齐全的图纸，其中包括总图、制造详图、安装图、备品备件图等。

（3）招标人应当在招标文件中规定实质性要求和条件，说明不满足其中任何一项实质性要求和条件的投标将被拒绝，并用醒目的方式标明；国家对招标货物的技术、标准、质量等有特殊要求的，招标人应当在招标文件中提出相应特殊要求，并将其作为实质性要求和条件。没有标明的要求和条件在评标时不得作为实质性要求和条件。对于非实质性要求和条件，招标人应规定允许偏差的最大范围、最高项数，以及对这些偏差进行调整的方法。

（4）招标货物需要划分标包的，招标人应合理划分标包，确定各标包的交货期，并在招标文件中如实载明。招标人允许中标人对非主体货物进行分包的，应当在招标文件中载明。主要设备或者供货合同的主要部分不得要求或者允许分包。除招标文件要求不得改变标准货物的供应商外，中标人经招标人同意改变标准货物的供应商的，不应视为转包和违法分包。

（5）招标人可以要求投标人在提交符合招标文件规定要求的投标文件外，提交备选投标方案，但应当在招标文件中作出说明。不符合中标条件的投标人，其备选投标方案不予考虑。

（6）招标文件规定的各项技术规格应当符合国家技术法规的规定。招标文件中规定的各项技术规格均不得要求或标明某一特定的专利技术、商标、名称、设计、原产地或供应者等，不得含有倾向或者排斥潜在投标人的其他内容。如果必须引用某一供应者的技术规格才能准确或清楚地说明拟招标货物的技术规格时，则应当在参照后面加上"或相当于"的字样。

（7）招标文件应当明确规定评标时包含价格在内的所有评标因素，以及据此进行评估的方法。在评标过程中，不得改变招标文件中规定的评标标准、方法和中标条件。

（8）招标人可以在招标文件中要求投标人以自己的名义提交投标保证金。投标保证金除现金外，也可以是银行出具的银行保函、保兑支票、银行汇票或现金支票，也可以是招标人认可的其他合法担保形式。投标保证金一般不得超过投标总价的2%，但最高不得超过80万元人民币。投标保证金有效期应当与投标有效期一致。

（9）对无法精确拟定其技术规格的货物，招标人可以采用两阶段招标程序。第一阶段，招标人可以首先要求潜在投标人提交技术建议，详细阐明货物的技术规格、质量和其他特性。招标人可以与投标人就其建议的内容进行协商和讨论，达成一个统一的技术规格后编制招标文件。第二阶段，招标人应当向第一阶段提交了技术建议的投标人提供包含统一技术规格的正式招标文件，投标人根据正式招标文件的要求提交包括价格在内的最后投标文件。

（10）招标人应当确定投标人编制投标文件所需的合理时间。自招标文件开始发出之日起至投标人提交投标文件截止之日止，最短不得少于20日。招标文件应当规定一个适当的投标有效期，以保证招标人有足够的时间完成评标和与中标人签订合同。投标有效期从招标文件规定的提交投标文件截止之日起计算。

任务四　建设工程项目货物招标
开标、评标、定标

一、建设工程项目货物招标开标

开标会议由招标人或其委托的代理机构主持，程序如下：

1. 开标时间和地点

货物开标应当在招标文件确定的提交投标文件截止时间的同一时间公开进行；开标地点应当为招标文件中确定的地点。投标人或其授权代表有权出席开标会，也可以自主决定不参加开标会。

2. 参加开标会议的有关单位、人员签到

招标人代表、投标人代表、公证处以及相关纪律监督部门准时参加，并在会议签到簿上签到。

3. 会议主持人按规定时间宣布开标

会议主持人介绍与会单位、人员、评标办法、评标纪律、投标文件开标顺序等有关事项。

4. 检查投标文件的密封情况

依据招标文件约定的方式，组织投标文件的密封检查。可由投标人代表或招标人委托的公证人员检查。确认密封完好的投标文件，由工作人员当众拆封，宣读投标报价、完成期限、质量目标、投标保证金，以及投标文件的撤回、修改补充情况等，并作好开标记录。投标人代表、招标人代表、监标人、记录人等应在开标记录上签字确认，存档备查。

5. 投标文件不予受理的情况

投标文件有下列情形之一的，招标人不予受理：

（1）逾期送达或未送达指定地点的。

（2）未按招标文件要求密封的。

6. 投标文件按废标处理的情况

投标文件有下列情形之一的，由评标委员会初审后按废标处理：

（1）无单位盖章并无法定代表人或法定代表人授权的代理人签字或盖章的。

（2）无法定代表人出具的授权委托书的。

（3）未按规定的格式填写，内容不全或关键字迹模糊、无法辨认的。

（4）投标人递交两份或多份内容不同的投标文件，或在一份投标文件中对同一招标货物报价有两个或多个报价，且未声明哪一个为最终报价的。

（5）投标人名称或组织结构与资格预审时不一致且未提供有效证明的。

（6）投标有效期不满足招标文件要求的。

（7）未按招标文件要求提交投标保证金的。

（8）联合体投标未附联合体各方共同投标协议的。

（9）报价明显低于其他投标报价或者在设有标底时明显低于标底，且投标人不能合理说明或者提供相关证明材料，评标委员会认定该投标人以低于成本报价竞标的。

（10）不符合招标文件提出其他商务、技术的实质性要求和条件的。

（11）招标文件明确规定可以废标的其他情形。

评标委员会对所有投标作废标处理的，或者评标委员会对一部分投标作废标处理后其他有效投标不足三个，使得投标明显缺乏竞争，决定否决全部投标的，招标人应当重新招标。

二、建设工程项目货物招标评标

（一）评标方法

评标方法有很多，具体评标方法取决于采购单位对采购对象的要求，货物采购和工程采购的评标方法有所不同。

货物采购常用的评标方法有四种，即以最低评标价为基础的评标方法、综合评标法、以寿命周期成本为基础的评标方法及打分法。

1. 以最低评标价为基础的评标方法

在采购简单的商品、半成品、原材料及其他性能、质量相同或容易进行比较的货物时，价格可以作为评标考虑的唯一因素。以价格为尺度时，不是指最低报价，而是指最低评标价。最低评标价有其价格计算标准，即成本加利润。其中，利润为合理利润，成本也有其特定的计算口径，具体如下：

（1）如果采购的货物是从国外进口的，报价应以包括成本、保险、运费的到岸价为基础。

（2）如果采购的货物是国内生产的，报价应以出厂价为基础。

出厂价应包括为生产、供应货物而从国内外购买的原材料和零配件所支付的费用及各种税款，但不包括货物售出后所征收的销售性税款或与之类似的税款。如果提供的货物是国内投标商早已从国外进口、现已在境内的，应报仓库交货价或暂时价，该价应包括进口货物时所交付的进口关税，但不包括销售性税款。

2. 综合评标法

综合评标法是指以价格另加其他因素为基础的评标方法。在采购耐用货物如车辆、发动机及其他设备时，可采用这种评标方法。在采用综合评标法时，评标中除考虑价格因素外，还应考虑下列因素：

（1）内陆运费和保险费。在计算内陆运费、保险费及其他费用时，可采用下列任一做法：第一，可按照铁路（公路）运输、保险公司及其他部门发布的费用标准，来计算货物运抵最终目的地将要发生的运费、保险费及其他费用，然后把这些费用加在投标报价上；第二，让投标商分别报出货物运抵最终目的地所要发生的运费、保险费及其他费用，这部分费用要用当地货币来报，同时还要对所报的各种费用进行核对。

（2）交货期。在确定交货期时，可根据不同的情况采用下列办法：第一，可按招标文件中规定的具体交货时间为基准交货时间，早于基准交货时间的，评标时也不给予优惠，若迟于基准时间，每迟交一个标准时间（1天、1周、10天或1个月等），可按报价的一定百分比换算为成本，然后再加在报价上；第二，如果根据招标文件的规定，货物在合同签字并开出信用证后若干日（月）内交货，对迟于规定时间但又在可接受的时间范围内的，可按每日（月）一定的百分比乘以投标报价后，再乘以迟交货的日（月）数，或者按每日

（月）一定金额乘以迟交货的时间来计算，评标时将这一金额加在报价上。

（3）付款条件。投标商必须按照合同条款中规定的付款条件来报价，对于不符合规定的投标，可视为非响应性投标而予以拒绝。但对于采购大型成套设备可以允许投标商有不同的付款要求，提出有选择性的付款计划，这一选择性的付款计划只有在得到投标商愿意降低投标价的基础上才能考虑。如果投标商的付款要求偏离招标文件的规定不是很大，尚属可接受的范围，在这种情况下，可根据偏离条件给采购单位增加的费用，按投标书中规定的贴现率算出其净现值并加在报价上，供评标时参考。

（4）零配件的供应和售后服务情况。如果投标商已在境内建立了零配件和售后服务的供应网点，评标时可以在报价之外不另加费用。但是如果投标商没有提供上述招标文件中规定的有关服务，而需由采购单位自行安排和解决的，在评标时可考虑将所要增加的费用包含在报价之中。

（5）货物的性能、生产能力及配套性和兼容性。如果投标商所投设备的性能、生产能力没有达到技术规格要求的基准参数，每种技术参数比基准参数低的，将在报价基础上增加若干金额，以反映设备在寿命周期内额外增加的燃料、动力、运营的成本。

（6）技术服务和培训费用等。投标商在投标书中应报出设备安装、调试等方面的技术服务费及有关培训费，这些费用应与报价一并提供给招标方。

3. 以寿命周期成本为基础的评标方法

采购整套厂房、生产线或设备、车辆等在运行期内的各项后续费用（零配件、油料、燃料、维修等）很高的设备时，可采用以寿命周期成本为基础的评标方法。

在计算寿命周期成本时，可以根据实际情况，评标时在投标书报价的基础上加上一定运行期年限的各项费用，再减去一定年限后设备的残值，即扣除这几年折旧费后的设备剩余值。在计算各项费用或残值时，都应按投标书中规定的贴现率折算成净现值。

例如，汽车按寿命周期成本评标应计算的因素如下：

（1）汽车价格。

（2）根据投标书偏离招标文件的各种情况，包括零配件短缺、交货延迟、付款条件等进行调整。

（3）估算车辆行驶寿命期所需燃料费用。

（4）估算车辆行驶寿命期所需零件及维修费用。

（5）估算寿命期末的残值。

以上后三项都应按一定贴现率折算成现值。

4. 打分法

评标通常要考虑多种因素，为了既便于综合考虑，又利于比较，可以按这些因素的重要性确定其在评标时所占的比例，对每个因素打分。打分法考虑的因素如下：

（1）投标价格。

（2）内陆运费、保险费及其他费用。

（3）交货期。

（4）偏离合同条款规定的付款条件。

（5）备件价格及售后服务。

（6）设备性能、质量、生产能力。

（7）技术服务和培训。

采用打分法评标时，首先确定每种因素所占的分值。通常，分值在每个因素的分配比例如：投标价 60~70 分；零配件 10 分；技术性能、维修、运行费 10~20 分；售后服务 5 分；标准备件等 5 分。

如果采用打分法评标，考虑的因素、分值的分配及打分标准均应在招标文件中明确规定。这种方法的好处在于综合考虑，方便易行，能从难以用金额表示的各个投标中选择最好的投标；缺点是难以合理确定不同技术性能的有关分值和每一性能应得的分数，有时会忽视一些重要的指标。

（二）评标步骤

评标步骤包括初步评审和详细评审。

1. 初步评审

初步评审工作比较简单，但却是非常重要的一步。初步评标的内容包括评审供应商资格是否符合要求，投标文件是否完整，是否按规定方式提交投标保证金，投标文件是否基本上符合招标文件的要求，有无计算上的错误等。如果供应商资格不符合规定，或投标文件未作出实质性的反映，都应作为无效投标处理，不得允许投标供应商通过修改投标文件或撤销不合要求的部分而使其投标具有响应性。

经初步评标，凡是确定为基本上符合要求的投标，下一步要核定投标文件中是否有计算和累计方面的错误。在修改计算错误时，要遵循两条原则：如果数字表示的金额与文字表示的金额有出入，要以文字表示的金额为准；如果单价和数量的乘积与总价不一致，要以单价为准。但是，如果采购单位认为有明显的小数点错误，此时要以标书的总价为准，并修改单价。如果投标商不接受根据上述修改方法而调整的投标价，可拒绝其投标并没收其投标保证金。

2. 详细评审

初步评审不合格的投标文件将被拒绝，并不再进行详细评审。初步评审合格的投标文件将进行详细评审，对投标文件的技术、商务和报价作进一步的详细分析比较。在初评中确定为基本合格的投标，将进入详细评定和比较阶段。具体的评标方法取决于招标文件中的规定，并按评标方法评出得分高低，排列出投标次序。

在评标时，当出现最低评标价远远高于标底或缺乏竞争性等情况时，应废除全部投标。

（三）评标报告

评标委员会完成评标后，应向招标人提出书面评标报告。评标报告由评标委员会全体成员签字。评标委员会在书面评标报告中推荐的中标候选人应当限定在 1~3 人，并标明排列顺序。招标人应当接受评标委员会推荐的中标候选人，不得在评标委员会推荐的中标候选人之外确定中标人。

三、建设工程项目货物招标定标

（一）确定中标人

评标委员会提出书面评标报告后，招标人一般应当在 15 日内确定中标人，但最迟应当在投标有效期结束日 30 个工作日前确定。使用国有资金投资或者国家融资的项目，招标人应当确定排名第一的中标候选人为中标人。排名第一的中标候选人放弃中标、因不可抗力提出不能履行合同，或者招标文件规定应当提交履约保证金而在规定的期限内未能提交的，招标人可以确定排名第二的中标候选人为中标人。排名第二的中标候选人因前款规定的同样原因不能签订合同的，招标人可以确定排名第三的中标候选人为中标人。同样，招标人可以授权评标委员会直接确定中标人。

（二）中标通知书

中标通知书由招标人发出，也可以委托其招标代理机构发出。招标人不得向中标人提出压低报价、增加配件或者售后服务量以及其他超出招标文件规定的违背中标人意愿的要求，以此作为发出中标通知书和签订合同的条件。中标通知书对招标人和中标人均具有法律效力。中标通知书发出后，招标人改变中标结果的，或者中标人放弃中标项目的，应当依法承担法律责任。

（三）签订合同

招标人和中标人应当自中标通知书发出之日起 30 日内，按照招标文件和中标人的投标文件订立书面合同。招标人和中标人不得再行订立背离合同实质性内容的其他协议。

货物合同与工程合同相比，除了在双方的权利和义务、违约索赔等内容上类似以外，还有其特殊内容，如产品检验、测试方法与时间，产品的包装要求，运输工具和运输方式，驻厂催交人员和监造人员的工作生活条件等，这些都要在合同中明确约定。

根据众多货物的不同特点，可采取多种方式签订合同。

（1）对于重要的设备，最好与一个总厂厂商签订合同，不要分散签订，这样有利于管理。

（2）对于长时间使用的大宗材料，最好能与几家供货厂商签订连续供货和定期结算的供货合同，以防止独家供货时，厂商一旦出现问题会造成延期供货。

（3）对于零星物资供应也要引起足够重视。施工现场常因某些零星的少量物资短缺而不得不临时局部停工，这将会打乱整个施工计划。

（4）在执行订货合同过程中，咨询工程师要密切注意合同履行进展情况，及时作出调整和补充订货。一个大型工程项目的货物供应可能要签订数十个采购合同，其中总有某些合同由于各种原因造成延误、变更，甚至违约、终止等情况，发现这些情况时，采购组织应及时作出反应，采取补救措施。

（四）招投标情况的书面报告

依法必须进行货物招标的项目，招标人应当自确定中标人之日起 15 日内，向有关行政监督部门提交招投标情况的书面报告。书面报告至少应包括下列内容：

（1）招标货物基本情况。

（2）招标方式和发布招标公告或者资格预审公告的媒介。

（3）招标文件中投标人须知、技术条款、评标标准和方法、合同主要条款等内容。

（4）评标委员会的组成和评标报告。

（5）中标结果。

任务五　建设工程项目货物投标

投标人是响应招标、参加投标竞争的法人或者其他组织。法定代表人为同一个人的两个及两个以上法人，母公司、全资子公司及其控股公司，都不得在同一货物招标中同时投标。一个制造商对同一品牌、同一型号的货物，仅能委托一个代理商参加投标，否则应作废标处理。

一、建设工程项目货物投标文件

投标人应当按照招标文件的要求编制投标文件。投标文件应当对招标文件提出的实质性要求和条件作出响应。

（一）建设工程项目货物投标文件的组成

投标文件一般包括下列内容：

（1）投标函。

（2）投标一览表。

（3）技术性能参数的详细描述。

（4）商务和技术偏差表。

（5）投标保证金。

（6）有关资格证明文件。

（7）招标文件要求的其他内容。

投标人根据招标文件载明的货物实际情况，拟在中标后将供货合同中的非主要部分进行分包的，应当在投标文件中载明。

（二）建设工程项目货物投标文件的递交

投标人应当在招标文件要求提交投标文件的截止时间前，将投标文件密封送达招标文件中规定的地点。招标人收到投标文件后，应当向投标人出具标明签收人和签收时间的凭证，在开标前任何单位和个人不得开启投标文件。招标人不得接受以电报、电传、传真以及电子邮件方式提交的投标文件及投标文件的修改文件。在招标文件要求提交投标文件的截止时间后送达的投标文件，为无效的投标文件，招标人应当拒收，并将其原封不动地退回投标人。

提交投标文件的投标人少于3个的，招标人应当依法重新招标。重新招标后投标人仍少于3个的，必须招标的工程建设项目，报有关行政监督部门备案后可以不再进行招标，或者对两家合格投标人进行开标和评标。

投标文件的补充、修改和撤回与施工投标文件要求一致，不一一赘述。

二、建设工程项目货物投标参考格式

货物投标函的格式见表5-2，货物投标报价总表格式见表5-3，货物投标分项报价表格式见表5-4。

表 5-2　货物投标函示例

货物投标函

致：<u>（招标人）</u>

为响应你方组织的 <u>（项目名称）</u> 项目的供货及相关服务的招标（招标文件编号为：<u>　　　　　　　　</u>），我方愿参与投标。

我方确认收到贵方提供的 <u>（项目名称）</u> 货物及相关服务的招标文件的全部内容。

我方在参与投标前已详细研究了招标文件的所有内容，包括澄清、修改文件（如果有）和所有已提供的参考资料以及有关附件，我方完全明白并认为此招标文件没有倾向性，也不存在排斥潜在投标人的内容，我方同意招标文件的相关条款，放弃对招标文件提出误解和质疑的一切权力。

<u>（投标人名称）</u> 作为投标人正式授权 <u>（授权代表全名，职务）</u> 代表我方全权处理有关本投标的一切事宜。

在此提交的投标文件，正本一份，副本<u>　　　</u>份。

我方已完全明白招标文件的所有条款要求，并申明如下：

（一）按招标文件提供的全部货物与相关服务的投标总价详见"货物投标报价总表"。

（二）本投标文件的有效期完全响应招标文件要求，如中标，有效期将延至合同终止日为止。在此提交的资格证明文件均至投标截止日有效，如有在投标有效期内失效的，我方承诺在中标后补齐一切手续，保证所有资格证明文件能在签订采购合同时直至采购合同终止日有效。

（三）我方明白并同意，在规定的开标日之后、投标有效期之内撤回投标或中标后不按规定与采购人签订合同或不提交履约保证金，则贵方将不予退还投标保证金。

（四）我方同意按照贵方可能提出的要求而提供与投标有关的任何其他数据、信息或资料。

（五）我方理解贵方不一定接受最低投标价或任何贵方可能收到的投标。

（六）我方如果中标，将保证履行招标文件及其澄清、修改文件（如果有）中的全部责任和义务，按质、按量、按期完成"用户需求书"及"合同条款"中的全部任务。

（七）如我方被授予合同，我方承诺支付就本次招标应支付或将支付的中标服务费。

表 5-3　货物投标报价总表

投标人名称：_____　　国别：_____　　招标编号：_____

序号	包号	货物名称	规格和型号	数量	制造商名称	投标货币	投标报价	投标保证金	交货期

投标人：（盖单位章）

投标人代表签名：_____

表 5-4　货物投标分项报价表

投标人名称：_____　招标编号：_____

包号：_____

序号	名称	型号规格	数量	原产地和制造商名称	单价（注明装运地点）	总价	至最终目的地的运费和保险费
	主机和标准附件						
	备品备件						
	专用工具						
	安装、调试、检验						
	培训						
	技术服务						
	其他						
总计							

注：如果不提供详细分项报价可视为没有实质性响应招标文件。

投标人代表签字：_____

任务六　单元训练

一、案例

【案例 5-1】　设备采购招标公告的编制

▶背景：

某工程建设项目需要采购 15 台变压器设备，其主要技术参数见表 5-5。

表 5-5　变压器主要技术参数

品目	货物名称	型号参数	单位	数量
1	变压器	SCBZ10 - 2000/10 10 ±4 ×2.5%/0.4Dyn11	台	2
2	变压器	SCBZ10 - 1600/10 10 ±4 ×2.5%/0.4 Dyn11	台	4
3	变压器	SCBZ10 - 1250/10 10 ±4 ×2.5%/0.4 Dyn11	台	5
4	变压器	SCBZ10 - 800/10 10 ±4 ×2.5%/0.4 Dyn11	台	2
5	变压器 （适用于 6 脉波整流）	ZBSCBZ - 4000/10 10 ±4 ×2.5%/0.66 Dyn11	台	2

采购范围包括变压器设备本体、风机、测温元件、其他附件及售后服务等合同规定的内容。对投标人的资格要求如下：

（1）具有有载调压干式变压器设备生产制造许可证书。

（2）具有三年以上成功、成熟的生产经验和同类产品的销售业绩；具有4000kV·A及以上干式有载调压整流变压器的销售及运行业绩和形式试验报告。

（3）通过了ISO9001质量体系认证且成功运行两年以上。

投标人必须同时对以上5个品目投标，不得拆分。

计划于20××年9月16日发放招标文件，20××年10月10日投标截止。招标文件发售地点为××市××路×号××大厦××室；供货期为合同签订之日起80日历天，供货一周内提交6套正式图纸及技术资料；交货地点为项目施工现场，即××省××市××路×号××工程施工现场；开标地点为××市××路×大厦××会议室。

按照上述条件招标人初步编制了招标公告，具体如下：

招标公告

招标编号：×××2010－×号

某工程建设项目为经过项目审批部门核准的企业投资项目，现采购该工程干式变压器，欢迎满足资格条件的潜在投标人购买招标文件投标。

（1）招标内容：干式变压器15台，详见招标文件。

交货时间：合同签订80日内交货。

交货地点：××省××市××路×号××工程施工现场。

（2）购买招标文件时间：20××年9月6日～9月8日，每日上午9：00～17：00（北京时间，法定节假日除外）；非本市企业需出示其在本省设置的分支机构营业执照方可购买。

购买招标文件地点：××市××路×号××大厦××室。

（3）招标文件及图纸售价：招标文件每套100元人民币/套，图纸5000元人民币/套，招标文件售后不退。如需邮购，须加付EMS费40元人民币，收到上述款项1日内采用EMS特快专递的方式寄送招标文件。

（4）投标人的资格要求：

1）具有有载调压干式变压器设备生产制造许可证书。

2）具有三年以上成功、成熟的生产经验和同类产品的销售业绩；具有4000kV·A及以上干式有载调压整流变压器的销售及运行业绩和形式试验报告。

3）通过了ISO9001质量体系认证且成功运行两年以上。

（5）投标截止时间和开标时间：20××年9月20日上午10：00（北京时间），投标文件须于投标截止时间前送达开标地点。逾期送达或未送达指定地点的投标文件恕不接受。

（6）开标地点：另行通知。

招标人：×××××××××

×××年××月××日

▶问题：

招标人针对本项目发布的招标公告其中存在哪些不妥之处？代替招标人重新拟定一份该项目招标公告。

▶案例分析：

该招标公告存在以下不妥之处：

（1）未载明项目核准编号。

（2）未载明招标货物的技术规格和参数，仅明确见招标文件。

（3）招标文件发后时间仅三日，不满足"最短不少于五个工作日"的要求。

（4）要求非本市企业需出示其在本省设置的分支机构营业执照后方可购买招标文件不妥。

（5）图纸售价5000元/套不妥，图纸只能收取押金，不得销售。

（6）开标时间定在20××年9月30日不妥，不满足"从招标文件发售之日起至投标截止之日止，最短不少于20日"的规定。

（7）未载明在投标截至日前和投标截止当日投标文件递交地点，不能"另行通知"。

（8）未载明招标人的名称、地址和联系方式。

【案例5-2】　货物评标综合评标法案例

某项目于某年6月5日发布招标公告，采用国内公开招标采购网络设备，6月5日~6月12日发售招标文件，6月25日10：00为投标截止时间。在规定的发售时间内共8家投标人购买了招标文件。

招标文件中除对投标人资质提出明确要求外，还特别规定：每家代理商只能代理一家制造商设备，即每家制造商只能授权一家代理商投标。

招标文件规定的评标方法：对有效投标采用综合评标法评出投标人综合得分顺序，综合评价考虑技术、商务和价格三方面，三部分权重分别为：技术权重50%，价格部分权重为30%，商务部分权重为20%。

在投标截止日前，招标人收到1家投标人的书面声明：由于未得到制造商授权不再参与投标。

一、开标

截至6月25日10：00前，共6家投标人按时递交了投标文件，有1家投标人于10：02到达，因迟交而被拒绝。招标人委托代理机构组织开标仪式，所有递交投标文件的6家投标人均自愿出席。招标代理机构按招标文件规定进行开标和唱标并记录，见表5-6。

表5-6　开标记录表

序号	投标人名称	规格/型号/数量	投标价格/万元	投标保证金	投标人声明
1	A		600	有	无
2	B		630	有	无
3	C		686	有	有：总价10%折扣
4	D		465	有	无
5	E		430	有	无
6	F		370	有	无

二、评标

（一）初步评审

初步评审阶段首先审核投标文件商务和技术的有效性、完整性，判断和确定投标是否有效，并整理待澄清问题。

1. 商务初步评审

判断各投标人的商务投标文件响应，包括是否提交投标函、法人授权书、投标一览表、分项报价表、合格的银行资信证明、合格的投标保证金、投标有效期是否满足要求以及是否包含其他导致不得进入详细评审的商务条款。

经检查，投标人 E 的投标有效期为 60 天，不满足招标文件规定的 90 天要求，未通过商务初步评审。

2. 技术初步评审

技术初步评审的内容包括判断各投标人的技术投标文件响应的技术规格中主要参数是否满足招标文件要求、技术规格中的响应与事实是否存在不符合或虚假投标、业绩是否满足招标文件要求、是否复制招标文件的技术规格相关部分内容作为其投标文件的一部分、是否包含其他导致不得进入详细评审的其他技术条款。

经检查，投标人 B 由于业绩不满足招标文件要求而导致未通过技术初步评审。

综上，通过商务初步评审和技术初步评审进入详细评审阶段的投标人有：A、C、D、F。

(二) 详细评审

详细评审阶段继续深入审核、比较投标文件中的各项指标具体响应情况，完成问题澄清，并对投标人进行商务、技术和价格的详细评价打分。

1. 澄清

招标文件规定详细评审阶段可以书面方式要求投标人对投标文件中含义不明确、同类问题投标文件不一致或者有明显文字和计算错误的内容作必要的澄清、说明或补正，但需注意不允许投标人通过修正或撤销对投标文件进行实质性修改。本项目分别对投标人 A 和 D 作出如下技术澄清：

问题一：技术投标文件中第 9.6 款响应网络流量为 300KB，请澄清该数据是如何计算的。

问题二：技术投标文件第 2.3 款响应的接口配置与投标文件所附数据表中响应的接口配置表述不一致，请澄清。

评标专家根据对投标文件详细审阅、比较及对投标澄清结果分别进行商务、技术和价格详细评审打分。

2. 商务详细评审

1) 对投标人须知的响应情况（20 分）。

2) 对合同条款的响应情况（60 分）。

3) 商务履约能力（20 分）。

商务评分统计表见表 5-7。

表 5-7　商务评分统计表

评标成员	投标人			
	A	C	D	F
评委1	90	95	88	80
评委2	95	92	90	85

（续）

评标成员	投标人			
	A	C	D	F
评委3	90	88	85	75
评委4	85	90	86	80
评委5	82	88	81	85
评委6	87	91	83	79
评委7	96	98	89	82
平均分	89	92	86	81
商务加权分	17.8	18.4	17.2	16.2

3. 技术详细评审

1）对技术规范书的响应情况（20分）。

2）技术参数指标（10分）。

3）产品工艺质量（10分）。

4）产品的运行评价（40分）。

5）产品的运行业绩（10分）。

6）投标商的售后服务（10分）。

技术评分统计表见表5-8。

表5-8　技术评分统计表

评标成员	投标人			
	A	C	D	F
评委1	87	90	85	68
评委2	90	94	90	73
评委3	94	96	87	80
评委4	90	88	89	75
评委5	92	85	84	78
评委6	90	87	85	81
评委7	95	92	93	85
平均分	91	90	88	77
商务加权分	45.5	45	44	38.5

4. 价格详细评审

价格比较和评分表见表5-9。

表 5-9　价格比较和评分表

项目		投标人			
		A	C	D	F
报价	最终报价/开标价格	600	686	465	370
	算术修正值	0	0	20	0
	声明（如有无条件升、降价和折扣）	0	−68.6	0	0
	投标总价	600	617.4	485	370
价格调整	供货范围偏差	0	−10	−2	20
	技术服务费调整	−20	0	0	0
	其他的额外费用（如有）	0	0	0	0
	调整总和	−20	−10	−2	20
评标价格（投标总价+调整总和）		580	607.4	483	390
价格得分		67	64	81	100
价格加权分		20.1	19.2	24.3	30

评标价格折算成价格得分的方法为：最低评标价格的投标人在价格部分得满分100分，其余各个投标人评标价格的得分计算公式为：价格部分得分＝（最低评标价/各投标人的评标价格）×100%。

5. 综合评分及排序表

综合评分及排序表见表5-10。

表 5-10　综合评分及排序表

投标人	商务加权分	技术加权分	价格加权分	总分	排序
A	17.8	45.5	20.1	83.4	3
C	18.4	45	19.2	82.6	4
D	17.2	44	24.3	85.5	1
F	16.2	38.5	30	84.7	2

注：评标委员会推荐综合评估最优的投标人D为第一中标候选人。

二、思考与讨论

1. 货物招标有何特点？
2. 货物招标的条件与工程施工招标相比较有何特别条件？
3. 你认为怎样才能采购到项目业主满意的货物？
4. 货物招标的条件与工程施工招标在程序上相比，有何区别？
5. 货物招标公告的主要内容有哪些？
6. 如何进行货物招标资格审查？
7. 编写货物招标文件应注意哪些事项？
8. 货物招标文件在内容上与工程招标文件有何不同？

9. 常用的货物招标的评标方法有几种？

10. 编写货物招标评标方法要考虑哪些因素？货物招标评标与工程招标评标的侧重点有何不同？

11. 简述货物招标的开标程序。

12. 如何判定废标？

13. 怎样完成货物招标的评标工作？

14. 货物投标竞争的焦点是什么？

15. 简述货物投标文件的组成。

单元六　建设工程合同

引　言

　　本单元主要介绍合同的类型，施工合同文件的组成，施工合同有关价款、质量、进度等条款的主要内容。索赔的程序、索赔的技巧。

学习目标

　　知识目标：掌握合同按计价方式分类；掌握施工合同的进度控制条款、质量控制条款、造价管理条款；熟悉合同各方主体的责任；熟悉索赔程序。

　　能力目标：能完成对工程的价款、质量、投资、进度等的管理；会拟定合同条款，会签合同；会写索赔报告，能完成索赔工作。

　　【案例引入】　某工程为三栋小高层商住楼，建筑面积4000m^2，发包方与承包商于2009年4月签订了施工合同，承包商承包范围：土建、装饰、水电安装工程，合同价暂定为6600万元，结算按实计，合同对计价原则进行了约定，合同工期700天。承包商于2009年7月开工，施工至主体封顶，发包方与承包商因工程进度款、施工质量等问题产生纠纷造成停工，承包商中途离场，双方当事人在没有对已完工程量、现场备料、施工设备等进行核对并形成清单的情况下，发包方单方解除了施工合同，直接将工程发包给第三方施工。双方引起了争议，那么，争议的焦点在哪里？怎样预防和解决争议？通过本单元学习合同与合同管理知识，妥善解决合同争议问题。

任务一　认识合同的类型

一、合同及相关概念

（一）合同的概念

　　合同是指双方或多方当事人关于设立、变更、终止民事法律关系的协议，是根据法律规定和合同当事人约定具有约束力的文件。

（二）建设工程合同的概念

　　建设工程合同是指在工程建设过程中，发包方与承包方依法订立的、明确双方权利义务关系的协议。

（三）施工合同的概念

　　施工合同即建筑安装工程承包合同，是发包人和承包人为完成商定的建筑安装工程任务，明确相互权利、义务关系的合同。依照施工合同，承包人应完成一定的建筑、安装工程任务，发包人应提供必要的施工条件并支付工程价款。施工合同是建设工程合同的一种，它与其他建设工程合同一样是一种双务合同，在订立时也应遵守自愿、公平、诚实、信用等原则。

二、施工合同的类型

施工合同可以按照不同的方法加以分类。按照承包合同的计价方式进行划分，可分为总价合同、单价合同、成本加酬金合同三类。

（一）总价合同

1. 定义

总价合同是发承包双方约定以施工图及其预算和有关条件进行合同价款计算、调整和确认的建设工程施工合同。

2. 总价合同的调整

当合同约定的工程施工内容和有关条件不发生变化时，发包人付给承包人的工程价款总额就不变。当工程施工内容和有关条件发生变化时，以承包双方依据变化情况和合同约定调整工程价款，但工程量变化引进的合同价款调整应遵循以下原则：

当合同价款是依据承包人根据施工图自行计算的工程量确定时，除工程变更造成的工程量变化外，合同约定的工程量是承包人最终完成的工程量，发承包双方不能以工程量变化作为合同价款调整的依据；当合同价款是依据发包人提供的工程量清单确定的，发承包双方应依据承包人最终实际完成的工程量（包括清单错、漏项，工程变更）调整确定工程合同价款。

但这类合同仅适用于工程量不太大且能精确计算、工期较短、技术不太复杂、风险不大的项目。因而采用这种合同类型要求建设单位必须准备详细而全面的设计图纸（一般要求施工详图）和各项说明，使承包单位能准确计算工程量。

采用这类合同对承包商有一定的风险，总价被承包商接受一般不得变动，因为如果设计图纸和说明书不太详细，未知数比较多，或者遇到材料突然涨价、地质条件和气候条件恶劣等意外情况，承包人就难以据此比较精确地估算造价，承担的风险就会增大。

（二）单价合同

1. 定义

单价合同是发承包双方约定以工程量清单及其综合单价进行合同价款计算、调整和确认的建设工程施工合同。

2. 单价合同的调整

实行工程量清单计价的工程，一般应采用单价合同方式，即合同中工程量清单项目的综合单价在合同给定的条件内固定不变，超过合同约定的条件时，依据合同约定进行调整；工程量清单项目及工程量依据承包人实际完成且应予以计量的工程量确定。

这类合同的适用范围比较宽，其风险可以得到合理的分摊，发包人承担量的风险，承包人承担报价的风险。

（三）其他价格形式合同

其他价格形式合同，如成本加酬金与定额计价以及其他合同类型。在此只介绍成本加酬金合同。

1. 成本加酬金合同概念

成本加酬金合同又称成本补偿合同，是按工程实际发生的成本，加上商定的总管理费和利润，来确定工程总价。工程实际发生的成本，主要包括人工费、材料费、施工机械使用费、其他直接费和施工管理费以及各项独立费，但不包括承包企业的总管理费和应缴所得税。

成本加酬金合同，是由业主向承包单位支付工程项目的实际成本，并按事先约定的某一种方式支付酬金的合同类型。在这类合同中，业主需承担项目实际发生的一切费用，因此也就承担了项目的全部风险。而承包单位由于无风险，其报酬往往也较低。

2. 成本加酬金分类

（1）成本加固定百分数酬金。计算式为

$$C = C_d(1 + P)$$

C——总造价；C_d——实际发生的工程成本；P——固定的百分数。

这种承包方式，对发包人（建设单位）不利，因为工程总造价 C 随工程成本 C_d 增大而相应增大，这样承包人不仅不会注意对成本的精打细算，反而会希望成本增大，不能有效地鼓励承包商降低成本、缩短工期。现在这种承包方式已很少被采用。

（2）成本加固定酬金。计算式为

$$C = C_d + F$$

F——固定酬金。其余符号含义同前。

酬金采取事先商定一个固定数目的办法，通常是按估算的工程成本的一定百分比确定，数额固定不变。这种承包方式克服了酬金随成本水涨船高的现象，它虽不能鼓励承包商关心降低成本，但可鼓励承包商为尽快取得酬金而关心缩短工期。有时，为鼓励承包人更好地完成任务，也可在固定酬金之外，再根据工程质量、工期和降低成本情况另加奖金，且奖金所占比例的上限可以大于固定酬金。

（3）成本加浮动酬金。成本加浮动酬金承包方式的做法，通常是由双方事先商定工程成本和酬金的预期水平，然后将实际发生的工程成本与预期水平相比较，如果实际成本恰好等于预期成本，工程造价就是成本加固定酬金；如果实际成本低于预期成本，则增加酬金；如果实际成本高于预期成本，则减少酬金。上述三种情形的计算式分别为：

如 $C_d = C_0$，则 $C = C_d + F$；

如 $C_d < C_0$，则 $C = C_d + F + \Delta F$；

如 $C_d > C_0$，则 $C = C_d + F - \Delta F$。

C 代表工程总造价；C_d 代表实际发生的工程成本；C_0 表示预期成本；F 代表固定酬金；ΔF 表示酬金增减部分，可以是一个百分数，也可以是一个固定的绝对数。

采用这种承包方式，通常要限定减少酬金的最高限度，为原定的固定酬金数额。这就意味着，承包人可能碰到的最糟糕的情况只是得不到任何酬金，而不必承担实际成本超支部分的赔偿责任。采用成本加浮动酬金的承包方式，优点是对发包人、承包人双方都没有太大风险，同时也能促使承包商关心降低成本和缩短工期；缺点是在实践中估算预期成本比较困难，预期成本估算要达到70%以上的精度才较为理想，而这对发包人、承包人双方的经验要求已相当高了。

3. 成本加酬金合同适用范围

成本加酬金合同主要适用于以下项目：

（1）需要立即开展工作的项目，如震后的救灾工作。

（2）新型的工程项目，或对项目工程内容及技术经济指标未确定。

（3）风险很大的项目。

三、施工合同类型的选择

选择合同类型应考虑以下因素：

（1）项目规模和工期长短。如果项目的规模较小，工期较短，则合同类型的选择余地较大，总价合同、单价合同及成本加酬金合同都可选择。由于选择总价合同业主可以不承担风险，业主比较愿意选用：对这类项目，承包人同意采用总价合同的可能性较大，因为这类项目风险小，不可预测因素少。

（2）项目的竞争情况。如果在某一时期和某一地点，愿意承包某一项目的承包人较多，则业主拥有较多的主动权，可按照总价合同、单价合同、成本加酬金合同的顺序进行选择。如果愿意承包项目承包人较少，则承包人拥有的主动权较多，可以尽量选择承包人愿意采用的合同类型。

（3）项目的复杂程度。如果项目的复杂程度较高，则意味着：一是对承包人的技术水平要求高；二是项目的风险较大。因此，承包人对合同的选择有较大的主动权，总价合同被选用的可能性较小。如果项目的复杂程度低，则业主对合同类型的选择握有较大的主动权。

（4）项目的单项工程的明确程度。如果单项工程的类别和工程量都已十分明确，则可选用的合同类型较多，总价合同、单价合同、成本加酬金合同都可以选择。如果单项工程的分类已详细而明确，但实际工程量与预计的工程量可能有较大出入时，则应优先选择单价合同，此时单价合同为最合理的合同类型。如果单项工程的分类和工程量都不甚明确，则无法采用单价合同。

（5）项目准备时间的长短。项目的准备包括业主的准备工作和承包人的准备工作。对于不同的合同类型，他们分别需要不同的准备时间和准备费用。对于一些非常紧急的项目，如抢险救灾等项目，给予业主和承包人的准备时间都非常短，因此，只能采用成本加酬金的合同形式。反之，则可采用单价或总价合同形式。

（6）项目的外部环境因素。项目的外部环境因素包括：项目所在地区的政治局势、经济局势因素（如通货膨胀、经济发展速度等）、劳动力素质（当地）、交通、生活条件等。如果项目的外部环境恶劣则意味着项目的成本高、风险大、不可预测的因素多，承包商很难接受总价合同方式，而较适合采用成本加酬金合同。

总之，在选择合同类型时，一般情况下是业主占有主动权。但业主不能单纯考虑己方利益，应当综合考虑项目的各种因素，考虑承包商的承受能力，确定双方都能认可的合同类型。

四、施工合同的谈判

进行施工合同的谈判应考虑以下策略：

（1）平等协商。在合同谈判中，双方应对每个条款作具体的商讨，争取修改对自己不利的苛刻的条款，增加承包商权益的保护条款。对重大问题不能客气和让步，针锋相对。承包商切不可在观念上把自己放在被动地位上，有处处"依附于人"的感觉。

（2）积极地争取自己的正当权益。合同法和其他经济法规赋予合同双方以平等的法律地位和权力。但在实际经济活动中，这个地位和权力还要靠承包商自己争取。而且在合同中，这个"平等"常常难以具体地衡量。如果合同一方自己放弃这个权力，盲目地、草率地签订合同，致使自己处于不利地位，受到损失，法律对他也难以提供帮助和保护。

（3）标前谈判。在决标前，即承包商尚要与几个对手竞争时，必须慎重，处于守势，尽量少提出对合同文本做较大的修改，否则容易引起业主的反感。在中标后，即业主已选定承包商作为中标人，应积极争取修改风险型条款和过于苛刻的条款，对原则问题不能退让和客气。

（4）标后谈判。由于这时已经确定承包商中标，其他的投标人已被排斥在外，所以承包商应积极主动，争取对自己有利的妥协方案。

1）应与业主商讨，争取一个合理的施工准备期。这对整个工程施工有很大好处。一般业主希望或要求承包商"毫不拖延"地开工。承包商如果无条件答应，则会很被动，因为人员、设备、材料进场，临时设施的搭设需要一定的时间。

2）确定自己的目标。对准备谈什么，达到什么，要有准备。

3）研究对方的目标和兴趣所在。在此基础上准备让步方案、平衡方案。由于标后谈判是双方对合同条件的进一步完善，双方必须都作让步，才能被双方接受，所以要考虑到多方案的妥协，争取主动。

4）以真诚合作的态度进行谈判。由于合同已经成立，准备工作必须紧锣密鼓地进行。千万不能让对方认为承包商在找借口不开工，或中标了，又要提高价格。即使对方不让步，也不要争执。否则会造成一个很不好的气氛，紧张的开端，影响整个工程的实施。在整个标后谈判中承包商应防止自己违约，防止业主找到理由扣留承包商的投标保函。

任务二　建设工程施工合同

一、施工合同文本的组成

施工合同的内容复杂、涉及面宽，如果当事人缺乏经验，所订合同常易发生难以处理的纠纷。为了避免当事人遗漏和纠纷的产生，根据有关工程建设施工的法律、法规，结合我国工程建设施工的实际情况，并借鉴国际上广泛使用的土木工程施工合同（特别是 FIDIC 土木工程施工合同条件），住房城乡建设部、国家工商行政管理总局对《建设工程施工合同（示范文本）》（GF－1999－0201）进行了修订，制定了《建设工程施工合同（示范文本）》（GF－2013－0201）（以下简称《示范文本》）。《示范文本》是有关国家机关或者权威组织为了规范、引导人们正确地订立合同，提前拟订的、供当事人在订立合同时参考使用的合同文本。《示范文本》为非强制性使用文本。《示范文本》适用于房屋建筑工程、土木工程、线路管道和设备安装工程、装修工程等建设工程的施工承发包活动，合同当事人可结合建设工程具体情况，根据《示范文本》订立合同，并按照法律法规规定和合同约定承担相应的法律责任及合同权利义务。

　　《示范文本》由《协议书》《通用合同条款》《专用合同条款》三部分组成，并附有十一个附件，分别是协议书附件：附件一《承包人承揽工程项目一览表》；专用合同条款附件：附件二《发包人供应材料设备一览表》、附件三《工程质量保修书》、附件四《主要建设工程文件目录》、附件五《承包人用于本工程施工的机械设备表》、附件六《承包人主要施工管理人员表》、附件七《分包人主要施工管理人员表》、附件八《履约担保格式》、附件九《预付款担保格式》、附件十《支付担保格式》、附件十一《暂估价一览表》。

　　1. 《协议书》

　　《协议书》是施工合同的总纲性法律文件，经过双方当事人签字盖章后合同即成立。《示范文本》合同协议书共计13条，主要包括：工程概况、合同工期、质量标准、签约合同价和合同价格形式、项目经理、合同文件构成、承诺以及合同生效条件等重要内容，集中约定了合同当事人基本的合同权利义务。

　　2. 《通用合同条款》

　　《通用合同条款》是在广泛总结国内工程实施成功经验和失败教训的基础上，参考FIDIC《土木工程施工合同条件》相关内容的规定，编制的规范承发包双方履行合同义务的标准化条款，是合同当事人根据《中华人民共和国建筑法》《中华人民共和国合同法》等法律法规的规定，就工程建设的实施及相关事项，对合同当事人的权利义务做出的原则性约定。

　　通用合同条款共计20条，具体条款分别为：一般约定、发包人、承包人、监理人、工程质量、安全文明施工与环境保护、工期和进度、材料与设备、试验与检验、变更、价格调整、合同价格、计量与支付、验收和工程试车、竣工结算、缺陷责任与保修、违约、不可抗力、保险、索赔和争议解决。前述条款安排既考虑了现行法律法规对工程建设的有关要求，也考虑了建设工程施工管理的特殊需要。《通用合同条款》适用于各类建设工程施工的条款，在使用时不作任何改动。

　　3. 《专用合同条款》

　　专用合同条款是对通用合同条款原则性约定的细化、完善、补充、修改或另行约定的条款。合同当事人可以根据不同建设工程的特点及具体情况，通过双方的谈判、协商对相应的专用合同条款进行修改补充。具体工程项目编制专用条款的原则是，结合项目特点，针对通用条款的内容进行补充或修正，达到相同序号的通用条款和专用条款共同组成对某一方面问题内容完备的约定。因此专用条款的序号不必依此排列，通用条件已构成完善的部分不需重复抄录，只按对通用条款部分需要补充、细化甚至弃用的条款作相应说明，按照通用条款对该问题的编号顺序排列即可。在使用专用合同条款时，应注意以下事项：

　　（1）专用合同条款的编号应与相应的通用合同条款的编号一致。

　　（2）合同当事人可以通过对专用合同条款的修改，满足具体建设工程的特殊要求，避免直接修改通用合同条款。

　　（3）在专用合同条款中有横道线的地方，合同当事人可针对相应的通用合同条款进行细化、完善、补充、修改或另行约定；如无细化、完善、补充、修改或另行约定，则填写"无"或划"/"。

　　4. 附件

　　示范文本为使用者提供了《承包人承揽工程项目一览表》《发包人供应材料设备一览表》《工程质量保修书》《主要建设工程文件目录》《承包人用于本工程施工的机械设备表》

《承包人主要施工管理人员表》《分包人主要施工管理人员表》《履约担保格式》《预付款担保格式》《支付担保格式》《暂估价一览表》等十一个附件，如果具体项目的实施为包工包料承包，则可以不使用发包人供应材料设备表。

二、施工合同文件的组成及解释顺序

施工合同文件应能相互解释、互为说明。除专用条款另有约定外，组成施工合同的文件和优先解释顺序为：

（1）双方签署的合同协议书。

（2）中标通知书。

（3）投标函及其附录。

（4）专用合同条款及其附件：是发包人与承包人根据法律、行政法规规定，结合具体工程实际，经协商达成一致意见的条款，是对通用条款的具体化、补充或修改。

（5）通用合同条款：是根据法律、行政法规规定及建设工程施工的需要订立，通用于建设工程施工的条款。它代表我国的工程施工惯例。

（6）技术标准和要求：本工程所适用的标准、规范及有关技术文件在专用条款中约定，包括：

1）适用的我国国家标准、规范的名称。

2）没有国家标准、规范但有行业标准、规范的，则约定适用行业标准、规范的名称。

3）没有国家和行业标准、规范的，则约定适用工程所在地的地方标准、规范的名称。发包人应按专用条款约定的时间向承包人提供一式两份约定的标准、规范。

4）国内没有相应标准、规范的，由发包人按专用条款约定的时间向承包人提出施工技术要求，承包人按约定的时间和要求提出施工工艺，经发包人认可后执行。

5）若发包人要求使用国外标准、规范的，应负责提供中文译本。所发生的购买和翻译标准、规范或制定施工工艺的费用，由发包人承担。

（7）图纸：指由发包人提供或由承包人提供并经发包人批准，满足承包人施工需要的所有图纸（包括配套说明和有关资料）。发包人应按专用条款约定的日期和套数，向承包人提供图纸。承包人需要增加图纸套数的，发包人应代为复制，复制费用由承包人承担。若发包人对工程有保密要求的，应在专用条款中提出，保密措施费用由发包人承担，承包人在约定保密期限内履行保密义务。承包人未经发包人同意，不得将本工程图纸转给第三人。工程质量保修期满后，除承包人存档需要的图纸外，应将全部图纸退还给发包人。承包人应在施工现场保留一套完整图纸，供工程师及有关人员进行工程检查时使用。

（8）已标价工程量清单或预算书。

（9）其他合同文件。

上述各项合同文件包括合同当事人就该项合同文件所做出的补充和修改，属于同一类内容的文件，应以最新签署的为准。

在合同订立及履行过程中形成的与合同有关的文件均构成合同文件组成部分，并根据其性质确定优先解释顺序。

合同履行中，双方有关工程的洽商、变更等书面协议或文件视为本合同的组成部分。在不违反法律和行政法规的前提下，当事人可以通过协商变更合同的内容，这些变更的协议或文件的效力高于其他合同文件，且签署在后的协议或文件效力高于签署在先的协议或文件。

当合同文件内容含糊不清或不相一致时，在不影响工程正常进行的情况下，由发包人承包人协商解决。双方也可以提请监理人做出解释。双方协商不成或不同意监理人的解释时，按有关争议的约定处理。

施工合同文件使用汉语语言文字书写、解释和说明。如专用条款约定使用两种以上（含两种）语言文字时，汉语应为解释和说明施工合同的标准语言文字。在少数民族地区，双方可以约定使用少数民族语言文字书写和解释、说明施工合同。

三、《示范文本》中相关词语定义与解释

（一）合同当事人及其他相关方

（1）合同当事人：是指发包人和（或）承包人。

（2）发包人：是指与承包人签订合同协议书的当事人及取得该当事人资格的合法继承人。

（3）承包人：是指与发包人签订合同协议书的，具有相应工程施工承包资质的当事人及取得该当事人资格的合法继承人。

（4）监理人：是指在专用合同条款中指明的，受发包人委托按照法律规定进行工程监督管理的法人或其他组织。

（5）设计人：是指在专用合同条款中指明的，受发包人委托负责工程设计并具备相应工程设计资质的法人或其他组织。

（6）分包人：是指按照法律规定和合同约定，分包部分工程或工作，并与承包人签订分包合同的具有相应资质的法人。

（7）发包人代表：是指由发包人任命并派驻施工现场在发包人授权范围内行使发包人权利的人。

（8）项目经理：是指由承包人任命并派驻施工现场，在承包人授权范围内负责合同履行，且按照法律规定具有相应资格的项目负责人。

（9）总监理工程师：是指由监理人任命并派驻施工现场进行工程监理的总负责人。

（二）日期和期限

（1）开工日期：包括计划开工日期和实际开工日期。计划开工日期是指合同协议书约定的开工日期；实际开工日期是指监理人按照开工通知约定发出的符合法律规定的开工通知中载明的开工日期。

（2）竣工日期：包括计划竣工日期和实际竣工日期。计划竣工日期是指合同协议书约定的竣工日期；实际竣工日期按照竣工日期的约定确定。

（3）工期：是指在合同协议书约定的承包人完成工程所需的期限，包括按照合同约定所作的期限变更。

（4）缺陷责任期：是指承包人按照合同约定承担缺陷修复义务，且发包人预留质量保证金的期限，自工程实际竣工日期起计算。

（5）保修期：是指承包人按照合同约定对工程承担保修责任的期限，从工程竣工验收合格之日起计算。

（6）基准日期：招标发包的工程以投标截止日前 28 天的日期为基准日期，直接发包的

工程以合同签订日前 28 天的日期为基准日期。

（三）合同价格和费用

（1）签约合同价：是指发包人和承包人在合同协议书中确定的总金额，包括安全文明施工费、暂估价及暂列金额等。

（2）合同价格：是指发包人用于支付承包人按照合同约定完成承包范围内全部工作的金额，包括合同履行过程中按合同约定发生的价格变化。

（3）费用：是指为履行合同所发生的或将要发生的所有必需的开支，包括管理费和应分摊的其他费用，但不包括利润。

（4）暂估价：是指发包人在工程量清单或预算书中提供的用于支付必然发生但暂时不能确定价格的材料、工程设备的单价、专业工程以及服务工作的金额。

（5）暂列金额：是指发包人在工程量清单或预算书中暂定并包括在合同价格中的一笔款项，用于工程合同签订时尚未确定或者不可预见的所需材料、工程设备、服务的采购，施工中可能发生的工程变更、合同约定调整因素出现时的合同价格调整以及发生的索赔、现场签证确认等的费用。

（6）计日工：是指合同履行过程中，承包人完成发包人提出的零星工作或需要采用计日工计价的变更工作时，按合同中约定的单价计价的一种方式。

（7）质量保证金：是指按照《示范文本》第 15.3 款"质量保证金"约定承包人用于保证其在缺陷责任期内履行缺陷修补义务的担保。

（8）总价项目：是指在现行国家、行业以及地方的计量规则中无工程量计算规则，在已标价工程量清单或预算书中以总价或以费率形式计算的项目。

任务三 施工合同的管理

一、合同中各方权利和义务

（一）发包人权利和义务

1. 图纸的提供和交底

发包人应按照专用合同条款约定的期限、数量和内容向承包人免费提供图纸，并组织承包人、监理人和设计人进行图纸会审和设计交底。发包人至迟不得晚于开工通知载明的开工日期前 14 天向承包人提供图纸。

因发包人未按合同约定提供图纸导致承包人费用增加和（或）工期延误的，按照因发包人原因导致工期延误约定办理。

2. 对化石、文物的保护

发包人、监理人和承包人应按有关政府行政管理部门要求，对施工现场发掘的所有文物、古迹以及具有地质研究或考古价值的其他遗迹、化石、钱币或物品采取妥善的保护措施，由此增加的费用和（或）延误的工期由发包人承担。

3. 出入现场的权利

发包人应根据施工需要，负责取得出入施工现场所需的批准手续和全部权利，以及取得因施工所需修建道路、桥梁以及其他基础设施的权利，并承担相关手续费用和建设费用。承包人应协助发包人办理修建场内外道路、桥梁以及其他基础设施的手续。

4. 场外交通

发包人应提供场外交通设施的技术参数和具体条件，承包人应遵守有关交通法规，严格按照道路和桥梁的限制荷载行驶，执行有关道路限速、限行、禁止超载的规定，并配合交通管理部门的监督和检查。场外交通设施无法满足工程施工需要的，由发包人负责完善并承担相关费用。

5. 场内交通

发包人应提供场内交通设施的技术参数和具体条件，并应按照专用合同条款的约定向承包人免费提供满足工程施工所需的场内道路和交通设施。因承包人原因造成上述道路或交通设施损坏的，承包人负责修复并承担由此增加的费用。

6. 许可或批准

发包人应遵守法律，并办理法律规定由其办理的许可、批准或备案，包括但不限于建设用地规划许可证，建设工程规划许可证，建设工程施工许可证，施工所需临时用水、临时用电、中断道路交通、临时占用土地等许可和批准。发包人应协助承包人办理法律规定的有关施工证件和批件。

因发包人原因未能及时办理完毕前述许可、批准或备案，由发包人承担由此增加的费用和（或）延误的工期，并支付承包人合理的利润。

7. 发包人人员

发包人应要求在施工现场的发包人人员遵守法律及有关安全、质量、环境保护、文明施工等规定，并保障承包人免于承受因发包人人员未遵守上述要求给承包人造成的损失和责任。

发包人人员包括发包人代表及其他由发包人派驻施工现场的人员。

发包人应在专用合同条款中明确其派驻施工现场的发包人代表的姓名、职务、联系方式及授权范围等事项。发包人代表在发包人的授权范围内，负责处理合同履行过程中与发包人有关的具体事宜。发包人代表在授权范围内的行为由发包人承担法律责任。发包人更换发包人代表的，应提前7天书面通知承包人。

发包人代表不能按照合同约定履行其职责及义务，并导致合同无法继续正常履行的，承包人可以要求发包人撤换发包人代表。

不属于法定必须监理的工程，监理人的职权可以由发包人代表或发包人指定的其他人员行使。

8. 提供施工现场、施工条件和基础资料

除专用合同条款另有约定外，发包人应最迟于开工日期7天前向承包人移交施工现场，并负责施工所需要的条件和基础资料，包括：

（1）将施工用水、电力、通信线路等施工所必需的条件接至施工现场内。

（2）保证向承包人提供正常施工所需要的进入施工现场的交通条件。

（3）协调处理施工现场周围地下管线和邻近建筑物、构筑物、古树名木的保护工作，并承担相关费用。

（4）按照专用合同条款约定应提供的其他设施和条件。

（5）发包人应当在移交施工现场前向承包人提供施工现场及工程施工所必需的毗邻区

域内供水、排水、供电、供气、供热、通信、广播电视等地下管线资料，气象和水文观测资料，地质勘查资料，相邻建筑物、构筑物和地下工程等有关基础资料，并对所提供资料的真实性、准确性和完整性负责。按照法律规定确需在开工后方能提供的基础资料，发包人应尽其努力及时地在相应工程施工前的合理期限内提供，合理期限应以不影响承包人的正常施工为限。

因发包人原因未能按合同约定及时向承包人提供施工现场、施工条件、基础资料的，由发包人承担由此增加的费用和（或）延误的工期。

9. 资金来源证明及支付担保

除专用合同条款另有约定外，发包人应在收到承包人要求提供资金来源证明的书面通知后28天内，向承包人提供能够按照合同约定支付合同价款的相应资金来源证明。如发包人要求承包人提供履约担保的，发包人应当向承包人提供支付担保。支付担保可以采用银行保函或担保公司担保等形式，具体由合同当事人在专用合同条款中约定。

10. 支付合同价款

发包人应按合同约定向承包人及时支付合同价款。

11. 组织竣工验收

发包人应按合同约定及时组织竣工验收。

12. 现场统一管理协议

发包人应与承包人、由发包人直接发包的专业工程的承包人签订施工现场统一管理协议，明确各方的权利义务。施工现场统一管理协议作为专用合同条款的附件。

如发包人未履行合同约定义务，给承包人造成损失的，发包人应承担因其违约给承包人增加的费用和（或）延误的工期，并支付承包人合理的利润。此外，合同当事人可在专用合同条款中另行约定发包人违约责任的承担方式和计算方法。

（二）承包人权利和义务

1. 承包人的一般义务

承包人在履行合同过程中应遵守法律和工程建设标准规范，并履行以下义务：

（1）办理法律规定应由承包人办理的许可和批准，并将办理结果书面报送发包人留存。

（2）按法律规定和合同约定完成工程，并在保修期内承担保修义务。

（3）按法律规定和合同约定采取施工安全和环境保护措施，办理工伤保险，确保工程及人员、材料、设备和设施的安全。

（4）按合同约定的工作内容和施工进度要求，编制施工组织设计和施工措施计划，并对所有施工作业和施工方法的完备性和安全可靠性负责。

（5）在进行合同约定的各项工作时，不得侵害发包人与他人使用公用道路、水源、市政管网等公共设施的权利，避免对邻近的公共设施产生干扰。承包人占用或使用他人的施工场地，影响他人作业或生活的，应承担相应责任。

（6）按照环境保护约定负责施工场地及其周边环境与生态的保护工作。

（7）按安全文明施工约定采取施工安全措施，确保工程及其人员、材料、设备和设施的安全，防止因工程施工造成的人身伤害和财产损失。

（8）将发包人按合同约定支付的各项价款专用于合同工程，且应及时支付其雇用人员工资，并及时向分包人支付合同价款。

（9）按照法律规定和合同约定编制竣工资料，完成竣工资料立卷及归档，并按专用合同条款约定的竣工资料的套数、内容、时间等要求移交发包人。

（10）应履行的其他义务。

承包人未能履行上述各项义务，给发包人造成损失的，承包人应承担因其违约行为而增加的费用和（或）延误的工期。此外，合同当事人可在专用合同条款中另行约定承包人违约责任的承担方式和计算方法。

2. 承包人的职责

承包人除履行以上义务外，还应执行以下职责：

（1）承包人人员：除专用合同条款另有约定外，承包人应在接到开工通知后7天内，向监理人提交承包人项目管理机构及施工现场人员安排的报告，其内容应包括合同管理、施工、技术、材料、质量、安全、财务等主要施工管理人员名单及其岗位、注册执业资格等，以及各工种技术工人的安排情况，并同时提交主要施工管理人员与承包人之间的劳动关系证明和缴纳社会保险的有效证明。

承包人派驻到施工现场的主要施工管理人员应相对稳定。施工过程中如有变动，承包人应及时向监理人提交施工现场人员变动情况的报告。承包人更换主要施工管理人员时，应提前7天书面通知监理人，并征得发包人书面同意。通知中应当载明继任人员的注册执业资格、管理经验等资料。

特殊工种作业人员均应持有相应的资格证明，监理人可以随时检查。

发包人对于承包人主要施工管理人员的资格或能力有异议的，承包人应提供资料证明被质疑人员有能力完成其岗位工作或不存在发包人所质疑的情形。发包人要求撤换不能按照合同约定履行职责及义务的主要施工管理人员的，承包人应当撤换。承包人无正当理由拒绝撤换的，应按照专用合同条款的约定承担违约责任。

除专用合同条款另有约定外，承包人的主要施工管理人员离开施工现场每月累计不超过5天的，应报监理人同意；离开施工现场每月累计超过5天的，应通知监理人，并征得发包人书面同意。主要施工管理人员离开施工现场前应指定一名有经验的人员临时代行其职责，该人员应具备履行相应职责的资格和能力，且应征得监理人或发包人的同意。

承包人擅自更换主要施工管理人员，或前述人员未经监理人或发包人同意擅自离开施工现场的，应按照专用合同条款约定承担违约责任。

（2）承包人现场查勘：承包人应对基于发包人按照提供基础资料提交的基础资料所做出的解释和推断负责，但因基础资料存在错误、遗漏导致承包人解释或推断失实的，由发包人承担责任。

承包人应对施工现场和施工条件进行查勘，并充分了解工程所在地的气象条件、交通条件、风俗习惯以及其他与完成合同工作有关的其他资料。因承包人未能充分查勘、了解前述情况或未能充分估计前述情况所可能产生后果的，承包人承担由此增加的费用和（或）延误的工期。

（3）承包人对分包进行管理：承包人不得将其承包的全部工程转包给第三人，或将其承包的全部工程肢解后以分包的名义转包给第三人。承包人不得将工程主体结构、关键性工作及专用合同条款中禁止分包的专业工程分包给第三人，主体结构、关键性工作的范围由合同当事人按照法律规定在专用合同条款中予以明确。

承包人不得以劳务分包的名义转包或违法分包工程。

承包人应按专用合同条款的约定进行分包，确定分包人。已标价工程量清单或预算书中给定暂估价的专业工程，按照暂估价确定分包人。按照合同约定进行分包的，承包人应确保分包人具有相应的资质和能力。工程分包不减轻或免除承包人的责任和义务，承包人和分包人就分包工程向发包人承担连带责任。除合同另有约定外，承包人应在分包合同签订后 7 天内向发包人和监理人提交分包合同副本。

承包人应向监理人提交分包人的主要施工管理人员表，并对分包人的施工人员进行实名制管理，包括但不限于进出场管理、登记造册以及各种证照的办理。

除双方约定生效法律文书要求发包人向分包人支付分包合同价款的，发包人有权从应付承包人工程款中扣除该部分分款或专用合同条款另有约定外，分包合同价款由承包人与分包人结算，未经承包人同意，发包人不得向分包人支付分包工程价款。

（4）工程照管与成品、半成品保护：除专用合同条款另有约定外，自发包人向承包人移交施工现场之日起，承包人应负责照管工程及工程相关的材料、工程设备，直到颁发工程接收证书之日止。

在承包人负责照管期间，因承包人原因造成工程、材料、工程设备损坏的，由承包人负责修复或更换，并承担由此增加的费用和（或）延误的工期。

对合同内分期完成的成品和半成品，在工程接收证书颁发前，由承包人承担保护责任。因承包人原因造成成品或半成品损坏的，由承包人负责修复或更换，并承担由此增加的费用和（或）延误的工期。

（5）履约担保：发包人需要承包人提供履约担保的，由合同当事人在专用合同条款中约定履约担保的方式、金额及期限等。履约担保可以采用银行保函或担保公司担保等形式，具体由合同当事人在专用合同条款中约定。

因承包人原因导致工期延长的，继续提供履约担保所增加的费用由承包人承担；非因承包人原因导致工期延长的，继续提供履约担保所增加的费用由发包人承担。

（6）联合体要求：联合体各方应共同与发包人签订合同协议书。联合体各方应为履行合同向发包人承担连带责任。联合体协议经发包人确认后作为合同附件。在履行合同过程中，未经发包人同意，不得修改联合体协议。联合体牵头人负责与发包人和监理人联系，并接受指示，负责组织联合体各成员全面履行合同。

（三）项目经理

1. 项目经理的产生

项目经理应为合同当事人所确认的人选，并在专用合同条款中明确项目经理的姓名、职称、注册执业证书编号、联系方式及授权范围等事项，项目经理经承包人授权后代表承包人负责履行合同。项目经理应是承包人正式聘用的员工，承包人应向发包人提交项目经理与承包人之间的劳动合同，以及承包人为项目经理缴纳社会保险的有效证明。承包人不提交上述文件的，项目经理无权履行职责，发包人有权要求更换项目经理，由此增加的费用和（或）延误的工期由承包人承担。

2. 项目经理的更换

承包人需要更换项目经理的，应提前 14 天书面通知发包人和监理人，并征得发包人书面同意。通知中应当载明继任项目经理的注册执业资格、管理经验等资料，继任项目经理继续履行约定的项目经理职责。未经发包人书面同意，承包人不得擅自更换项目经理。承包人擅自更换项目经理的，应按照专用合同条款的约定承担违约责任。发包人有权书面通知承包人更换其认为不称职的项目经理，通知中应当载明要求更换的理由。承包人应在接到更换通知后 14 天内向发包人提出书面的改进报告。发包人收到改进报告后仍要求更换的，承包人应在接到第二次更换通知的 28 天内进行更换，并将新任命的项目经理的注册执业资格、管理经验等资料书面通知发包人。继任项目经理继续履行约定的项目经理职责。承包人无正当理由拒绝更换项目经理的，应按照专用合同条款的约定承担违约责任。

3. 项目经理的职责

（1）驻地要求：项目经理应常驻施工现场，且每月在施工现场时间不得少于专用合同条款约定的天数。项目经理不得同时担任其他项目的项目经理。项目经理确需离开施工现场时，应事先通知监理人，并取得发包人的书面同意。项目经理的通知中应当载明临时代行其职责的人员的注册执业资格、管理经验等资料，该人员应具备履行相应职责的能力。

承包人违反上述约定的，应按照专用合同条款的约定，承担违约责任。

（2）组织施工：项目经理按合同约定组织工程实施。在紧急情况下为确保施工安全和人员安全，在无法与发包人代表和总监理工程师及时取得联系时，项目经理有权采取必要的措施保证与工程有关的人身、财产和工程的安全，但应在 48 小时内向发包人代表和总监理工程师提交书面报告。

项目经理因特殊情况授权其下属人员履行其某项工作职责的，该下属人员应具备履行相应职责的能力，并应提前 7 天将上述人员的姓名和授权范围书面通知监理人，并征得发包人书面同意。

（四）监理人

1. 监理人的一般规定

工程实行监理的，发包人和承包人应在专用合同条款中明确监理人的监理内容及监理权限等事项。监理人应当根据发包人授权及法律规定，代表发包人对工程施工相关事项进行检查、查验、审核、验收，并签发相关指示，但监理人无权修改合同，且无权减轻或免除合同约定的承包人的任何责任与义务。除专用合同条款另有约定外，监理人在施工现场的办公场所、生活场所由承包人提供，所发生的费用由发包人承担。

2. 监理人员

发包人授予监理人对工程实施监理的权利由监理人派驻施工现场的监理人员行使，监理人员包括总监理工程师及监理工程师。监理人应将授权的总监理工程师和监理工程师的姓名及授权范围以书面形式提前通知承包人。更换总监理工程师的，监理人应提前 7 天书面通知承包人；更换其他监理人员，监理人应提前 48 小时书面通知承包人。

3. 监理人的指示

监理人应按照发包人的授权发出监理指示。监理人的指示应采用书面形式，并经其授权的监理人员签字。紧急情况下，为了保证施工人员的安全或避免工程受损，监理人员可以口头形式发出指示，该指示与书面形式的指示具有同等法律效力，但必须在发出口头指示后

24 小时内补发书面监理指示，补发的书面监理指示应与口头指示一致。

监理人发出的指示应送达承包人项目经理或经项目经理授权接收的人员。因监理人未能按合同约定发出指示、指示延误或发出了错误指示而导致承包人费用增加和（或）工期延误的，由发包人承担相应责任。

承包人对监理人发出的指示有疑问的，应向监理人提出书面异议，监理人应在 48 小时内对该指示予以确认、更改或撤销，监理人逾期未回复的，承包人有权拒绝执行上述指示。监理人对承包人的任何工作、工程或其采用的材料和工程设备未在约定的或合理期限内提出意见的，视为批准，但不免除或减轻承包人对该工作、工程、材料、工程设备等应承担的责任和义务。

4. 商定或确定

合同当事人进行商定或确定时，总监理工程师应当会同合同当事人尽量通过协商达成一致，不能达成一致的，由总监理工程师按照合同约定审慎做出公正的确定。

总监理工程师应将确定以书面形式通知发包人和承包人，并附详细依据。合同当事人对总监理工程师的确定没有异议的，按照总监理工程师的确定执行。任何一方合同当事人有异议，按照争议解决约定处理。争议解决前，合同当事人暂按总监理工程师的确定执行；争议解决后，争议解决的结果与总监理工程师的确定不一致的，按照争议解决的结果执行，由此造成的损失由责任人承担。

二、施工合同中工程质量的管理

工程施工中的质量管理是施工合同履行中的重要环节。施工合同的质量管理涉及许多方面的因素，任何一个方面的缺陷和疏漏，都会使工程质量无法达到预期的标准。《示范文本》中的大量条款都与工程质量有关。项目经理必须严格按照合同的约定抓好施工质量，施工质量好坏是衡量项目经理管理水平的重要标准。

建筑施工企业的经理要对本企业的工程质量负责，并建立有效的质量保证体系。施工企业的总工程师和技术负责人要协助经理管好质量工作。施工企业应当逐级建立质量责任制。项目经理（现场负责人）要对本施工现场内所有单位工程的质量负责；栋号工程要对单位工程质量负责；生产班组要对分项工程质量负责。现场施工员、工长、质量检验员和关键工种工人必须经过考核取得岗位证书后，方可上岗。企业内各级职能部门必须按企业规定对各自的工作质量负责。

（一）质量要求

（1）工程质量标准必须符合现行国家有关工程施工质量验收规范和标准的要求。有关工程质量的特殊标准或要求由合同当事人在专用合同条款中约定。

（2）因发包人原因造成工程质量未达到合同约定标准的，由发包人承担由此增加的费用和（或）延误的工期，并支付承包人合理的利润。

（3）因承包人原因造成工程质量未达到合同约定标准的，发包人有权要求承包人返工直至工程质量达到合同约定的标准为止，并由承包人承担由此增加的费用和（或）延误的工期。

（二）质量保证措施

1. 发包人的质量管理

发包人应按照法律规定及合同约定完成与工程质量有关的各项工作。

2. 承包人的质量管理

承包人按照施工组织设计约定向发包人和监理人提交工程质量保证体系及措施文件，建立完善的质量检查制度，并提交相应的工程质量文件。对于发包人和监理人违反法律规定和合同约定的错误指示，承包人有权拒绝实施。

承包人应对施工人员进行质量教育和技术培训，定期考核施工人员的劳动技能，严格执行施工规范和操作规程。

承包人应按照法律规定和发包人的要求，对材料、工程设备以及工程的所有部位及其施工工艺进行全过程的质量检查和检验，并作详细记录，编制工程质量报表，报送监理人审查。此外，承包人还应按照法律规定和发包人的要求，进行施工现场取样试验、工程复核测量和设备性能检测，提供试验样品、提交试验报告和测量成果以及其他工作。

3. 监理人的质量检查和检验

监理人按照法律规定和发包人授权对工程的所有部位及其施工工艺、材料和工程设备进行检查和检验。承包人应为监理人的检查和检验提供方便，包括监理人到施工现场，或制造、加工地点，或合同约定的其他地方进行察看和查阅施工原始记录。监理人为此进行的检查和检验，不免除或减轻承包人按照合同约定应当承担的责任。

监理人的检查和检验不应影响施工正常进行。监理人的检查和检验影响施工正常进行的，且经检查检验不合格的，影响正常施工的费用由承包人承担，工期不予顺延；经检查检验合格的，由此增加的费用和（或）延误的工期由发包人承担。

（三）隐蔽工程检查

1. 承包人自检

承包人应当对工程隐蔽部位进行自检，并经自检确认是否具备覆盖条件。

2. 检查程序

除专用合同条款另有约定外，工程隐蔽部位经承包人自检确认具备覆盖条件的，承包人应在共同检查前48小时书面通知监理人检查，通知中应载明隐蔽检查的内容、时间和地点，并应附有自检记录和必要的检查资料。

监理人应按时到场并对隐蔽工程及其施工工艺、材料和工程设备进行检查。经监理人检查确认质量符合隐蔽要求，并在验收记录上签字后，承包人才能进行覆盖。经监理人检查质量不合格的，承包人应在监理人指示的时间内完成修复，并由监理人重新检查，由此增加的费用和（或）延误的工期由承包人承担。

除专用合同条款另有约定外，监理人不能按时进行检查的，应在检查前24小时向承包人提交书面延期要求，但延期不能超过48小时，由此导致工期延误的，工期应予以顺延。监理人未按时进行检查，也未提出延期要求的，视为隐蔽工程检查合格，承包人可自行完成覆盖工作，并作相应记录报送监理人，监理人应签字确认。

监理人事后对检查记录有疑问的，可按重新检查的约定重新检查。

3. 重新检查

承包人覆盖工程隐蔽部位后，发包人或监理人对质量有疑问的，可要求承包人对已覆盖的部位进行钻孔探测或揭开重新检查，承包人应遵照执行，并在检查后重新覆盖恢复原状。经检查证明工程质量符合合同要求的，由发包人承担由此增加的费用和（或）延误的工期，并支付承包人合理的利润；经检查证明工程质量不符合合同要求的，由此增加的费用和（或）延误的工期由承包人承担。

4. 承包人私自覆盖

承包人未通知监理人到场检查，私自将工程隐蔽部位覆盖的，监理人有权指示承包人钻孔探测或揭开检查，无论工程隐蔽部位质量是否合格，由此增加的费用和（或）延误的工期均由承包人承担。

（四）不合格工程的处理

（1）因承包人原因造成工程不合格的，发包人有权随时要求承包人采取补救措施，直至达到合同要求的质量标准，由此增加的费用和（或）延误的工期由承包人承担。无法补救的，按照拒绝接收全部或部分工程约定执行。

（2）因发包人原因造成工程不合格的，由此增加的费用和（或）延误的工期由发包人承担，并支付承包人合理的利润。

（五）质量争议检测

合同当事人对工程质量有争议的，由双方协商确定的工程质量检测机构鉴定，由此产生的费用及因此造成的损失，由责任方承担。

合同当事人均有责任的，由双方根据其责任分别承担。合同当事人无法达成一致的，按照商定或确定执行。

（六）安全文明施工与环境保护

1. 安全文明施工

（1）安全生产要求。合同履行期间，合同当事人均应当遵守国家和工程所在地有关安全生产的要求，合同当事人有特别要求的，应在专用合同条款中明确施工项目安全生产标准化达标目标及相应事项。承包人有权拒绝发包人及监理人强令承包人违章作业、冒险施工的任何指示。

在施工过程中，如遇到突发的地质变动、事先未知的地下施工障碍等影响施工安全的紧急情况，承包人应及时报告监理人和发包人，发包人应当及时下令停工并报政府有关行政管理部门采取应急措施。

因安全生产需要暂停施工的，按照暂停施工的约定执行。

（2）安全生产保证措施。承包人应当按照有关规定编制安全技术措施或者专项施工方案，建立安全生产责任制度、治安保卫制度及安全生产教育培训制度，并按安全生产法律规定及合同约定履行安全职责，如实编制工程安全生产的有关记录，接受发包人、监理人及政府安全监督部门的检查与监督。

（3）特别安全生产事项。承包人应按照法律规定进行施工，开工前做好安全技术交底工作，施工过程中做好各项安全防护措施。承包人为实施合同而雇用的特殊工种的人员应受过专门的培训并已取得政府有关管理机构颁发的上岗证书。

承包人在动力设备、输电线路、地下管道、密封防震车间、易燃易爆地段以及临街交通要道附近施工时，施工开始前应向发包人和监理人提出安全防护措施，经发包人认可后实施。实施爆破作业，在放射、毒害性环境中施工（含储存、运输、使用）及使用毒害性、腐蚀性物品施工时，承包人应在施工前 7 天以书面通知发包人和监理人，并报送相应的安全防护措施，经发包人认可后实施。

需单独编制危险性较大分部分项专项工程施工方案的，及要求进行专家论证的超过一定规模的危险性较大的分部分项工程，承包人应及时编制和组织论证。

（4）治安保卫。除专用合同条款另有约定外，发包人应与当地公安部门协商，在现场建立治安管理机构或联防组织，统一管理施工场地的治安保卫事项，履行合同工程的治安保卫职责。

发包人和承包人除应协助现场治安管理机构或联防组织维护施工场地的社会治安外，还应做好包括生活区在内的各自管辖区的治安保卫工作。

除专用合同条款另有约定外，发包人和承包人应在工程开工后 7 天内共同编制施工场地治安管理计划，并制定应对突发治安事件的紧急预案。在工程施工过程中，发生暴乱、爆炸等恐怖事件，以及群殴、械斗等群体性突发治安事件的，发包人和承包人应立即向当地政府报告。发包人和承包人应积极协助当地有关部门采取措施平息事态，防止事态扩大，尽量避免人员伤亡和财产损失。

（5）文明施工。承包人在工程施工期间，应当采取措施保持施工现场平整，物料堆放整齐。工程所在地有关政府行政管理部门有特殊要求的，按照其要求执行。合同当事人对文明施工有其他要求的，可以在专用合同条款中明确。

在工程移交之前，承包人应当从施工现场清除承包人的全部工程设备、多余材料、垃圾和各种临时工程，并保持施工现场清洁整齐。经发包人书面同意，承包人可在发包人指定的地点保留承包人履行保修期内的各项义务所需要的材料、施工设备和临时工程。

（6）紧急情况处理。在工程实施期间或缺陷责任期内发生危及工程安全的事件，监理人通知承包人进行抢救，承包人声明无能力或不愿立即执行的，发包人有权雇用其他人员进行抢救。此类抢救按合同约定属于承包人义务的，由此增加的费用和（或）延误的工期由承包人承担。

（7）事故处理。工程施工过程中发生事故的，承包人应立即通知监理人，监理人应立即通知发包人。发包人和承包人应立即组织人员和设备进行紧急抢救和抢修，减少人员伤亡和财产损失，防止事故扩大，并保护事故现场。需要移动现场物品时，应作出标记和书面记录，妥善保管有关证据。发包人和承包人应按国家有关规定，及时如实地向有关部门报告事故发生的情况，以及正在采取的紧急措施等。

（8）安全生产责任。发包人应负责赔偿以下各种情况造成的损失：

1）工程或工程的任何部分对土地的占用所造成的第三者财产损失。

2）由于发包人原因在施工场地及其毗邻地带造成的第三者人身伤亡和财产损失。

3）由于发包人原因对承包人、监理人造成的人员人身伤亡和财产损失。

4）由于发包人原因造成的发包人自身人员的人身伤害以及财产损失。

由于承包人原因在施工场地内及其毗邻地带造成的发包人、监理人以及第三者人员伤亡和财产损失，由承包人负责赔偿。

2. 职业健康

（1）劳动保护。承包人应按照法律规定安排现场施工人员的劳动和休息时间，保障劳动者的休息时间，并支付合理的报酬和费用。承包人应依法为其履行合同所雇用的人员办理必要的证件、许可、保险和注册等，承包人应督促其分包人为分包人所雇用的人员办理必要的证件、许可、保险和注册等。

承包人应按照法律规定保障现场施工人员的劳动安全，并提供劳动保护，并应按国家有关劳动保护的规定，采取有效的防止粉尘、降低噪声、控制有害气体和保障高温、高寒、高空作业安全等劳动保护措施。承包人雇用人员在施工中受到伤害的，承包人应立即采取有效措施进行抢救和治疗。承包人应按法律规定安排工作时间，保证其雇佣人员享有休息和休假的权利。因工程施工的特殊需要占用休假日或延长工作时间的，应不超过法律规定的限度，并按法律规定给予补休或付酬。

（2）生活条件。承包人应为其履行合同所雇用的人员提供必要的膳宿条件和生活环境；承包人应采取有效措施预防传染病，保证施工人员的健康，并定期对施工现场、施工人员生活基地和工程进行防疫和卫生的专业检查和处理，在远离城镇的施工场地，还应配备必要的伤病防治和急救的医务人员与医疗设施。

（3）环境保护。承包人应在施工组织设计中列明环境保护的具体措施。在合同履行期间，承包人应采取合理措施保护施工现场环境。对施工作业过程中可能引起的大气、水、噪声以及固体废物污染采取具体可行的防范措施。

承包人应当承担因其原因引起的环境污染侵权损害赔偿责任，因上述环境污染引起纠纷而导致暂停施工的，由此增加的费用和（或）延误的工期由承包人承担。

（七）材料与设备

1. 发包人供应材料与工程设备

发包人自行供应材料、工程设备的，应在签订合同时在专用合同条款的附件《发包人供应材料设备一览表》中明确材料、工程设备的品种、规格、型号、数量、单价、质量等级和送达地点。

承包人应提前30天通过监理人以书面形式通知发包人供应材料与工程设备进场。承包人按照施工进度计划的修订约定修订施工进度计划时，需同时提交经修订后的发包人供应材料与工程设备的进场计划。

发包人应按《发包人供应材料设备一览表》约定的内容提供材料和工程设备，并向承包人提供产品合格证明及出厂证明，对其质量负责。发包人应提前24小时以书面形式通知承包人、监理人材料和工程设备到货时间，承包人负责材料和工程设备的清点、检验和接收。

发包人提供的材料和工程设备的规格、数量或质量不符合合同约定的，或因发包人原因导致交货日期延误或交货地点变更等情况的，按照发包人违约约定办理。

发包人供应的材料和工程设备，承包人清点后由承包人妥善保管，保管费用由发包人承担，但已标价工程量清单或预算书已经列支或专用合同条款另有约定除外。因承包人原因发生丢失毁损的，由承包人负责赔偿；监理人未通知承包人清点的，承包人不负责材料和工程设备的保管，由此导致丢失毁损的由发包人负责。发包人供应的材料和工程设备使用前，由承包人负责检验，检验费用由发包人承担，不合格的不得使用。

2. 承包人采购材料与工程设备

承包人负责采购材料、工程设备的，应按照设计和有关标准要求采购，并提供产品合格证明及出厂证明，对材料、工程设备质量负责。合同约定由承包人采购的材料、工程设备，发包人不得指定生产厂家或供应商，发包人违反本款约定指定生产厂家或供应商的，承包人有权拒绝，并由发包人承担相应责任。

承包人采购的材料和工程设备，应保证产品质量合格，承包人应在材料和工程设备到货前24小时通知监理人检验。承包人进行永久设备、材料的制造和生产的，应符合相关质量标准，并向监理人提交材料的样本以及有关资料，并应在使用该材料或工程设备之前获得监理人同意。

承包人采购的材料和工程设备不符合设计或有关标准要求时，承包人应在监理人要求的合理期限内将不符合设计或有关标准要求的材料、工程设备运出施工现场，并重新采购符合要求的材料、工程设备，由此增加的费用和（或）延误的工期，由承包人承担。

承包人采购的材料和工程设备由承包人妥善保管，保管费用由承包人承担。法律规定材料和工程设备使用前必须进行检验或试验的，承包人应按监理人的要求进行检验或试验，检验或试验费用由承包人承担，不合格的不得使用。

发包人或监理人发现承包人使用不符合设计或有关标准要求的材料和工程设备时，有权要求承包人进行修复、拆除或重新采购，由此增加的费用和（或）延误的工期，由承包人承担。

3. 禁止使用不合格的材料和工程设备

监理人有权拒绝承包人提供的不合格材料或工程设备，并要求承包人立即进行更换。监理人应在更换后再次进行检查和检验，由此增加的费用和（或）延误的工期由承包人承担。

监理人发现承包人使用了不合格的材料和工程设备，承包人应按照监理人的指示立即改正，并禁止在工程中继续使用不合格的材料和工程设备。

发包人提供的材料或工程设备不符合合同要求的，承包人有权拒绝，并可要求发包人更换，由此增加的费用和（或）延误的工期由发包人承担，并支付承包人合理的利润。

4. 材料与工程设备的替代

（1）出现下列情况需要使用替代材料和工程设备的，承包人应按照第（2）项约定的程序执行：

① 基准日期后生效的法律规定禁止使用的。

② 发包人要求使用替代品的。

③ 因其他原因必须使用替代品的。

（2）承包人应在使用替代材料和工程设备28天前书面通知监理人，并附下列文件：

① 被替代的材料和工程设备的名称、数量、规格、型号、品牌、性能、价格及其他相关资料。

② 替代品的名称、数量、规格、型号、品牌、性能、价格及其他相关资料。

③ 替代品与被替代产品之间的差异以及使用替代品可能对工程产生的影响。

④ 替代品与被替代产品的价格差异。

⑤ 使用替代品的理由和原因说明。

⑥ 监理人要求的其他文件。

监理人应在收到通知后14天内向承包人发出经发包人签认的书面指示；监理人逾期发出书面指示的，视为发包人和监理人同意使用替代品。

（3）发包人认可使用替代材料和工程设备的，替代材料和工程设备的价格，按照已标价工程量清单或预算书相同项目的价格认定；无相同项目的，参考相似项目价格认定；既无相同项目也无相似项目的，按照合理的成本与利润构成的原则，由合同当事人按照商定或确定价格。

5. 施工设备和临时设施

（1）承包人提供的施工设备和临时设施。承包人应按合同进度计划的要求，及时配置施工设备和修建临时设施。进入施工场地的承包人设备需经监理人核查后才能投入使用。承包人更换合同约定的承包人设备的，应报监理人批准。

除专用合同条款另有约定外，承包人应自行承担修建临时设施的费用，需要临时占地的，应由发包人办理申请手续并承担相应费用。

（2）发包人提供的施工设备和临时设施。发包人提供的施工设备或临时设施在专用合同条款中约定。

（3）要求承包人增加或更换施工设备。承包人使用的施工设备不能满足合同进度计划和（或）质量要求时，监理人有权要求承包人增加或更换施工设备，承包人应及时增加或更换，由此增加的费用和（或）延误的工期由承包人承担。

6. 材料与设备专用要求

承包人运入施工现场的材料、工程设备、施工设备以及在施工场地建设的临时设施，包括备品备件、安装工具与资料，必须专用于工程。未经发包人批准，承包人不得运出施工现场或挪作他用；经发包人批准，承包人可以根据施工进度计划撤走闲置的施工设备和其他物品。

（八）试验与检验

1. 试验设备与试验人员

承包人根据合同约定或监理人指示进行的现场材料试验，应由承包人提供试验场所、试验人员、试验设备以及其他必要的试验条件。监理人在必要时可以使用承包人提供的试验场所、试验设备以及其他试验条件，进行以工程质量检查为目的的材料复核试验，承包人应予以协助。

承包人应按专用合同条款的约定提供试验设备、取样装置、试验场所和试验条件，并向监理人提交相应进场计划表。

承包人配置的试验设备要符合相应试验规程的要求并经过具有资质的检测单位检测，且在正式使用该试验设备前，需要经过监理人与承包人共同核定。

承包人应向监理人提交试验人员的名单及其岗位、资格等证明资料，试验人员必须能够熟练进行相应的检测试验，承包人对试验人员的试验程序和试验结果的正确性负责。

2. 取样

试验属于自检性质的，承包人可以单独取样。试验属于监理人抽检性质的，可由监理人取样，也可由承包人的试验人员在监理人的监督下取样。

3. 材料、工程设备和工程的试验和检验

承包人应按合同约定进行材料、工程设备和工程的试验和检验，并为监理人对上述材料、工程设备和工程的质量检查提供必要的试验资料和原始记录。按合同约定应由监理人与承包人共同进行试验和检验的，由承包人负责提供必要的试验资料和原始记录。

试验属于自检性质的，承包人可以单独进行试验。试验属于监理人抽检性质的，监理人可以单独进行试验，也可由承包人与监理人共同进行。承包人对由监理人单独进行的试验结果有异议的，可以申请重新共同进行试验。约定共同进行试验的，监理人未按照约定参加试验的，承包人可自行试验，并将试验结果报送监理人，监理人应承认该试验结果。

监理人对承包人的试验和检验结果有异议的，或为查清承包人试验和检验成果的可靠性要求承包人重新试验和检验的，可由监理人与承包人共同进行。重新试验和检验的结果证明该项材料、工程设备或工程的质量不符合合同要求的，由此增加的费用和（或）延误的工期由承包人承担；重新试验和检验结果证明该项材料、工程设备和工程符合合同要求的，由此增加的费用和（或）延误的工期由发包人承担。

4. 现场工艺试验

承包人应按合同约定或监理人指示进行现场工艺试验。对大型的现场工艺试验，监理人认为必要时，承包人应根据监理人提出的工艺试验要求，编制工艺试验措施计划，报送监理人审查。

（九）变更

1. 变更的范围

除专用合同条款另有约定外，合同履行过程中发生以下情形的，应按照本条约定进行变更：

（1）增加或减少合同中任何工作，或追加额外的工作。

（2）取消合同中任何工作，但转由他人实施的工作除外。

（3）改变合同中任何工作的质量标准或其他特性。

（4）改变工程的基线、标高、位置和尺寸。

（5）改变工程的时间安排或实施顺序。

2. 变更权

发包人和监理人均可以提出变更。变更指示均通过监理人发出，监理人发出变更指示前应征得发包人同意。承包人收到经发包人签认的变更指示后，方可实施变更。未经许可，承包人不得擅自对工程的任何部分进行变更。

涉及设计变更的，应由设计人提供变更后的图纸和说明。如变更超过原设计标准或批准的建设规模时，发包人应及时办理规划、设计变更等审批手续。

3. 变更程序

（1）发包人提出变更。发包人提出变更的，应通过监理人向承包人发出变更指示，变更指示应说明计划变更的工程范围和变更的内容。

（2）监理人提出变更建议。监理人提出变更建议的，需要向发包人以书面形式提出变更计划，说明计划变更工程范围和变更的内容、理由，以及实施该变更对合同价格和工期的影响。发包人同意变更的，由监理人向承包人发出变更指示。发包人不同意变更的，监理人无权擅自发出变更指示。

（3）变更执行。承包人收到监理人下达的变更指示后，认为不能执行，应立即提出不能执行该变更指示的理由。承包人认为可以执行变更的，应当书面说明实施该变更指示对合同价格和工期的影响，且合同当事人应当按照变更价款调整约定确定变更估价。

（十）验收和试车

1. 竣工验收条件

工程具备以下条件的，承包人可以申请竣工验收：

（1）除发包人同意的甩项工作和缺陷修补工作外，合同范围内的全部工程以及有关工作，包括合同要求的试验、试运行以及检验均已完成，并符合合同要求。

（2）已按合同约定编制了甩项工作和缺陷修补工作清单以及相应的施工计划。

（3）已按合同约定的内容和份数备齐竣工资料。

2. 竣工验收程序

除专用合同条款另有约定外，承包人申请竣工验收的，应当按照以下程序进行：

（1）承包人向监理人报送竣工验收申请报告，监理人应在收到竣工验收申请报告后14天内完成审查并报送发包人。监理人审查后认为尚不具备验收条件的，应通知承包人在竣工验收前承包人还需完成的工作内容，承包人应在完成监理人通知的全部工作内容后，再次提交竣工验收申请报告。

（2）监理人审查后认为已具备竣工验收条件的，应将竣工验收申请报告提交发包人，发包人应在收到经监理人审核的竣工验收申请报告后28天内审批完毕并组织监理人、承包人、设计人等相关单位完成竣工验收。

（3）竣工验收合格的，发包人应在验收合格后14天内向承包人签发工程接收证书。发包人无正当理由逾期不颁发工程接收证书的，自验收合格后第15天起视为已颁发工程接收证书。

（4）竣工验收不合格的，监理人应按照验收意见发出指示，要求承包人对不合格工程返工、修复或采取其他补救措施，由此增加的费用和（或）延误的工期由承包人承担。承包人在完成不合格工程的返工、修复或采取其他补救措施后，应重新提交竣工验收申请报告，并按本项约定的程序重新进行验收。

（5）工程未经验收或验收不合格，发包人擅自使用的，应在转移占有工程后7天内向承包人颁发工程接收证书；发包人无正当理由逾期不颁发工程接收证书的，自转移占有后第15天起视为已颁发工程接收证书。

除专用合同条款另有约定外，发包人不按照本项约定组织竣工验收、颁发工程接收证书的，每逾期一天，应以签约合同价为基数，按照中国人民银行发布的同期同类贷款基准利率支付违约金。

3. 竣工日期

工程经竣工验收合格的，以承包人提交竣工验收申请报告之日为实际竣工日期，并在工程接收证书中载明；因发包人原因，未在监理人收到承包人提交的竣工验收申请报告42天内完成竣工验收，或完成竣工验收不予签发工程接收证书的，以提交竣工验收申请报告的日期为实际竣工日期；工程未经竣工验收，发包人擅自使用的，以转移占有工程之日为实际竣工日期。

4. 拒绝接收全部或部分工程

对于竣工验收不合格的工程，承包人完成整改后，应当重新进行竣工验收，经重新组织验收仍不合格的且无法采取措施补救的，则发包人可以拒绝接收不合格工程，因不合格工程导致其他工程不能正常使用的，承包人应采取措施确保相关工程的正常使用，由此增加的费用和（或）延误的工期由承包人承担。

5. 移交、接收全部与部分工程

除专用合同条款另有约定外，合同当事人应当在颁发工程接收证书后 7 天内完成工程的移交。发包人无正当理由不接收工程的，发包人自应当接收工程之日起，承担工程照管、成品保护、保管等与工程有关的各项费用，合同当事人可以在专用合同条款中另行约定发包人逾期接收工程的违约责任。

承包人无正当理由不移交工程的，承包人应承担工程照管、成品保护、保管等与工程有关的各项费用，合同当事人可以在专用合同条款中另行约定承包人无正当理由不移交工程的违约责任。

6. 工程试车

（1）试车程序。工程需要试车的，除专用合同条款另有约定外，试车内容应与承包人承包范围相一致，试车费用由承包人承担。工程试车应按如下程序进行：

1）具备单机无负荷试车条件，承包人组织试车，并在试车前 48 小时书面通知监理人，通知中应载明试车内容、时间、地点。承包人准备试车记录，发包人根据承包人要求为试车提供必要条件。试车合格的，监理人在试车记录上签字。监理人在试车合格后不在试车记录上签字，自试车结束满 24 小时后视为监理人已经认可试车记录，承包人可继续施工或办理竣工验收手续。

监理人不能按时参加试车，应在试车前 24 小时以书面形式向承包人提出延期要求，但延期不能超过 48 小时，由此导致工期延误的，工期应予以顺延。监理人未能在前述期限内提出延期要求，又不参加试车的，视为认可试车记录。

2）具备无负荷联动试车条件，发包人组织试车，并在试车前 48 小时以书面形式通知承包人。通知中应载明试车内容、时间、地点和对承包人的要求，承包人按要求做好准备工作。试车合格，合同当事人在试车记录上签字。承包人无正当理由不参加试车的，视为认可试车记录。

（2）试车中的责任。因设计原因导致试车达不到验收要求，发包人应要求设计人修改设计，承包人按修改后的设计重新安装。发包人承担修改设计、拆除及重新安装的全部费用，工期相应顺延。因承包人原因导致试车达不到验收要求，承包人按监理人要求重新安装和试车，并承担重新安装和试车的费用，工期不予顺延。

因工程设备制造原因导致试车达不到验收要求的，由采购该工程设备的合同当事人负责重新购置或修理，承包人负责拆除和重新安装，由此增加的修理、重新购置、拆除及重新安装的费用及延误的工期由采购该工程设备的合同当事人承担。

（3）投料试车。如需进行投料试车的，发包人应在工程竣工验收后组织投料试车。发包人要求在工程竣工验收前进行或需要承包人配合时，应征得承包人同意，并在专用合同条款中约定有关事项。投料试车合格的，费用由发包人承担；因承包人原因造成投料试车不合格的，承包人应按照发包人要求进行整改，由此产生的整改费用由承包人承担；非因承包人原因导致投料试车不合格的，如发包人要求承包人进行整改的，由此产生的费用由发包人承担。

7. 提前交付单位工程的验收

（1）发包人需要在工程竣工前使用单位工程的，或承包人提出提前交付已经竣工的单位工程且经发包人同意的，可进行单位工程验收，验收的程序按照竣工验收的约定进行。

验收合格后，由监理人向承包人出具经发包人签认的单位工程接收证书。已签发单位工程接收证书的单位工程由发包人负责照管。单位工程的验收成果和结论作为整体工程竣工验收申请报告的附件。

（2）发包人要求在工程竣工前交付单位工程，由此导致承包人费用增加和（或）工期延误的，由发包人承担由此增加的费用和（或）延误的工期，并支付承包人合理的利润。

8. 施工期运行

（1）施工期运行是指合同工程尚未全部竣工，其中某项或某几项单位工程或工程设备安装已竣工，根据专用合同条款约定，需要投入施工期运行的，经发包人按提前交付单位工程的验收的约定验收合格，证明能确保安全后，才能在施工期投入运行。

（2）在施工期运行中发现工程或工程设备损坏或存在缺陷的，由承包人按缺陷责任期约定进行修复。

9. 竣工退场

（1）竣工退场。颁发工程接收证书后，承包人应按以下要求对施工现场进行清理：

① 施工现场内残留的垃圾已全部清除出场。

② 临时工程已拆除，场地已进行清理、平整或复原。

③ 按合同约定应撤离的人员、承包人施工设备和剩余的材料，包括废弃的施工设备和材料，已按计划撤离施工现场。

④ 施工现场周边及其附近道路、河道的施工堆积物，已全部清理。

⑤ 施工现场其他场地清理工作已全部完成。

施工现场的竣工退场费用由承包人承担。承包人应在专用合同条款约定的期限内完成竣工退场，逾期未完成的，发包人有权出售或另行处理承包人遗留的物品，由此支出的费用由承包人承担，发包人出售承包人遗留物品所得款项在扣除必要费用后应返还承包人。

（2）地表还原。承包人应按发包人要求恢复临时占地及清理场地，承包人未按发包人的要求恢复临时占地，或者场地清理未达到合同约定要求的，发包人有权委托其他人恢复或清理，所发生的费用由承包人承担。

（十一）缺陷责任与保修

1. 工程保修的原则

在工程移交发包人后，因承包人原因产生的质量缺陷，承包人应承担质量缺陷责任和保修义务。缺陷责任期届满，承包人仍应按合同约定的工程各部位保修年限承担保修义务。

2. 缺陷责任期

缺陷责任期自实际竣工日期起计算，合同当事人应在专用合同条款约定缺陷责任期的具体期限，但该期限最长不超过 24 个月。

单位工程先于全部工程进行验收，经验收合格并交付使用的，该单位工程缺陷责任期自单位工程验收合格之日起算。因发包人原因导致工程无法按合同约定期限进行竣工验收的，缺陷责任期自承包人提交竣工验收申请报告之日起开始计算；发包人未经竣工验收擅自使用工程的，缺陷责任期自工程转移占有之日起开始计算。

工程竣工验收合格后，因承包人原因导致的缺陷或损坏致使工程、单位工程或某项主要设备不能按原定目的使用的，则发包人有权要求承包人延长缺陷责任期，并应在原缺陷责任期届满前发出延长通知，但缺陷责任期最长不能超过 24 个月。

任何一项缺陷或损坏修复后，经检查证明其影响了工程或工程设备的使用性能，承包人应重新进行合同约定的试验和试运行，试验和试运行的全部费用应由责任方承担。

除专用合同条款另有约定外，承包人应于缺陷责任期届满后 7 天内向发包人发出缺陷责任期届满通知，发包人应在收到缺陷责任期满通知后 14 天内核实承包人是否履行缺陷修复义务，承包人未能履行缺陷修复义务的，发包人有权扣除相应金额的维修费用。

发包人应在收到缺陷责任期届满通知后 14 天内，向承包人颁发缺陷责任期终止证书。

3. 保修

（1）保修责任。工程保修期从工程竣工验收合格之日起算，具体分部分项工程的保修期由合同当事人在专用合同条款中约定，但不得低于法定最低保修年限。在工程保修期内，承包人应当根据有关法律规定以及合同约定承担保修责任。发包人未经竣工验收擅自使用工程的，保修期自转移占有之日起算。

（2）工程质量保修范围与保修期。工程质量保修范围是国家强制性的规定，合同当事人不能约定减少国家规定的工程质量保修范围。工程质量保修的内容由当事人在合同中约定。质量保修期从工程竣工验收之日算起。分单项竣工验收的工程，按单项工程分别计算质量保修期。其中部分工程的最低质量保修期为：

① 基础设施工程、房屋建筑的地基基础工程和主体结构工程，为设计文件规定的该工程合理使用年限。

② 屋面防水工程、有防水要求的卫生间、房间和外墙面的防渗漏，为 5 年。

③ 供热与供冷系统，为 2 个采暖期、供冷期。

④ 电气管线、给排水管道、设备安装和装修工程，其他项目的保修期限由发包方和承包方约定。

（3）修复费用。保修期内，修复的费用按照以下约定处理：

① 保修期内，因承包人原因造成工程的缺陷、损坏，承包人应负责修复，并承担修复的费用以及因工程的缺陷、损坏造成的人身伤害和财产损失。

② 保修期内，因发包人使用不当造成工程的缺陷、损坏，可以委托承包人修复，但发包人应承担修复的费用，并支付承包人合理利润。

③ 因其他原因造成工程的缺陷、损坏，可以委托承包人修复，发包人应承担修复的费用，并支付承包人合理的利润，因工程的缺陷、损坏造成的人身伤害和财产损失由责任方承担。

（4）修复通知。在保修期内，发包人在使用过程中，发现已接收的工程存在缺陷或损坏的，应书面通知承包人予以修复，但情况紧急必须立即修复缺陷或损坏的，发包人可以口头通知承包人并在口头通知后 48 小时内书面确认，承包人应在专用合同条款约定的合理期限内到达工程现场并修复缺陷或损坏。

（5）未能修复。因承包人原因造成工程的缺陷或损坏，承包人拒绝维修或未能在合理期限内修复缺陷或损坏，且经发包人书面催告后仍未修复的，发包人有权自行修复或委托第三方修复，所需费用由承包人承担。但修复范围超出缺陷或损坏范围的，超出范围部分的修复费用由发包人承担。

（6）承包人出入权。在保修期内，为了修复缺陷或损坏，承包人有权出入工程现场，除情况紧急必须立即修复缺陷或损坏外，承包人应提前 24 小时通知发包人进场修复的时间。承包人进入工程现场前应获得发包人同意，且不应影响发包人正常的生产经营，并应遵守发包人有关保安和保密等规定。

（十二）不可抗力

1. 不可抗力的确认

不可抗力是指合同当事人在签订合同时不可预见，在合同履行过程中不可避免且不能克服的自然灾害和社会性突发事件，如地震、海啸、瘟疫、骚乱、戒严、暴动、战争和专用合同条款中约定的其他情形。

不可抗力发生后，发包人和承包人应收集证明不可抗力发生及不可抗力造成损失的证据，并及时认真统计所造成的损失。合同当事人对是否属于不可抗力或其损失的意见不一致的，由监理人按商定或确定的约定处理。发生争议时，按争议解决的约定处理。

2. 不可抗力的通知

合同一方当事人遇到不可抗力事件，使其履行合同义务受到阻碍时，应立即通知合同另一方当事人和监理人，书面说明不可抗力和受阻碍的详细情况，并提供必要的证明。

不可抗力持续发生的，合同一方当事人应及时向合同另一方当事人和监理人提交中间报告，说明不可抗力和履行合同受阻的情况，并于不可抗力事件结束后 28 天内提交最终报告及有关资料。

3. 不可抗力后果的承担

（1）不可抗力引起的后果及造成的损失由合同当事人按照法律规定及合同约定各自承担。不可抗力发生前已完成的工程应当按照合同约定进行计量支付。

（2）不可抗力导致的人员伤亡、财产损失、费用增加和（或）工期延误等后果，由合同当事人按以下原则承担：

① 永久工程、已运至施工现场的材料和工程设备的损坏，以及因工程损坏造成的第三方人员伤亡和财产损失由发包人承担。

② 承包人施工设备的损坏由承包人承担。

③ 发包人和承包人承担各自人员伤亡和财产的损失。

④ 因不可抗力影响承包人履行合同约定的义务，已经引起或将引起工期延误的，应当顺延工期，由此导致承包人停工的费用损失由发包人和承包人合理分担，停工期间必须支付的工人工资由发包人承担。

⑤ 因不可抗力引起或将引起工期延误，发包人要求赶工的，由此增加的赶工费用由发包人承担。

⑥ 承包人在停工期间按照发包人要求照管、清理和修复工程的费用由发包人承担。不可抗力发生后，合同当事人均应采取措施尽量避免和减少损失的扩大，任何一方当事人没有采取有效措施导致损失扩大的，应对扩大的损失承担责任。因合同一方迟延履行合同义务，在迟延履行期间遭遇不可抗力的，不免除其违约责任。

4. 因不可抗力解除合同

因不可抗力导致合同无法履行连续超过 84 天或累计超过 140 天的，发包人和承包人均有权解除合同。合同解除后，由双方当事人按照商定或确定商定或确定发包人应支付的款项，该款项包括：

① 合同解除前承包人已完成工作的价款。

② 承包人为工程订购的并已交付给承包人，或承包人有责任接受交付的材料、工程设备和其他物品的价款。

③ 发包人要求承包人退货或解除订货合同而产生的费用，或因不能退货或解除合同而产生的损失。

④ 承包人撤离施工现场以及遣散承包人人员的费用。

⑤ 按照合同约定在合同解除前应支付给承包人的其他款项。

⑥ 扣减承包人按照合同约定应向发包人支付的款项。

⑦ 双方商定或确定的其他款项。

除专用合同条款另有约定外，合同解除后，发包人应在商定或确定上述款项后28天内完成上述款项的支付。

（十三）保险

1. 工程保险

除专用合同条款另有约定外，发包人应投保建筑工程一切险或安装工程一切险；发包人委托承包人投保的，因投保产生的保险费和其他相关费用由发包人承担。

2. 工伤保险

发包人应依照法律规定参加工伤保险，并为在施工现场的全部员工办理工伤保险，缴纳工伤保险费，并要求监理人及由发包人为履行合同聘请的第三方依法参加工伤保险。

承包人应依照法律规定参加工伤保险，并为其履行合同的全部员工办理工伤保险，缴纳工伤保险费，并要求分包人及由承包人为履行合同聘请的第三方依法参加工伤保险。

3. 其他保险

发包人和承包人可以为其施工现场的全部人员办理意外伤害保险并支付保险费，包括其员工及为履行合同聘请的第三方的人员，具体事项由合同当事人在专用合同条款约定。除专用合同条款另有约定外，承包人应为其施工设备等办理财产保险。

4. 持续保险

合同当事人应与保险人保持联系，使保险人能够随时了解工程实施中的变动，并确保按保险合同条款要求持续保险。

5. 保险凭证

合同当事人应及时向另一方当事人提交其已投保的各项保险的凭证和保险单复印件。

6. 未按约定投保的补救

发包人未按合同约定办理保险，或未能使保险持续有效的，则承包人可代为办理，所需费用由发包人承担。发包人未按合同约定办理保险，导致未能得到足额赔偿的，由发包人负责补足。

承包人未按合同约定办理保险，或未能使保险持续有效的，则发包人可代为办理，所需费用由承包人承担。承包人未按合同约定办理保险，导致未能得到足额赔偿的，由承包人负责补足。

7. 通知义务

除专用合同条款另有约定外，发包人变更除工伤保险之外的保险合同时，应事先征得承包人同意，并通知监理人；承包人变更除工伤保险之外的保险合同时，应事先征得发包人同意，并通知监理人。

保险事故发生时，投保人应按照保险合同规定的条件和期限及时向保险人报告。发包人和承包人应当在知道保险事故发生后及时通知对方。

三、施工合同中工程进度的管理

进度控制是施工合同管理的重要组成部分。合同当事人应当在合同规定的工期内完成施工任务，发包人应当按时做好准备工作，承包人应当按照施工进度计划组织施工。

（一）工期和进度

1．施工组织设计

施工组织设计应包含以下内容：

（1）施工方案。

（2）施工现场平面布置图。

（3）施工进度计划和保证措施。

（4）劳动力及材料供应计划。

（5）施工机械设备的选用。

（6）质量保证体系及措施。

（7）安全生产、文明施工措施。

（8）环境保护、成本控制措施。

（9）合同当事人约定的其他内容。

除专用合同条款另有约定外，承包人应在合同签订后 14 天内，但至迟不得晚于开工通知载明的开工日期前 7 天，向监理人提交详细的施工组织设计，并由监理人报送发包人。除专用合同条款另有约定外，发包人和监理人应在监理人收到施工组织设计后 7 天内确认或提出修改意见。对发包人和监理人提出的合理意见和要求，承包人应自费修改完善。根据工程实际情况需要修改施工组织设计的，承包人应向发包人和监理人提交修改后的施工组织设计。施工进度计划的编制和修改按照施工进度计划执行。

2．施工进度计划

（1）施工进度计划的编制。承包人应按照施工组织设计约定提交详细的施工进度计划。施工进度计划的编制应当符合国家法律规定和一般工程实践惯例，施工进度计划经发包人批准后实施。施工进度计划是控制工程进度的依据，发包人和监理人有权按照施工进度计划检查工程进度情况。

（2）施工进度计划的修订。施工进度计划不符合合同要求或与工程的实际进度不一致的，承包人应向监理人提交修订的施工进度计划，并附具有关措施和相关资料，由监理人报送发包人。除专用合同条款另有约定外，发包人和监理人应在收到修订的施工进度计划后 7 天内完成审核和批准或提出修改意见。发包人和监理人对承包人提交的施工进度计划的确认，不能减轻或免除承包人根据法律规定和合同约定应承担的任何责任或义务。

3．开工

（1）开工准备。除专用合同条款另有约定外，承包人应按照施工组织设计约定的期限，向监理人提交工程开工报审表，经监理人报发包人批准后执行。开工报审表应详细说明按施工进度计划正常施工所需的施工道路、临时设施、材料、工程设备、施工设备、施工人员等落实情况以及工程的进度安排。除专用合同条款另有约定外，合同当事人应按约定完成开工准备工作。

（2）开工通知。发包人应按照法律规定获得工程施工所需的许可。经发包人同意后，监理人发出的开工通知应符合法律规定。监理人应在计划开工日期7天前向承包人发出开工通知，工期自开工通知中载明的开工日期起算。

除专用合同条款另有约定外，因发包人原因造成监理人未能在计划开工日期之日起90天内发出开工通知的，承包人有权提出价格调整要求，或者解除合同。发包人应当承担由此增加的费用和（或）延误的工期，并向承包人支付合理利润。

4. 测量放线

（1）除专用合同条款另有约定外，发包人应在至迟不得晚于开工通知载明的开工日期前7天通过监理人向承包人提供测量基准点、基准线和水准点及其书面资料。发包人应对其提供的测量基准点、基准线和水准点及其书面资料的真实性、准确性和完整性负责。

承包人发现发包人提供的测量基准点、基准线和水准点及其书面资料存在错误或疏漏的，应及时通知监理人。监理人应及时报告发包人，并会同发包人和承包人予以核实。发包人应就如何处理和是否继续施工做出决定，并通知监理人和承包人。

（2）承包人负责施工过程中的全部施工测量放线工作，并配置具有相应资质的人员、合格的仪器、设备和其他物品。承包人应矫正工程的位置、标高、尺寸或准线中出现的任何差错，并对工程各部分的定位负责。

施工过程中对施工现场内水准点等测量标志物的保护工作由承包人负责。

5. 变更

（1）变更的范围。除专用合同条款另有约定外，合同履行过程中发生以下情形的，应按照本条约定进行变更：

① 增加或减少合同中任何工作，或追加额外的工作。

② 取消合同中任何工作，但转由他人实施的工作除外。

③ 改变合同中任何工作的质量标准或其他特性。

④ 改变工程的基线、标高、位置和尺寸。

⑤ 改变工程的时间安排或实施顺序。

（2）变更权。发包人和监理人均可以提出变更。变更指示均通过监理人发出，监理人发出变更指示前应征得发包人同意。承包人收到经发包人签认的变更指示后，方可实施变更。未经许可，承包人不得擅自对工程的任何部分进行变更。

在施工过程中如果发生设计变更，将对施工进度产生很大的影响。如果必须对设计进行变更，必须严格按照国家的规定和合同约定的程序进行。

（3）变更的程序。发包人提出变更的，应通过监理人向承包人发出变更指示，变更指示应说明计划变更的工程范围和变更的内容。

监理人提出变更建议的，需要向发包人以书面形式提出变更计划，说明计划变更工程范围和变更的内容、理由，以及实施该变更对合同价格和工期的影响。发包人同意变更的，由监理人向承包人发出变更指示。发包人不同意变更的，监理人无权擅自发出变更指示。

承包人收到监理人下达的变更指示后，认为不能执行，应立即提出不能执行该变更指示的理由。承包人认为可以执行变更的，应当书面说明实施该变更指示对合同价格和工期的影响，且合同当事人应当按照变更估价调整约定确定变更估价。

6. 工期延误

（1）因发包人原因导致工期延误。在合同履行过程中，因下列情况导致工期延误和（或）费用增加的，由发包人承担由此延误的工期和（或）增加的费用，且发包人应支付承包人合理的利润：

① 发包人未能按合同约定提供图纸或所提供图纸不符合合同约定的。

② 发包人未能按合同约定提供施工现场、施工条件、基础资料、许可、批准等开工条件的。

③ 发包人提供的测量基准点、基准线和水准点及其书面资料存在错误或疏漏的。

④ 发包人未能在计划开工日期之日起 7 天内同意下达开工通知的。

⑤ 发包人未能按合同约定日期支付工程预付款、进度款或竣工结算款的。

⑥ 监理人未按合同约定发出指示、批准等文件的。

⑦ 专用合同条款中约定的其他情形。

因发包人原因未按计划开工日期开工的，发包人应按实际开工日期顺延竣工日期，确保实际工期不低于合同约定的工期总日历天数。因发包人原因导致工期延误需要修订施工进度计划的，按照施工进度计划的修订执行。

（2）因承包人原因导致工期延误。因承包人原因造成工期延误的，可以在专用合同条款中约定逾期竣工违约金的计算方法和逾期竣工违约金的上限。承包人支付逾期竣工违约金后，不免除承包人继续完成工程及修补缺陷的义务。

7. 变更引起的工期调整

因变更引起工期变化的，合同当事人均可要求调整合同工期，由合同当事人按照商定或确定并参考工程所在地的工期定额标准确定增减工期天数。

8. 不利物质条件

不利物质条件是指有经验的承包人在施工现场遇到的不可预见的自然物质条件、非自然的物质障碍和污染物，包括地表以下物质条件和水文条件以及专用合同条款约定的其他情形，但不包括气候条件。

承包人遇到不利物质条件时，应采取克服不利物质条件的合理措施继续施工，并及时通知发包人和监理人。通知应载明不利物质条件的内容以及承包人认为不可预见的理由。监理人经发包人同意后应当及时发出指示，指示构成变更的，按变更约定执行。承包人因采取合理措施而增加的费用和（或）延误的工期由发包人承担。

9. 异常恶劣的气候条件

异常恶劣的气候条件是指在施工过程中遇到的，有经验的承包人在签订合同时不可预见的，对合同履行造成实质性影响的，但尚未构成不可抗力事件的恶劣气候条件。合同当事人可以在专用合同条款中约定异常恶劣的气候条件的具体情形。

承包人应采取克服异常恶劣的气候条件的合理措施继续施工，并及时通知发包人和监理人。监理人经发包人同意后应当及时发出指示，指示构成变更的，按变更约定办理。承包人因采取合理措施而增加的费用和（或）延误的工期由发包人承担。

10. 暂停施工

（1）发包人原因引起的暂停施工。因发包人原因引起暂停施工的，监理人经发包人同意后，应及时下达暂停施工指示。情况紧急且监理人未及时下达暂停施工指示的，按照紧急情况下的暂停施工执行。因发包人原因引起的暂停施工，发包人应承担由此增加的费用和（或）延误的工期，并支付承包人合理的利润。

（2）承包人原因引起的暂停施工。因承包人原因引起的暂停施工，承包人应承担由此增加的费用和（或）延误的工期，且承包人在收到监理人复工指示后 84 天内仍未复工的，视为承包人违约的情形约定的承包人无法继续履行合同的情形。

（3）指示暂停施工。监理人认为有必要时，并经发包人批准后，可向承包人做出暂停施工的指示，承包人应按监理人指示暂停施工。

（4）紧急情况下的暂停施工。因紧急情况需暂停施工，且监理人未及时下达暂停施工指示的，承包人可先暂停施工，并及时通知监理人。监理人应在接到通知后 24 小时内发出指示，逾期未发出指示，视为同意承包人暂停施工。

监理人不同意承包人暂停施工的，应说明理由，承包人对监理人的答复有异议，按照争议解决约定处理。

（5）暂停施工后的复工。暂停施工后，发包人和承包人应采取有效措施积极消除暂停施工的影响。在工程复工前，监理人会同发包人和承包人确定因暂停施工造成的损失，并确定工程复工条件。当工程具备复工条件时，监理人应经发包人批准后向承包人发出复工通知，承包人应按照复工通知要求复工。承包人无故拖延和拒绝复工的，承包人承担由此增加的费用和（或）延误的工期；因发包人原因无法按时复工的，按因发包人原因导致工期延误约定办理。

（6）暂停施工持续 56 天以上监理人发出暂停施工指示后 56 天内未向承包人发出复工通知，除该项停工属于承包人原因引起的暂停施工及不可抗力约定的情形外，承包人可向发包人提交书面通知，要求发包人在收到书面通知后 28 天内准许已暂停施工的部分或全部工程继续施工。发包人逾期不予批准的，则承包人可以通知发包人，将工程受影响的部分视为按变更的范围的可取消工作。

暂停施工持续 84 天以上不复工的，且不属于承包人原因引起的暂停施工及不可抗力约定的情形，并影响到整个工程以及合同目的实现的，承包人有权提出价格调整要求，或者解除合同。解除合同的，按照因发包人违约解除合同执行。

（7）暂停施工期间的工程照管。暂停施工期间，承包人应负责妥善照管工程并提供安全保障，由此增加的费用由责任方承担。

（8）暂停施工的措施。暂停施工期间，发包人和承包人均应采取必要的措施确保工程质量及安全，防止因暂停施工扩大损失。

11. 提前竣工

（1）发包人要求承包人提前竣工的，发包人应通过监理人向承包人下达提前竣工指示，承包人应向发包人和监理人提交提前竣工建议书，提前竣工建议书应包括实施的方案、缩短的时间、增加的合同价格等内容。发包人接受该提前竣工建议书的，监理人应与发包人和承包人协商采取加快工程进度的措施，并修订施工进度计划，由此增加的费用由发包人承担。承包人认为提前竣工指示无法执行的，应向监理人和发包人提出书面异议，发包人和监理人应在收到异议后 7 天内予以答复。任何情况下，发包人不得压缩合理工期。

（2）发包人要求承包人提前竣工，或承包人提出提前竣工的建议能够给发包人带来效益的，合同当事人可以在专用合同条款中约定提前竣工的奖励。

四、合同中有关工程价款的管理

《建设工程工程量清单计价规范》第七条合同价款约定中指出：实行招标的工程合同价款应在中标通知书发出之日起 30 天内，由发承包双方依据招标文件和中标人的投标文件在书面合同中约定。合同约定不得违背招、投标文件中关于工期、造价、质量等方面的实质性内容。合同中有关工程价款涉及以下内容：

（一）工程预付款

1. 预付工程款的数额

包工包料工程的预付款的支付比例不得低于签约合同价（扣除暂列金额）的 10%，不宜高于签约合同价（扣除暂列金额）的 30%。

2. 预付工程款的拨付

承包人应在签订合同或向发包人提供与预付款等额的预付款保函（如有）后向发包人提交预付款支付申请。发包人应在收到支付申请的 7 天内进行核实后向承包人发出预付款支付证书，并在签发支付证书后的 7 天内向承包人支付预付款。发包人没有按合同约定按时支付预付款的，承包人可催告发包人支付；发包人在预付款期满后的 7 天内仍未支付的，承包人可在付款期满后的第 8 天起暂停施工。发包人应承担由此增加的费用和（或）延误的工期，并向承包人支付合理利润。

3. 预付工程款的扣回

预付款应从每一个支付期应支付给承包人的工程进度款中扣回，直到扣回的金额达到合同约定的预付款金额为止。承包人的预付款保函（如有）的担保金额根据预付款扣回的数额相应递减，但在预付款全部扣回之前一直保持有效。发包人应在预付款扣完后的 14 天内将预付款保函退还给承包人。常见的预付款扣回的方式有：

（1）按公式计算起扣点抵扣额。

起扣点（起扣时已完工程价值）= 当年施工合同总值 −（预付备料款/全部材料占工程合同造价的百分比）

（2）协商确定扣还备料款。

（3）工程最后一次抵扣备料款：该方法适合与造价不高、工程简单、施工期短的工程。备料款在施工前一次拨付，施工过程中不作抵扣，当备料款加付工程款达到合同价款的 90% 时，停付工程款。

（二）安全文明施工费

安全文明施工费包括的内容和范围应以国家现行计量规范以及工程所在地省级建设行政主管部门的规定为准。

1. 安全文明施工费的支付计划

发包人应在工程开工后的 28 天内预付不低于当年施工进度计划的安全文明施工费总额的 60%，其余部分按照提前安排的原则进行分解，与进度款同期支付。

安全文明施工费由发包人承担，发包人不得以任何形式扣减该部分费用。因基准日期后合同所适用的法律或政府有关规定发生变化，增加的安全文明施工费由发包人承担。

承包人经发包人同意采取合同约定以外的安全措施所产生的费用，由发包人承担。未经发包人同意的，如果该措施避免了发包人的损失，则发包人在避免损失的额度内承担该措施费。如果该措施避免了承包人的损失，由承包人承担该措施费。

2. 安全文明施工费的使用要求

发包人没有按时支付安全文明施工费的，承包人可催告发包人支付；发包人在付款期满后的 7 天内仍未支付的，若发生安全事故，发包人应承担连带责任。

承包人对安全文明施工费应专款专用，在财务账目中单独列项备查，不得挪作他用，否则发包人有权要求其限期改正；逾期未改正的，造成的损失和（或）延误的工期由承包人承担。

（三）工程进度款

1. 工程量的确认

工程量计量按照合同约定的工程量计算规则、图纸及变更指示等进行计量。工程量计算规则应以相关的国家标准、行业标准等为依据，由合同当事人在专用合同条款中约定。发承包双方应按照合同约定的时间、程序和方法，根据工程计量结果，办理期中价款结算，支付进度款。

除专用合同条款另有约定外，工程量的计量按月进行。

（1）承包人应于每月 25 日向监理人报送上月 20 日至当月 19 日已完成的工程量报告，附具进度付款申请单、已完成工程量报表和有关资料。

（2）监理人应在收到承包人提交的工程量报告后 7 天内完成对承包人提交的工程量报表的审核并报送发包人，以确定当月实际完成的工程量。监理人对工程量有异议的，有权要求承包人进行共同复核或抽样复测。承包人应协助监理人进行复核或抽样复测，并按监理人要求提供补充计量资料。承包人未按监理人要求参加复核或抽样复测的，监理人复核或修正的工程量视为承包人实际完成的工程量。

（3）监理人未在收到承包人提交的工程量报表后的 7 天内完成审核的，承包人报送的工程量报告中的工程量视为承包人实际完成的工程量，据此计算工程价款。

（4）对承包人超出设计图纸（含设计变更）范围和因承包人原因造成返工的工程量，发包人不予计量。

2. 工程款的复核与支付（工程款进度款支付）

进度款的支付比例按照合同约定，按期中结算价款总额计，不低于 60%，不高于 90%。

进度款支付周期，应与合同约定的工程计量周期一致。

按月计量支付的，承包人按照约定的时间按月向监理人提交进度付款申请单，并附上已完成工程量报表和有关资料。

（1）进度付款申请单应包括下列内容：

① 截至本次付款周期已完成工作对应的金额。

② 根据第 10 条〔变更〕应增加和扣减的变更金额。

③ 根据预付款约定应支付的预付款和扣减的返还预付款。

④ 根据质量保证金约定应扣减的质量保证金。

⑤ 根据索赔应增加和扣减的索赔金额。

⑥ 对已签发的进度款支付证书中出现错误的修正，应在本次进度付款中支付或扣除的金额。

⑦ 根据合同约定应增加和扣减的其他金额。

（2）进度款审核和支付

① 除专用合同条款另有约定外，监理人应在收到承包人进度付款申请单以及相关资料后 7 天内完成审查并报送发包人，发包人应在收到后 7 天内完成审批并签发进度款支付证书。发包人逾期未完成审批且未提出异议的，视为已签发进度款支付证书。

发包人和监理人对承包人的进度付款申请单有异议的，有权要求承包人修正和提供补充资料，承包人应提交修正后的进度付款申请单。监理人应在收到承包人修正后的进度付款申请单及相关资料后 7 天内完成审查并报送发包人，发包人应在收到监理人报送的进度付款申请单及相关资料后 7 天内，向承包人签发无异议部分的临时进度款支付证书。存在争议的部分，按照争议解决的约定处理。

② 除专用合同条款另有约定外，发包人应在进度款支付证书或临时进度款支付证书签发后 14 天内完成支付，发包人逾期支付进度款的，应按照中国人民银行发布的同期同类贷款基准利率支付违约金。

③ 发包人签发进度款支付证书或临时进度款支付证书，不表明发包人已同意、批准或接受了承包人完成的相应部分的工作。

（3）发包人不按合同约定支付工程进度款

发包人不按合同约定支付工程进度款，双方又未达成延期付款协议，导致施工无法进行，承包人可向发包人发出通知，要求发包人采取有效措施纠正违约行为。发包人收到承包人通知后 28 天内仍不纠正违约行为的，承包人有权暂停相应部位施工，由发包人承担违约责任。

（四）合同价款调整

1. 计价风险的约定

建设工程发承包，必须在招标文件、合同中明确计价中的风险内容及其范围，不得采用无限风险、所有风险或类似语句规定计价中的风险内容及其范围。

2. 合同价款调整的因素

以下事项（但不限于）发生，发承包双方应当按照合同约定调整合同价款：

（1）法律法规变化。

（2）工程变更。

（3）项目特征描述不符。

（4）工程量清单缺项。

（5）工程量偏差。

（6）计日工。

（7）现场签证。

（8）物价变化。

（9）暂估价。

（10）不可抗力。

（11）提前竣工（赶工补偿）。

（12）误期赔偿。

（13）施工索赔。

（14）暂列金额。

（15）发承包双方约定的其他调整事项。

3. 合同价款调整的方法

（1）法律法规变化。招标工程以投标截止日前 28 天，非招标工程以合同签订前 28 天为基准日，基准日期后国家的法律、法规、规章和政策发生变化引起工程造价增减变化的，发承包双方应当按照省级或行业建设主管部门或其授权的工程造价管理机构据此发布的规定调整合同价款。

因承包人原因导致工期延误，在工期延误期间出现法律变化的调整时间在合同工程原定竣工时间之后，合同价款调增的不予调整，合同价款调减的予以调整。

（2）工程变更。工程变更引起已标价工程量清单项目或其工程数量发生变化，应按照下列规定调整：

① 已标价工程量清单中有适用于变更工程项目的，采用该项目的单价；但当工程变更导致该清单项目的工程数量发生变化，且工程量偏差超过 15%，此时，该项目单价应按照工程量偏差的规定调整。

② 已标价工程量清单中没有适用、但有类似于变更工程项目的，可在合理范围内参照类似项目的单价。

③ 已标价工程量清单中没有适用也没有类似于变更工程项目的，由承包人根据变更工程资料、计量规则和计价办法、工程造价管理机构发布的信息价格和承包人报价浮动率提出变更工程项目的单价，报发包人确认后调整。承包人报价浮动率可按下列公式计算：

招标工程：承包人报价浮动率 $L = (1 - 中标价/招标控制价) \times 100\%$；

非招标工程：承包人报价浮动率 $L = (1 - 报价值/施工图预算) \times 100\%$

④ 已标价工程量清单中没有适用也没有类似于变更工程项目，且工程造价管理机构发布的信息价格缺价的，由承包人根据变更工程资料、计量规则、计价办法和通过市场调查等取得有合法依据的市场价格提出变更工程项目的单价，报发包人确认后调整。

（3）项目特征描述不符。发包人在招标工程量清单中对项目特征的描述，应被认为是准确的和全面的，并且与实际施工要求相符合。承包人应按照发包人提供的招标工程量清单，根据其项目特征描述的内容及有关要求实施合同工程，直到其被改变为止。

承包人应按照发包人提供的设计图纸实施合同工程，若在合同履行期间，出现设计图纸（含设计变更）与招标工程量清单任一项目的特征描述不符，且该变化引起该项目的工程造价增减变化的，应按照实际施工的项目特征按工程变更相关条款的规定重新确定相应工程量清单项目的综合单价，调整合同价款。

（4）工程量清单缺项。合同履行期间，由于招标工程量清单中缺项，新增分部分项工程清单项目的，应按照工程变更相关规定确定单价，调整合同价款。

（5）工程量偏差。合同履行期间，对于任一招标工程量清单项目，如果因应予计算的实际工程量与招标工程量清单出现偏差，及工程变更等原因导致工程量偏差超过 15%，调整的原则为：当工程量增加 15% 以上时，其增加部分的工程量的综合单价应予调低；当工程量减少 15% 以上时，减少后剩余部分的工程量的综合单价应予调高。如此工程量变化引起相关措施项目相应发生变化，如按系数或单一总价方式计价的，工程量增加的措施项目费调增，工程量减少的措施项目费调减。

（6）计日工。发包人通知承包人以计日工方式实施的零星工作，承包人应予执行。

任一计日工项目实施结束。承包人应按照确认的计日工现场签证报告核实该类项目的工程数量，并根据核实的工程数量和承包人已标价工程量清单中的计日工单价计算，提出应付价款；已标价工程量清单中没有该类计日工单价的，由发承包双方按工程变更相关规定商定计日工单价计算。

（7）现场签证。承包人应发包人要求完成合同以外的零星项目、非承包人责任事件等工作的，发包人应及时以书面形式向承包人发出指令，提供所需的相关资料；承包人在收到指令后，应及时向发包人提出现场签证要求。

承包人应在收到发包人指令后的 7 天内，向发包人提交现场签证报告，发包人应在收到现场签证报告后的 48 小时内对报告内容进行核实，予以确认或提出修改意见。发包人在收到承包人现场签证报告后的 48 小时内未确认也未提出修改意见的，视为承包人提交的现场签证报告已被发包人认可。

现场签证工作完成后的 7 天内，承包人应按照现场签证内容计算价款，报送发包人确认后，作为增加合同价款，与进度款同期支付。

承包人在施工过程中，若发现合同工程内容因场地条件、地质水文、发包人要求等不一致时，应提供所需的相关资料，提交发包人签证认可，作为合同价款调整的依据。

（8）市场价格波动引起的调整。合同履行期间，因人工、材料、工程设备、机械台班价格波动影响合同价款时应根据合同约定的物价变化合同价款调整方法调整合同价款。合同当事人可以在专用合同条款中约定选择以下一种方式对合同价格进行调整。

第一种方式：价格指数调整价格差额

① 价格调整公式。因人工、材料和工程设备等价格波动影响合同价格时，根据专用合同条款中约定的数据，按以下公式计算差额并调整合同价款：

$$\Delta P = P_0 \left\{ A + \left[B_1 \times (F_{t1}/F_{01}) + B_2 \times (F_{t2}/F_{02}) + B_3 \times (F_{t3}/F_{03}) + \cdots + B_n \times (F_{tn}/F_{0n}) \right] - 1 \right\}$$

式中　ΔP——需调整的价格差额；

　　　P_0——约定的付款证书中承包人应得到的已完成工程量的金额。此项金额应不包括价格调整、不计质量保证金的扣留和支付、预付款的支付和扣回。约定的变更及其他金额已按现行价格计价的，也不计在内；

　　　A——定值权重（即不调部分的权重）；

　　　B_1，B_2，$B_3 \cdots B_n$——各可调因子的变值权重（即可调部分的权重）为各可调因子在投标函投标总报价中所占的比例；

　　　F_{t1}，F_{t2}，$F_{t3} \cdots F_{tn}$——各可调因子的现行价格指数，指约定的付款证书相关周期最后一天的前 42 天的各可调因子的价格指数；

　　　F_{01}，F_{02}，$F_{03} \cdots F_{0n}$——各可调因子的基本价格指数，指基准日期的各可调因子的价格指数。

以上价格调整公式中的各可调因子、定值和变值权重，以及基本价格指数及其来源在投标函附录价格指数和权重表中约定。非招标订立的合同，由合同当事人在专用合同条款中约定。价格指数应首先采用工程造价管理机构提供的价格指数，缺乏上述价格指数时，可采用工程造价管理机构提供的价格代替。

② 暂时确定调整差额。在计算调整差额时得不到现行价格指数的，可暂用上前次价格

指数计算，并在以后的付款中再按实际价格指数进行调整。

③ 权重的调整。约定的变更导致原定合同中的权重不合理时，由承包人和发包人协商后进行调整。

④ 承包人工期延误后的价格调整。由于承包人原因未在约定的工期内竣工的，则对合同约定竣工日期后继续施工的工程，在使用价格调整公式时，应采用原约定竣工日期与实际竣工日期的两个价格指数中较低的一个作为现行价格指数。

第二种方式：造价信息调整价格差额

施工期内，因人工、材料、工程设备和机械台班价格波动影响合同价格时，人工、机械使用费按照国家或省、自治区、直辖市建设行政管理部门、行业建设管理部门或其授权的工程造价管理机构发布的人工成本信息、机械台班单价或机械使用费系数进行调整；需要进行价格调整的材料，其单价和采购数应由发包人复核，发包人确认需调整的材料单价及数量，作为调整合同价款差额的依据。

（9）暂估价。发包人在招标工程量清单中给定暂估价的材料、工程设备属于依法必须招标的，由发承包双方以招标的方式选择供应商。确定其价格并以此为依据取代暂估价，调整合同价款。

（10）不可抗力。因不可抗力事件导致的人员伤亡、财产损失及其费用增加，发承包双方应按以下原则分别承担并调整合同价款和工期。

① 合同工程本身的损害、因工程损害导致第三方人员伤亡和财产损失以及运至施工场地用于施工的材料和待安装的设备的损害，由发包人承担。

② 发包人、承包人人员伤亡由其所在单位负责，并承担相应费用。

③ 承包人的施工机械设备损坏及停工损失，由承包人承担。

停工期间，承包人应发包人要求留在施工场地的必要的管理人员及保卫人员的费用由发包人承担。

④ 工程所需清理、修复费用，由发包人承担。

⑤ 不可抗力解除后复工的，若不能按期竣工，应合理延长工期，发包人要求赶工的，赶工费用由发包人承担。

（11）提前竣工（赶工补偿）。招标人应当依据相关工程的工期定额合理计算工期，压缩的工期天数不得超过定额工期的20%，超过者，应在招标文件中明示增加赶工费用。

发包人要求合同工程提前竣工，应征得承包人同意后与承包人商定采取加快工程进度的措施，并修订合同工程进度计划。发包人应承担承包人由此增加的提前竣工（赶工补偿）费。

发承包双方应在合同中约定提前竣工每日历天应补偿额度，此项费用作为增加合同价款，列入竣工结算文件中，与结算款一并支付。

（12）误期赔偿。如果承包人未按照合同约定施工，导致实际进度迟于计划进度的，承包人应加快进度，实现合同工期。

合同工程发生误期，承包人应赔偿发包人由此造成的损失，并按照合同约定向发包人支付误期赔偿费。即使承包人支付误期赔偿费，也不能免除承包人按照合同约定应承担的任何责任和应履行的任何义务。

发承包双方应在合同中约定误期赔偿费，明确每日历天应赔额度。误期赔偿费列入竣工结算文件中，在结算款中扣除。

如果在工程竣工之前，合同工程内的某单项（位）工程已通过了竣工验收，且该单项（位）工程接收证书中表明的竣工日期并未延误，而是合同工程的其他部分产生了工期延误，则误期赔偿费应按照已颁发工程接收证书的单项（位）工程造价占合同价款的比例幅度予以扣减。

（13）施工索赔。合同一方向另一方提出索赔时，应有正当的索赔理由和有效证据，并应符合合同的相关约定。

根据合同约定，承包人认为非承包人原因发生的事件造成了承包人的损失，可向发包人提出索赔。（详细内容见施工索赔一节）

（14）暂列金额。已签约合同价中的暂列金额由发包人掌握使用。

发包人按照价款调整的规定所作支付后，暂列金额余额（如有）归发包人所有。

4. 合同价款调整的程序

（1）出现合同价款调增事项（不含工程量偏差、计日工、现场签证、施工索赔）后的14天内，承包人应向发包人提交合同价款调增报告并附上相关资料，若承包人在14天内未提交合同价款调增报告的，视为承包人对该事项不存在调整价款请求。

（2）出现合同价款调减事项（不含工程量偏差、施工索赔）后的14天内，发包人应向承包人提交合同价款调减报告并附相关资料，若发包人在14天内未提交合同价款调减报告的，视为发包人对该事项不存在调整价款请求。

（3）发（承）包人应在收到承（发）包人合同价款调增（减）报告及相关资料之日起14天内对其核实，予以确认的应书面通知承（发）包人。如有疑问，应向承（发）包人提出协商意见。发（承）包人在收到合同价款调增（减）报告之日起14天内未确认也未提出协商意见的，视为承（发）包人提交的合同价款调增（减）报告已被发（承）包人认可。发（承）包人提出协商意见的，承（发）包人应在收到协商意见后的14天内对其核实，予以确认的应书面通知发（承）包人。如承（发）包人在收到发（承）包人的协商意见后14天内既不确认也未提出不同意见的，视为发（承）包人提出的意见已被承（发）包人认可。

（4）如发包人与承包人对合同价款调整的不同意见不能达成一致的，只要不实质影响发承包双方履约的，双方应继续履行合同义务，直到其按照合同约定的争议解决方式得到处理。

5. 合同价款调整的支付

经发承包双方确认调整的合同价款，作为追加（减）合同价款，应与工程进度款或结算款同期支付。

（五）竣工结算

1. 竣工结算申请

除专用合同条款另有约定外，承包人应在工程竣工验收合格后28天内向发包人和监理人提交竣工结算申请单，并提交完整的结算资料，有关竣工结算申请单的资料清单和份数等要求由合同当事人在专用合同条款中约定。

除专用合同条款另有约定外，竣工结算申请单应包括以下内容：

（1）竣工结算合同价格。

（2）发包人已支付承包人的款项。

（3）应扣留的质量保证金。

（4）发包人应支付承包人的合同价款。

2. 竣工结算审核

除专用合同条款另有约定外，监理人应在收到竣工结算申请单后 14 天内完成核查并报送发包人。发包人应在收到监理人提交的经审核的竣工结算申请单后 14 天内完成审批，并由监理人向承包人签发经发包人签认的竣工付款证书。监理人或发包人对竣工结算申请单有异议的，有权要求承包人进行修正和提供补充资料，承包人应提交修正后的竣工结算申请单。

发包人在收到承包人提交竣工结算申请书后 28 天内未完成审批且未提出异议的，视为发包人认可承包人提交的竣工结算申请单，并自发包人收到承包人提交的竣工结算申请单后第 29 天起视为已签发竣工付款证书。

3. 工程竣工结算的支付

（1）除专用合同条款另有约定外，发包人应在签发竣工付款证书后的 14 天内，完成对承包人的竣工付款。发包人逾期支付的，按照中国人民银行发布的同期同类贷款基准利率支付违约金；逾期支付超过 56 天的，按照中国人民银行发布的同期同类贷款基准利率的两倍支付违约金。

（2）承包人对发包人签认的竣工付款证书有异议的，对于有异议部分应在收到发包人签认的竣工付款证书后 7 天内提出异议，并由合同当事人按照专用合同条款约定的方式和程序进行复核，或按照争议解决约定处理。对于无异议部分，发包人应签发临时竣工付款证书，并按第（1）项完成付款。承包人逾期未提出异议的，视为认可发包人的审批结果。

4. 甩项竣工协议

发包人要求甩项竣工的，合同当事人应签订甩项竣工协议。在甩项竣工协议中应明确，合同当事人按照竣工结算申请及竣工结算审核的约定，对已完合格工程进行结算，并支付相应合同价款。

5. 最终结清

（1）除专用合同条款另有约定外，承包人应在缺陷责任期终止证书颁发后 7 天内，按专用合同条款约定的份数向发包人提交最终结清申请单，并提供相关证明材料。

除专用合同条款另有约定外，最终结清申请单应列明质量保证金、应扣除的质量保证金、缺陷责任期内发生的增减费用。

（2）发包人对最终结清申请单内容有异议的，有权要求承包人进行修正和提供补充资料，承包人应向发包人提交修正后的最终结清申请单。

（3）除专用合同条款另有约定外，发包人应在收到承包人提交的最终结清申请单后 14 天内完成审批并向承包人颁发最终结清证书。发包人逾期未完成审批，又未提出修改意见的，视为发包人同意承包人提交的最终结清申请单，且自发包人收到承包人提交的最终结清申请单后 15 天起视为已颁发最终结清证书。

（4）除专用合同条款另有约定外，发包人应在颁发最终结清证书后 7 天内完成支付。发包人逾期支付的，按照中国人民银行发布的同期同类贷款基准利率支付违约金；逾期支付超过 56 天的，按照中国人民银行发布的同期同类贷款基准利率的两倍支付违约金。

（5）承包人对发包人颁发的最终结清证书有异议的，按争议解决的约定办理。

（六）质量保证金

建设工程质量保证金（保修金）是指发包人与承包人在建设工程承包合同中的约定，从应付的工程款中预留，用以保证承包人在缺陷责任期内对建设工程出现的缺陷进行维修的资金。"缺陷"是指建设工程质量不符合工程建设强制性标准、设计文件以及承包合同的约定。

经合同当事人协商一致扣留质量保证金的，应在专用合同条款中予以明确。

1. 承包人提供质量保证金的方式

承包人提供质量保证金有以下三种方式：

（1）质量保证金保函。

（2）相应比例的工程款。

（3）双方约定的其他方式。

除专用合同条款另有约定外，质量保证金原则上采用上述第（1）种方式。

2. 质量保证金的扣留

质量保证金的扣留有以下三种方式：

（1）在支付工程进度款时逐次扣留，在此情形下，质量保证金的计算基数不包括预付款的支付、扣回以及价格调整的金额。

（2）工程竣工结算时一次性扣留质量保证金。

（3）双方约定的其他扣留方式。

除专用合同条款另有约定外，质量保证金的扣留原则上采用上述第（1）种方式。

发包人累计扣留的质量保证金不得超过结算合同价格的5%，如承包人在发包人签发竣工付款证书后28天内提交质量保证金保函，发包人应同时退还扣留的作为质量保证金的工程价款。

3. 质量保证金的退还

发包人应按最终结清的约定退还质量保证金。

五、争议解决

1. 和解

合同当事人可以就争议自行和解，自行和解达成协议的经双方签字并盖章后作为合同补充文件，双方均应遵照执行。

2. 调解

合同当事人可以就争议请求建设行政主管部门、行业协会或其他第三方进行调解，调解达成协议的，经双方签字并盖章后作为合同补充文件，双方均应遵照执行。

3. 争议评审

合同当事人在专用合同条款中约定采取争议评审方式解决争议以及评审规则，并按下列约定执行：

（1）争议评审小组的确定。合同当事人可以共同选择一名或三名争议评审员，组成争议评审小组。除专用合同条款另有约定外，合同当事人应当自合同签订后28天内，或者争议发生后14天内，选定争议评审员。

选择一名争议评审员的，由合同当事人共同确定；选择三名争议评审员的，各自选定一名，第三名成员为首席争议评审员，由合同当事人共同确定或由合同当事人委托已选定的争议评审员共同确定，或由专用合同条款约定的评审机构指定第三名首席争议评审员。

除专用合同条款另有约定外，评审员报酬由发包人和承包人各承担一半。

（2）争议评审小组的决定。合同当事人可在任何时间将与合同有关的任何争议共同提请争议评审小组进行评审。争议评审小组应秉持客观、公正原则，充分听取合同当事人的意见，依据相关法律、规范、标准、案例经验及商业惯例等，自收到争议评审申请报告后14天内作出书面决定，并说明理由。合同当事人可以在专用合同条款中对本项事项另行约定。

（3）争议评审小组决定的效力。争议评审小组作出的书面决定经合同当事人签字确认后，对双方具有约束力，双方应遵照执行。

任何一方当事人不接受争议评审小组决定或不履行争议评审小组决定的，双方可选择采用其他争议解决方式。

4. 仲裁或诉讼

因合同及合同有关事项产生的争议，合同当事人可以在专用合同条款中约定以下一种方式解决争议：

（1）向约定的仲裁委员会申请仲裁。

（2）向有管辖权的人民法院起诉。

5. 争议解决条款效力

合同有关争议解决的条款独立存在，合同的变更、解除、终止、无效或者被撤销均不影响其效力。

六、签订建设施工合同应注意的几个问题

（1）仔细阅读使用的合同文本，掌握有关建设工程施工合同的法律、法规规定。

（2）严格审查发包人资质等级及履约信用。

（3）关于工期、质量、造价的约定，是施工合同最重要的内容。

（4）对工程进度拨款和竣工结算程序做出详细规定。

（5）总包合同中应具体规定发包方，总包方和分包方各自的责任和相互关系。

（6）明确规定监理工程师及双方管理人员的职责和权限。

（7）不可抗力要量化。

（8）运用担保条件，降低风险系数。

除上述八个方面外，签订合同时对材料设备采购、检验，施工现场安全管理，违约责任等条款也应充分重视，作出具体明确的约定。

七、无效合同

建设工程施工合同具有下列情形之一的，认定无效：

（1）承包人未取得建筑施工企业资质或者超越资质等级。

（2）没有资质的实际施工人借用有资质的建筑施工企业名义。

（3）建设工程必须进行招标而未招标或者中标无效。

（4）承包人非法转包建设工程。

（5）承包人违法分包建设工程。

任务四　索　　赔

一、索赔的概述

（一）索赔的概念

索赔指在合同履行过程中，对于并非自己的过错，而应由对方承担责任的情况造成的实际损失，向对方提出经济补偿和（或）工期顺延的要求。

《中华人民共和国民法通则》第一百一十一条规定：当事人一方不履行合同义务或履行合同义务不符合合同约定条件的，另一方有权要求履行或者采取补救措施，并有权要求赔偿损失。因此，索赔是合同双方依据合同约定维护自身合法利益的行为，它的性质属于经济补偿行为，而非惩罚。

（二）索赔的特点

（1）索赔是双向的。建设工程施工中的索赔是发、承包双方行使正当权利的行为，承包人可向发包人索赔，发包人也可向承包人索赔。但在实践中，后者发生的频率较低，且在索赔过程中业主始终处于主动和有利地位，业主可以通过直接的方式（如抵扣或没收履约保函、扣保留金等）来实现自己的索赔要求。而对于承包商向业主的索赔发生频率较高，处理起来相对困难。因此，实际工程施工中的索赔主要是指承包商向业主提出的索赔，而业主向承包商提出的索赔习惯上则称为反索赔。

（2）索赔的前提是受到了损失或损害。在实践中只有实际发生了损失或权利损害，承包商就有权提出索赔。这里所说的损失是指经济上或时间上的或两者兼而有之的合同外的额外支出，如业主的原因造成了承包商人工费、机械费等额外的费用。权利损害是指给承包商造成了权利上的损害，承包商有权要求补偿。如政府性的拉闸限电对工程进度的不利影响，承包商有权要求补偿等。

（3）施工索赔与工程签证不同。施工索赔是索赔事件发生后承包商提出索赔，业主要对索赔报告进行确认与审批，这种索赔要求能否得到最终实现，必须要通过确认，双方如果达不成协议，对对方就不能形成约束力。承包商对工程的变更一般是通过变更签证追加价款，但有些变更如果是得不到签证，可能就会通过索赔的途径补偿损失。

（三）索赔管理的任务

在承包工程项目管理中，索赔管理的任务是索赔和反索赔。索赔和反索赔是矛和盾的关系，进攻和防守的关系。有索赔，必有反索赔。在业主和承包商、总包和分包、联营成员之间都可能有索赔和反索赔。在工程项目管理中它们又有不同的任务。

（四）索赔的种类

1. 按索赔的合同依据分

（1）合同内索赔。即发生了合同规定给承包商以补偿的干扰事件，承包商根据合同规定提出索赔要求。这是最常见的索赔。

（2）合同外索赔。工程过程中发生的干扰事件的性质已经超过合同范围，在合同中找不出具体的依据，一般必须根据适用于合同关系的法律解决索赔问题。例如工程过程中发生重大的民事侵权行为造成承包商损失。

（3）道义索赔。承包商索赔没有合同理由，例如对干扰事件业主没有违约，或业主不应承担责任。可能是由于承包商失误（如报价失误、环境调查失误等），或发生承包商应负责的风险，造成承包商重大的损失。这将极大地影响承包商的财务能力、履约积极性、履约能力甚至危及承包企业的生存。承包商提出要求，希望业主从道义，或从工程整体利益的角度给予一定的补偿。

2. 按索赔的目的分

（1）工期索赔，即要求业主延长工期，推迟竣工日期。

（2）费用索赔，即要求业主补偿费用损失，调整合同价格。

3. 按照索赔事件的性质分

（1）工程延期索赔：因为发包人未按合同要求提供施工条件，或者发包人指令工程暂停或不可抗力事件等原因造成工期拖延的。

（2）工程加速索赔：由于发包人或工程师指令承包人加快施工进度、缩短工期引起承包人的人力、财力、物力的额外开支。

（3）工程变更索赔：由于发包人或工程师指令增加或减少工程量或增加附加工程、修改设计、变更施工顺序等造成工期延长和费用增加。

（4）工程终止索赔：由于发包人违约或发生了不可抗力事件等造成工程非正常终止，承包人蒙受经济损失。

（5）不可预见的外部障碍或条件索赔：承包商施工期间在现场遇到一个有经验的承包商通常不可能预见的外界障碍或条件导致承包人发生损失。

（6）不可抗力事件引起的索赔：承包方在签订合同前不能对之进行合理防备的，发生后无法控制、不能合理避免或克服导致承包人发生损失。

4. 按索赔的起因分

索赔的起因是指引起索赔事件的原因，通常有如下几类：

（1）业主违约，包括业主和监理工程师没有履行合同责任；没有正确地行使合同赋予的权力，工程管理失误，不按合同支付工程款等。

（2）合同缺陷，如合同条文不全、错误、矛盾、有二义性，设计图纸、技术规范错误等。

（3）工程变更，如双方签订新的变更协议、备忘录、修正案，业主下达工程变更指令等。

（4）工程环境变化，包括国家政策、法律、市场物价、货币兑换率、施工条件、自然条件的变化等。

（5）不可抗力因素，如恶劣的气候条件、地震、洪水、战争状态、禁运等。

上述情况也可以发生在发包方向承包方反索赔和分包方向承包方索赔的某些事件中。

另外，按索赔过程可以分为单项索赔与总体索赔，直接索赔与间接索赔；按索赔的主体分，一般情况下承包方向发包方索赔称为索赔，反之为反索赔。

二、施工索赔的原因

引起索赔的原因是多种多样的，主要原因有以下几个方面：

（一）业主违约

业主违约常常表现为业主未能按合同规定为承包人提供应由其提供的、使承包人得以施工的必要条件，或未能在规定的时间内付款。如业主未能按规定时间向承包人提供场地使用权，工程师未能在规定时间内发出有关图纸、指示、指令或批复，工程师拖延发布各种证书（如进度付款签证、移交证书等），业主提供材料等的延误或不符合合同标准，工程师的不适当决定和苛刻检查等。

（二）合同缺陷

合同缺陷常常表现为合同文件规定不严谨甚至矛盾、合同中的遗漏或错误。这不仅包括商务条款中的缺陷，也包括技术规范和图纸中的缺陷。在这种情况下，工程师有权做出解释。但如果承包人执行工程师的解释后引起成本增加或工期延长，则承包人可以据此提出索赔，工程师应给予证明，业主应给予补偿。一般情况下，业主作为合同起草人，他要对合同中的缺陷负责，除非其中有非常明显的含糊或其他缺陷，根据法律可以推定承包商有义务在投标前发现并及时向业主指出。

（三）施工条件变化

在建筑工程施工中，施工现场条件的变化对工期和造价的影响很大。由于不利的自然条件及障碍，常常导致涉及变更，工期延长或成本大幅度增加。

建筑工程对基础地质条件要求很高，而这些自然地质条件，如地下水、地质断层，熔岩孔洞、地下文物遗址等等，根据业主在招标文件中所提供的材料，以及承包人在招标前的现场勘察，都不可能准确无误地发现，即使是有经验的承包人也无法事前预料。因此，基础地质方面出现的异常变化必然会引起施工索赔。

（四）工程变更

建筑工程施工中，工程量的变化是不可避免的，施工时实际完成的工程量超过或小于工程量表中所列的预计工程量。在施工过程中，工程师发现设计、质量标准和施工顺序等问题时，往往会指令增加新的工作，如改换建筑材料、暂停施工或加速施工等等。这些变更指令必然引起新的施工费用，或需要延长工期。所有这些情况，都迫使承包人提出索赔要求，以弥补自己所不应承担的经济损失。

（五）工期拖延

大型建筑工程施工中，由于受天气、水文地质等因素的影响，常常出现工期拖延。分析拖期原因、明确拖期责任时，合同双方往往产生分歧，使承包商实际支出的计划外施工费用得不到补偿，势必引起索赔要求。

如果工期拖延的责任在承包商方面，则承包商无权提出索赔。他应该以自费采取赶工的措施，抢回延误的工期；如果到合同规定的完工日期时，仍然做不到按期建成，则应承担误期损害赔偿费。

（六）工程师指令

工程师指令通常表现为工程师指令承包商加速施工、进行某项工作、更换某些材料、采取某种措施或停工等。工程师是受业主委托来进行工程建设监理的，其在工程中的作用是监督所有工作都按合同规定进行，督促承包商和业主完全合理地履行合同、保证合同顺利实施。为了保证合同工程达到既定目标，工程师可以发布各种必要的现场指令。相应地，因这种指令（包括指令错误）而造成的成本增加和（或）工期延误，承包商当然可以索赔。

（七）国家政策及法律、法令变更

国家政策及法律、法令变更，通常是指直接影响到工程造价的某些政策及法律、法令的变更，如相关法律法规或税收及其他收费标准的提高。就国内工程而言，因国务院各有关部、各级建设行政管理部门或其授权的工程造价管理部门公布的价格调整，比如定额、取费标准、税收、上缴的各种费用等，可以调整合同价款。如未予调整，承包商可以要求索赔。

（八）其他承包商干扰

其他承包商干扰通常是指其他承包商未能按时、按序进行并完成某项工作、各承包商之间配合协调不好等而给本承包商的工作带来的干扰。大中型建筑工程，往往会有几个承包商在现场施工。由于各承包商之间没有合同关系，工程师作为业主委托人有责任组织协调好各个承包商之间的工作；否则，将会给整个工程和各承包商的工作带来严重影响，引起承包商索赔。如，某承包商不能按期完成他那部分工作，其他承包商的相应工作也会因此延误。在这种情况下，被迫延迟的承包商就有权向业主提出索赔。在其他方面，如场地使用、现场交通等，各承包商之间也都有可能发生相互干扰的问题。

（九）不可抗力

不可抗力是指超出合同各方控制能力的意外事件，任何一件不可抗力事件的发生都会干扰合同的履行。发生不可抗力，承包商要迅速向工程师报告，并提供相应的证据。工程师接到报告后要及时处理。业主和承包商可根据施工合同中对不可抗力事件的认定和责任划分原则进行处理。

（十）其他第三方原因

其他第三方原因通常表现为因与工程有关的其他第三方的问题而引起的对本工程的不利影响。如，银行付款延误、邮路延误、燃料短缺、港口压港等。由于这种原因引起的索赔往往比较难以处理。如业主在规定时间内依规定方式向银行寄出了要求向承包商支付款项的付款申请，但由于邮路延误，银行迟迟没有收到该付款申请，因而造成承包商没有在合同规定的期限内收到工程款。在这种情况下，由于最终表现出来的结果是承包商没有在规定时间内收到款项，所以承包商往往会向业主索赔。对于第三方原因造成的索赔，业主给予补偿后，业主应该根据其与第三方签订的合同规定或有关法律规定再向第三方追偿。

三、索赔的主要依据

任何索赔事件的确立，必须有要有可靠的索赔证据，《建设工程施工合同文本》中所规定的，当一方向另一方提出索赔时，要有正当索赔理由，且有引起索赔的事件发生时的有效证据。

（一）索赔证据的要求

（1）真实性。索赔证据必须是在实施合同过程中确实存在和发生的，必须完全反映实际情况，能经得住推敲。

（2）全面性。所提供的证据应能说明事件的全过程，证据充分、真实。索赔报告中涉及的索赔理由、事件过程、影响、索赔值等都应有相应证据，不能零乱和支离破碎。

（3）关联性。索赔的证据应当能够互相说明，互相有关联性，不能互相矛盾。

（4）及时性。索赔证据的取得和提出都要及时。

（5）具有法律证明效力。建设工程要求证据必须是书面文件，有关记录、协议、纪要必须是双方签署的。工程中重大事件及特殊情况的记录、统计必须由工程师签证认可。

（二）索赔证据的种类

施工中常见的索赔证据有：

（1）施工合同文件。

（2）施工中各方主体往来信件。

（3）工程所在地气象资料。

（4）施工日志。

（5）会议纪要。

（6）工程照片和工程声像资料。

（7）工程进度计划。

（8）工程核算资料。

（9）工程图纸。

（10）招投标文件。

四、索赔的程序

工程索赔程序，一般包括发出索赔意向通知、收集索赔证据并编制和提交索赔报告、工程师审核索赔报告、举行索赔谈判、解决索赔争端等。承包商对索赔事件提出的过程见图6-1。

（一）发出索赔意向通知

按照合同条件的规定，凡是非承包商原因引起工程拖期或工程成本增加时，承包商有权提出索赔。当索赔事件发生时，承包商一方面用书面形式向业主或监理工程师发出索赔意向通知书，另一方面，应继续施工，不影响施工的正常进行。索赔意向通知是一种维护自身索赔权利的文件。例如，合同示范文本规定，在索赔事项发生后的28天内向工程师正式提出书面的索赔通知，并抄送业主。项目部的合同管理人员或其中的索赔工作人员根据具体情况，在索赔事项发生后的规定时间内正式发出索赔通知书，避免丧失索赔权。

索赔意向通知，一般仅仅是向业主或监理工程师表明索赔意向，所以应当简明扼要。通常只要说明以下几点内容即可：索赔事由的名称、发生的时间、地点、简要事实情况和发展动态；索赔所引证的合同条款；索赔事件对工程成本和工期产生的不利影响，进而提出自己的索赔要求即可。至于要求的索赔款额，或工期应补偿天数及有关的证据资料在合同规定的时间内报送。

（二）索赔资料的准备及索赔文件的提交

在正式提出索赔要求后，承包商应抓紧准备索赔资料，计算索赔值，编写索赔报告，并在合同规定的时间内正式提交。如果索赔事项的影响具有连续性，即事态还在继续发展，则按合同规定，每隔一定时间向监理工程师报送一次补充资料，说明事态发展情况。在索赔事项的影响结束后的规定时间内报送此项索赔的最终报告，附上最终账目和全部证据资料，提出具体的索赔额，要求业主或监理工程师审定。

索赔的成功很大程度上取决于承包商对索赔权的论证和充分的证据材料。即使抓住合同履行中的索赔机会，如果拿不出索赔证据或证据不充分，其索赔要求往往难以成功或被大打折扣。因此，承包商在正式提出索赔报告前的资料准备工作极为重要。这就要求承包商注意记录和积累保存工程施工过程中的各种资料，并可随时从中索取与索赔事件有关的证明资料。

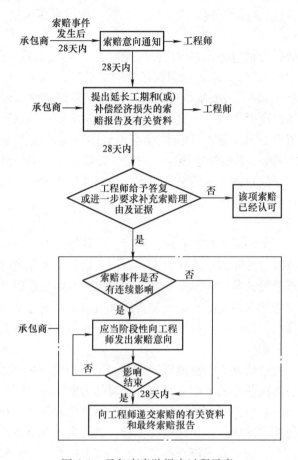

图 6-1　承包商索赔提出过程示意

（三）索赔报告的评审

业主或监理工程师在接到承包商的索赔报告后，应当站在公正的立场，以科学的态度及时认真地审阅报告，重点审查承包商索赔要求的合理性和合法性，审查索赔值的计算是否正确、合理。对不合理的索赔要求或不明确的地方提出反驳和质疑，或要求做出解释和补充。监理工程师可在业主的授权范围内做出自己独立的判断。

监理工程师判定承包商索赔成立的条件：

（1）与合同相对照，事件已造成了承包商施工成本的额外支出，或直接工期损失。

（2）造成费用增加或工期损失的原因，按合同约定不属于承包商的行为责任或风险责任。

（3）承包商按合同规定的程序提交了索赔意向通知和索赔报告。

上述三个条件没有先后主次之分，应当同时具备。只有工程师认定索赔成立后，才按一定程序处理。

（四）监理工程师与承包商进行索赔谈判

业主或监理工程师经过对索赔报告的评审后，由于承包商常常需要作出进一步的解释和补充证据，而业主或监理工程师也需要对索赔报告提出的初步处理意见作出解释和说明。因此，业主、监理工程师和承包商三方就索赔的解决要进行进一步的讨论、磋商，即谈判。这里可能有复杂的谈判过程。对经谈判达成一致意见的，做出索赔决定。若意见达不成一致，则产生争执。

在经过认真分析研究与承包商、业主广泛讨论后，工程师应该向业主和承包商提出自己的《索赔处理决定》。监理工程师收到承包商送交的索赔报告和有关资料后，于合同规定的时间内（如28天）给予答复，或要求承包商进一步补充索赔理由和证据。工程师在规定时间内未予答复或未对承包商做出进一步要求，则视为该项索赔已经认可。

监理工程师在《索赔处理决定》中应该简明地叙述索赔事项、理由和建议给予补偿的金额及（或）延长的工期。《索赔评价报告》则是作为该决定的附件提供的。它根据监理工程师所掌握的实际情况详细叙述索赔的事实依据、合同及法律依据，论述承包商索赔的合理方面及不合理方面，详细计算应给予的补偿。《索赔评价报告》是监理工程师站在公正的立场上独立编制的。

当监理工程师确定的索赔额超过其权限范围时，必须报请业主批准。

业主首先根据事件发生的原因、责任范围、合同条款审核承包商的索赔申请和工程师的处理报告，再依据工程建设的目的、投资控制、竣工投产日期要求以及针对承包商在施工中的缺陷或违反合同规定等的有关情况，决定是否批准监理工程师的处理意见，但不能超越合同条款的约定范围。索赔报告经业主批准后，监理工程师即可签发有关证书。

（五）索赔争端的解决

如果业主和承包商通过谈判不能协商解决索赔，就可以将争端提交给监理工程师解决，监理工程师在收到有关解决争端的申请后，在一定时间内要做出索赔决定。业主或承包商如果对监理工程师的决定不满意，可以申请仲裁或起诉。争议发生后，在一般情况下，双方都应继续履行合同，保持施工连续，保护好已完工程。只有当出现单方违约导致合同确已无法履行，双方协议停止施工；调解要求停止施工，且为双方接受；仲裁机关或法院要求停止施工等情况时，当事人方可停止履行施工合同。

五、关于索赔的有关规定

《建设工程施工合同（示范文本）》第8条规定，发包方未能履行合同8.1条款各项义务，给承包方造成损失的，发包方赔偿承包方相应损失，延误的工期顺延。

《建设工程施工合同（示范文本）》第11条规定，因发包人原因不能按协议书约定的开工日期开工，工程师应以书面形式通知承包人，推迟开工日期。发包人赔偿承包人因此而造成的损失，并顺延相应工期。

《建设工程施工合同（示范文本）》第11条规定，工程师认为有必要暂停施工时，应以书面形式下发暂停施工指令，并在指令下发后48小时内提出书面处理意见。承包人应按工程师要求暂停施工，并妥善保护已完工程。承包人实施工程师下发的处理意见后，可以书面形式提出复工要求，工程师应当在48小时内给予答复。工程师未能在规定的时间内提出处理意见，或收到承包人复工要求后48小时内未能予以答复，承包人可自行复工。因发包人原因造成停工的，发包人承担相应的追加合同价款，并赔偿承包人由此造成的损失，相应工期顺延。因承包人自身原因造成停工的，发生的费用承包人自行承担，工期不予顺延。

《建设工程施工合同（示范文本）》第 29 条规定，由于发包人对原设计进行变更，以及经工程师同意的、承包人要求进行的设计变更，导致合同价款的增减及造成的承包方损失，由发包人承担，延误的工期相应顺延。

《建设工程施工合同（示范文本）》第 18 条工程师不能按时参加验收，须在开始验收前 24 小时向承包人提出书面延期要求，延期不能超过两天。工程师未能按以上时间提出延期要求，不参加验收，承包人可自行组织验收，发包人应承认验收记录。

无论工程师是否参加验收，当其提出对已经隐蔽的工程重新检验的要求时，承包人应按要求进行剥露，并在检验后重新覆盖或者修复。检验合格，发包人承担由此发生的全部追加合同价款，赔偿承包人损失，并相应顺延工期。检验不合格，承包人承担发生的全部费用，但工期也予顺延。

六、索赔的计算

（一）工期索赔计算

工期索赔的计算主要有网络分析和比例计算法两种。

网络分析法是利用进度计划的网络图，分析其关键线路。如果延误的工作为关键工作，则延误的时间为索赔的工期；如果延误的工作为非关键工作，当该工作由于延误超过时限而成为关键工作时，可以索赔延误时间与时差的差值；若该工作延误后仍为非关键工作，则不存在工期索赔问题。

可以看出，网络分析要求承包商切实使用网络技术进行进度控制，才能依据网络计划提出工期索赔。按照网络分析得出的工期索赔值是科学合理的，容易得到认可。

比例计算法的公式为：

对于已知部分工程的延期的时间：

$$工期索赔值 = \frac{受干扰部分工程的合同价}{原合同总价} \times 该受干扰部分工期拖延时间$$

对于已知额外增加工程量的价格：

$$工期索赔值 = \frac{额外增加的工程量的价格}{原合同总价} \times 原合同总工期$$

比例计算法简单方便，但有时不符合实际情况，比例计算法不适用于变更施工顺序、加速施工、删减工程量等事件的索赔。

（二）经济索赔计算

1. 总费用法和修正的总费用法

总费用法又称总成本法，就是计算出该项工程的总费用，再从这个已实际开支的总费用中减去投标报价时的成本费用，即为要求补偿的索赔费用额。

总费用法并不十分科学，但仍被经常采用，原因是对于某些索赔事件，难于精确地确定它们导致的各项费用增加额。

一般认为在具备以下条件时采用总费用法是合理的：

（1）已开支的实际总费用经过审核，认为是比较合理的。

（2）承包商的原始报价是比较合理的。

（3）费用的增加是由于对方原因造成的，其中没有承包商管理不善的责任。

（4）由于该项索赔事件的性质以及现场记录的不足，难于采用更精确的计算方法。

修正总费用法是指对难以用实际总费用进行审核的，可以考虑是否能计算出与索赔事件有关的单项工程的实际总费用和该单项工程的投标报价。若可行，可按其单项工程的实际费用与报价的差值来计算其索赔的金额。

2. 分项法

分项法是将索赔的损失的费用分项进行计算，其内容如下：

（1）人工费索赔。人工费索赔包括额外雇佣劳务人员、加班工作、工资上涨、人员闲置和劳动生产率降低的费用。

对于额外雇佣劳务人员和加班工作，用投标时的人工单价乘以工时数即可，对于人员闲置费用，一般折算为人工单价的 0.75；工资上涨是指由于工程变更，使承包商的大量人力资源的使用从前期推到后期，而后期工资水平上调，因此应得到相应的补偿。

有时工程师指令进行计日工，则人工费按计日工表中的人工单价计算。

对于劳动生产率降低导致的人工费索赔，一般可用如下方法计算：

① 实际成本和预算成本比较法。这种方法是对受干扰影响工作的实际成本与合同中的预算成本进行比较，索赔其差额。这种方法需要有正确合理的估价体系和详细的施工记录。

② 正常施工期与受影响期比较法。这种方法是在承包商的正常施工受到干扰，生产率下降，通过比较正常条件下的生产率和干扰状态下的生产率，得出生产率降低值，以此为基础进行索赔。

如某工程吊装浇注混凝土，前 5 天工作正常，第 6 天起业主架设临时电线，共有 6 天时间使吊车不能在正常角度下工作，导致吊运混凝土的方量减少。承包商有未受干扰时正常施工记录和受干扰时施工记录，如表 6-1 和表 6-2 所示。

表 6-1　未受干扰时正常施工记录

时间/天	1	2	3	4	5	平均值
平均劳动生产率/m³/h	7	6	6.5	8	6	6.7

表 6-2　受干扰时施工记录

时间/天	1	2	3	4	5	6	平均值
平均劳动生产率/m³/h	5	5	4	4.5	6	4	4.75

通过以上施工记录比较，劳动生产率降低值为：

$$6.7 - 4.75 = 1.95 \text{m}^3/\text{h}$$

索赔费用的计算公式为：

索赔费用 = 计划台班 ×（劳动生产率降低值/预期劳动生产率）× 台班单价

（2）材料费索赔。材料费索赔包括材料消耗量增加和材料单位成本增加两种方面。追加额外工作、变更工程性质、改变施工方法等，都可能造成材料用量的增加或使用不同的材料。材料单位成本增加的原因包括材料价格上涨、手续费增加、运输费用（运距加长、二次倒运等）、仓储保管费增加等等。

材料费索赔需要提供准确的数据和充分的证据。

（3）施工机械费索赔。机械费索赔包括增加台班数量、机械闲置或工作效率降低、台班费率上涨等费用。

台班费率按照有关定额和标准手册取值。对于工作效率降低，应参考劳动生产率降低的人工索赔的计算方法。台班量的计算数据来自机械使用记录。对于租赁的机械，取费标准按租赁合同计算。

对于机械闲置费，有两种计算方法。一是按公布的行业标准租赁费率进行折减计算，二是按定额标准的计算方法，一般建议将其中的不变费用和可变费用分别扣除一定的百分比进行计算。

对于工程师指令进行计日工作的，按计日工作表中的费率计算。

（4）现场管理费索赔计算。现场管理费包括工地的临时设施费、通讯费、办公费、现场管理人员和服务人员的工资等。

现场管理费索赔计算的方法一般为：

$$现场管理费索赔值 = 索赔的直接成本费用 × 现场管理费率$$

现场管理费率的确定可选用下面的方法：

① 合同百分比法，即管理费比率在合同中规定。

② 行业平均水平法，即采用公开认可的行业标准费率。

③ 原始估价法，即采用投标报价时确定的费率。

④ 历史数据法，即采用以往相似工程的管理费率。

（5）公司管理费索赔计算。公司管理费是承包人的上级部门提取的管理费，如公司总部办公楼折旧、总部职员工资、交通差旅费、通讯费、广告费等。

公司管理费与现场管理费相比，数额较为固定，一般仅在工程延期和工程范围变更时才允许索赔总部管理费。目前国际上应用得最多的总部管理费索赔的计算方法是埃尺利（Eichealy）公式。该公式是在获得工程延期索赔后进一步获得公司管理费索赔的计算方法。对于获得工程成本索赔后，也可参照本公式的计算方法进一步获得总部管理费索赔。该公式可分为两种形式，一是用于延期索赔计算的日费率分摊法，二是用于工作范围索赔的工程直接费用分摊法。

① 日费用分摊法。计算公式为：

$$延期合同应分摊的管理费 = （延期合同额/同期公司所有合同额之和）× 同期公司计划管理费总和$$

$$单位时间（日或周）管理费率 = 延期合同应分摊的管理费/计划合同工期（日或周）$$

$$管理费索赔值 = 单位时间（日或周）管理费率 × 延期时间（日或周）$$

② 总直接费分摊法。计算公式为：

$$被索赔合同应分摊的管理费 = （被索赔合同原计划直接费/同期公司所有合同直接费总和）× 同期公司计划管理费总和$$

$$每元直接费包含管理费率 = （被索赔合同应分摊的管理费/被索赔合同原计划直接费）$$

$$应索赔的公司管理费 = 每元直接费包含管理费率 × 工作范围变更索赔的直接费用。$$

埃尺利（Eichealy）公式最适用的情况是：承包人应首先证明由于索赔事件出现确实引起管理费用的增加。在停工期间，确实无其他工程可干或者是索赔额外工作的费不包括管理费，只计算直接成本费。如果停工时间短，工程变更索赔的费用中包括了管理费，埃尺利（Eichealy）公式将不再适用。

七、索赔文件组成

索赔文件包括：索赔意向通知书、索赔报告和附件，其中索赔报告中包括：总论、根据部分、计算部分、证据部分。

索赔报告书的具体内容，随该索赔事项的性质和特点而有所不同。但一份完整的索赔报告书的必要内容和文字结构方面，它必须包括以下 4~5 个组成部分。至于每个部分的文字长短，则根据每一索赔事项的具体情况和需要来决定。

1. 总论部分

每个索赔报告书的首页，应该是该索赔事项的一个综述。它概要地叙述发生索赔事项的日期和过程；说明承包商为了减轻该索赔事项造成的损失而做过的努力；索赔事项给承包商的施工增加的额外费用或工期延长的天数；以及自己的索赔要求，并在上述论述之后附上索赔报告书编写人、审核人的名单，注明各人的职称、职务及施工索赔经验，以表示该索赔报告书的权威性和可信性。

总论部分应简明扼要。对于较大的索赔事项，一般应以 3~5 页篇幅为限。

2. 合同引证部分

合同引证部分是索赔报告关键部分之一，它的目的是承包商论述自己有索赔权，这是索赔成立的基础。合同引证的主要内容，是该工程项目的合同条件以及有关此项索赔的法律规定，说明自己理应得到经济补偿或工期延长，或二者均应获得。因此，工程索赔人员应通晓合同文件，善于在合同条件、技术规程、工程量表以及合同函件中寻找索赔的法律依据，使自己的索赔要求建立在合同、法律的基础上。

对于重要的条款引证，如不利的自然条件或人为障碍（施工条件变化）、合同范围以外的额外工程、特殊风险等，应在索赔报告书中做详细的论证叙述，并引用有说服力的证据资料。因为在这些方面经常会有不同的观点，对合同条款的含义有不同的解释，往往是工程索赔争议的焦点。

在论述索赔事项的发生、发展、处理和最终解决的过程时，承包商应客观地描述事实，避免采用抱怨或夸张的用词，以免使工程师和业主方面产生反感或怀疑。而且，这样的措辞，往往会使索赔工作复杂化。

综合上述，合同引证部分一般包括以下内容：

（1）概述索赔事项的处理过程。

（2）发出索赔通知书的时间。

（3）引证索赔要求的合同条款，如不利的自然条件；合同范围以外的工程；业主风险和特殊风险；工程变更指令；工期延长；合同价调整等。

（4）指明所附的证据资料。

3. 索赔款额计算部分

在论证索赔权以后，应接着计算索赔款额，具体分析论证合理的经济补偿款额。这也是索赔报告书的主要部分，是经济索赔报告的第三部分。

款额计算的目的，是以具体的计价方法和计算过程说明承包商应得到的经济补偿款额。如果说合同论证部分的目的是确立索赔权，则款额计算部分的任务是决定应得的索赔款。

在款额计算部分中，索赔工作人员首先应注意采用合适的计价方法。至于采用哪一种计价法，应根据索赔事项的特点及自己掌握的证据资料等因素来确定。其次，应注意每项开支的合理性，并指出相应的证据资料的名称及编号（这些资料均列入索赔报告书中）。只要计价方法合适，各项开支合理，则计算出的索赔总款额就有说服力。

索赔款计价的主要组成部分是：由于索赔事项引起的额外开支的人工费、材料费、设备费、工地管理费、总部管理费、投资利息、税收、利润等等。每一项费用开支，应附以相应的证据或单据。

款额计算部分在写法结构上，最好首先写出计价的结果，即列出索赔总款额汇总表。然后，再分项地论述各组成部分的计算过程，并指出所依据的证据资料的名称和编号。

在编写款额计算部分时，切忌采用笼统的计价方法和不实的开支款项。有的承包商对计价采取不严肃的态度，没有根据地扩大索赔款额，采取漫天要价的策略。这种做法是错误的，是不能成功的，有时甚至增加了索赔工作的难度。

款额计算部分的篇幅可能较大。因为应论述各项计算的合理性，详细写出计算方法，并引证相应的证据资料，并在此基础上累计出索赔款总额。通过详细的论证和计算，使业主和工程师对索赔款的合理性有充分的了解，这对索赔要求的迅速解决很有关系。

总之，一份成功的索赔报告应注意事实的正确性，论述的逻辑性，善于利用成功的索赔案例来证明此项索赔成立的道理。逐项论述，层次分明，文字简练，论理透彻，使阅读者感到清楚明了，合情合理，有根有据。

4. 工期延长论证部分

承包商在施工索赔报告中进行工期论证的目的，首先是为了获得施工期的延长，以免承担误期损害赔偿费的经济损失。其次，他可能在此基础上，探索获得经济补偿的可能性。因为如果承包商投入了更多的资源时，他就有权要求业主对他的附加开支进行补偿。对于工期索赔报告，工期延长论证是它的第三部分。

在索赔报告中论证工期的方法，主要有横道图表法、关键路线法、进度评估法、顺序作业法等。

在索赔报告中，应该对工期延长、实际工期、理论工期等工期的长短（天数）进行详细的论述，说明自己要求工期延长（天数）或加速施工费用（款数）的根据。

5. 证据部分

证据部分通常以索赔报告书附件的形式出现，它包括了该索赔事项所涉及的一切有关证据资料以及对这些证据的说明。

证据是索赔文件的必要组成部分，要保证索赔证据的翔实可靠，使索赔取得成功。索赔证据资料的范围甚广，它可能包括工程项目施工过程中所涉及的有关政治、经济、技术、财务等许多方面的资料。这些资料，合同管理人员应该在整个施工过程中持续不断地搜集整理，分类储存，最好是存入计算机中以便随时提出查询、整理或补充。

所收集的诸项证据资料，并不是都要放入索赔报告书的附件中，而是针对索赔文件中提到的开支项目，有选择、有目的地列入，并进行编号，以便审核查对。

在引用每个证据时，要注意该证据的效力或可信程度。为此，对重要的证据资料最好附以文字说明，或附以确认函件。例如，对一项重要的电话记录，仅附上自己的记录是不够有力的，最好附上经过对方签字确认过的电话记录；或附上发给对方的要求确认该电话记录的函件，即使对方当时未复函确认或予以修改，亦说明责任在对方，因为未复函确认或修改，按惯例应理解为他已默认。

除文字报表证据资料以外，对于重大的索赔事项，承包商还应提供直观记录资料，如录像、摄影等证据资料。

综合本节的论述：如果把工期索赔和经济索赔分别地编写索赔报告，则它们除包括总论、合同引证和证据 3 个部分以外，将分别包括工期延长论证或索赔款额计算部分。如果把工期索赔和经济索赔合并为一个报告，则应包括所有 5 个部分。

八、索赔的技巧

索赔的技巧是为索赔的战略和策略目标服务的，因此，在确定了索赔的战略和策略目标之后，索赔技巧就显得格外重要，它是索赔策略的具体体现。索赔技巧应因人、因客观环境条件而异，现提出以下各项供参考。

1. 要及时发现索赔机会

一个有经验的承包商，在投标报价时就应考虑将来可能要发生索赔的问题，要仔细研究招标文件中合同条款和规范，仔细查勘施工现场，探索可能索赔的机会，在报价时要考虑索赔的需要。在进行单价分析时，应列入生产效率，把工程成本与投入资源的效率结合起来。这样在施工过程中论证索赔原因时，可引用效率降低来论证索赔的根据。

在索赔谈判中，如果没有生产效率降低的资料，则很难说服监理工程师和业主，索赔无取胜可能。反而可能被认为生产效率的降低是承包商施工组织不好，没达到投标时的效率，应采取措施提高效率，赶上工期。

要论证效率降低，承包商应做好施工记录，记录好每天使用的设备工时、材料和人工数量、完成的工程及施工中遇到的问题。

2. 商签好合同协议

在商签合同过程中，承包商应对明显把重大风险转嫁给承包商的合同条件提出修改的要求，对其达成修改的协议应以"谈判纪要"的形式写出，作为该合同文件的有效组成部分。要对业主开脱责任的条款特别注意，如：合同中不列索赔条款；拖期付款无时限，无利息；没有调价公式；业主认为对某部分工程不够满意，即有权决定扣减工程款；业主对不可预见的工程施工条件不承担责任等等。如果这些问题在签订合同协议时不谈判清楚，承包商就很难有索赔机会。

3. 对口头变更指令要得到确认

监理工程师常常乐于用口头指令变更，如果承包商不对监理工程师的口头指令予以书面确认，就进行变更工程的施工，此后，有的监理工程师矢口否认，拒绝承包商的索赔要求，使承包商有苦难言。

4. 及时发出"索赔通知书"

一般合同规定，索赔事件发生后的一定时间内，承包商必须送出"索赔通知书"，过期无效。

5. 索赔事件论证要充足

承包合同通常规定，承包商在发出"索赔通知书"后，每隔一定时间（28 天），应报送一次证据资料，在索赔事件结束后的 28 天内报送总结性的索赔计算及索赔论证，提交索赔报告。索赔报告一定要令人信服，经得起推敲。

6. 索赔计价方法和款额要适当

索赔计算时采用"附加成本法"容易被对方接受，因为这种方法只计算索赔事件引起的计划外的附加开支，计价项目具体，使经济索赔能较快得到解决。另外索赔计价不能过高，要价过高容易让对方发生反感，使索赔报告束之高阁，长期得不到解决。另外还有可能让业主准备周密的反索赔计划，以高额的反索赔对付高额的索赔，使索赔工作更加复杂化。

7. 力争单项索赔，避免一揽子索赔

单项索赔事件简单，容易解决，而且能及时得到支付。一揽子索赔，问题复杂，金额大，不易解决，往往到工程结束后还得不到付款。

8. 坚持采用"清理帐目法"

承包商往往只注意对某项索赔的当月结算索赔款，而忽略了该项索赔款的余额部分。没有以文字的形式保留自己今后获得余额部分的权利，等于同意并承认了业主对该项索赔的付款，以后对余额再无权追索。

因为在索赔支付过程中，承包商和监理工程师对确定新单价和工程量广大经常存在不同意见。按合同规定，工程师有决定单价的权力，如果承包商认为工程师的决定不尽合理，而坚持自己的要求时，可同意接受工程师决定的"临时单价"或"临时价格"付款，先拿到一部分索赔款，对其余不足部分，则书面通知工程师和业主，作为索赔款的余额，保留自己的索赔权利，否则，将失去了将来要求付款的权利。

9. 力争友好解决，防止对立情绪

索赔争端是难免的，如果遇到争端不能理智协商讨论问题，使一些本来可以解决的问题悬而未决。承包商尤其要头脑冷静，防止对立情绪，力争友好解决索赔争端。

10. 注意同监理工程师搞好关系

监理工程师是处理解决索赔问题的公正的第三方，注意同工程师搞好关系，争取工程师的公正裁决，竭力避免仲裁或诉讼。

九、索赔与合同管理的关系

合同是索赔的依据。索赔就是针对不符合或违反合同的事件，并以合同条文作为最终判定的标准。索赔是合同管理的继续，是解决双方合同争执的独特方法。所以，人们常常将索赔称为合同索赔。

（1）签订一个有利的合同是索赔成功的前提。索赔并以合同条文作为理由和根据，所以索赔的成败、索赔额的大小及解决结果常常取决于合同的完善程度和表达方式。

合同有利，则承包商在工程中处于有利地位，无论进行索赔或反索赔都能得心应手，有理有利。合同不利，如责权利不平衡条款，单方面约束性条款太多，风险大，合同中没有索赔条款，或索赔权受到严格的限制，则形成了承包商的不利地位和劣势，往往只能被动挨打，对损失防不胜防。

这里的损失已产生于合同签订过程中，而合同执行过程中利用索赔（反索赔）进行补救的余地已经很小。这常常连一些索赔专家和法律专家也无能为力。所以为了签订一个有利的合同而做出的各种努力是最有力的索赔管理。

在工程项目的投标、议价和合同签订过程中，承包商应仔细研究工程所在国的法律、政策、规定及合同条件，特别是关于合同工程范围、义务、付款、价格调整、工程变更、违约责任、业主风险、索赔时限和争端解决等条款，必须在合同中明确当事人各方的权利和义务，以便为将来可能的索赔提供合法的依据和基础。

（2）在合同分析、合同监督和跟踪中发现索赔机会。在合同签订前和合同实施前，通过对合同的审查和分析可以预测和发现潜在的索赔机会。在其中应对合同变更、价格补偿，工期索赔的条件、可能性、程序等条款予以特别注意和研究。

在合同实施过程中，合同管理人员进行合同监督和跟踪，首先保证承包商全面执行合同、不违约。并且监督和跟踪对方合同完成情况，将每日的工程实施情况与合同分析的结果相对照，一经发现两者之间不符合，或在合同实施中出现有争议的问题，就应作进一步的分析，进行索赔处理。这些索赔机会是索赔的起点。所以索赔的依据在于日常工作的积累，在于对合同执行的全面控制。

（3）合同变更直接作为索赔事件。业主的变更指令，合同双方对新的特殊问题的协议、会议纪要、修正案等引起合同变更。合同管理者不仅要落实这些变更，调整合同实施计划，修改原合同规定的责权利关系，而且要进一步分析合同变更造成的影响。合同变更如果引起工期拖延和费用增力就可能导致索赔。

（4）合同管理提供索赔所需要的证据。在合同管理中要处理大量的合同资料和工程资料，它们又可作为索赔的证据。

（5）处理索赔事件。日常单项索赔事件由合同管理人员负责处理。由他们进行干扰事件分析、影响分析、收集证据、准备索赔报告、参加索赔谈判。对重大的一揽子索赔必须成立专门的索赔小组负责具体工作。合同管理人员在小组中起着主导作用。

在国际工程中，索赔已被看作是一项正常的合同管理业务。索赔实质上又是对合同双方责权利关系的重新分配和定义的要求，它的处理结果也作为合同的一部分。

任务五　单元训练

一、案例

【案例6-1】　工程结算价款的计算

▶背景：

某业主与承包人签订了某建筑安装工程项目总承包施工合同。承包范围包括土建工程和水、电、通风建筑设备安装工程，合同总价为4800万元。工期为2年，第1年已完成2600万元，第2年应完成2200万元。承包合同规定：

（1）业主应向承包人支付当年合同价25%的工程预付款。

（2）工程预付款应从未施工工程中所需的主要材料及构配件价值相当于工程预付款时起扣，每月以抵冲工程款的方式陆续扣留，竣工前全部扣清；主要材料及设备费比重按62.5%考虑。

（3）工程质量保证金为承包合同总价的3%，经双方协商，业主从每月承包人的工程款中按3%的比例扣留。在缺陷责任期满后，将工程质量保证金及其利息扣除已支出费用后的剩余部分退还给承包人。

（4）业主按实际完成建筑安装工作量每月向承包人支付工程款，但当承包人每月实际完成的建筑安装工作量少于计划完成建筑安装工作量的10%以上（含10%）时，业主可按5%的比例扣留工程款，在工程竣工结算时将扣留工程款退还给承包人。

（5）除设计变更和其他不可抗力因素外，合同价格不作调整。

（6）由业主直接提供的材料和设备在发生当月的工程款中扣回其费用。

经业主的工程师代表签认的承包人在第2年各月的计划和实际完成的建筑安装工作量以及业主直接提供的材料、设备的价值如表6-3所示。

表6-3 工程结算数据表 （单位：万元）

月 份	1~6	7	8	9	10	11	12
计划完成建安工作量	1100	200	200	200	190	190	120
实际完成建安工作量	1110	180	210	205	195	180	120
业主直供材料、设备的价值	90.56	35.5	24.4	10.5	21	10.5	5.5

▶问题：

1. 工程预付款是多少？

2. 工程预付款从几月份开始起扣？

3. 1月至6月以及其他各月业主应支付给承包人的工程款是多少？

4. 竣工结算时，业主应支付给承包人的工程结算款是多少？

▶案例分析：

本案例除考核了工程预付款、起扣点、按月结算款等知识点外，还增加了对业主提供材料的费用、对承包人未按计划完成每月工作量的惩罚性扣款的处理方法。另外，还要注意原建设部、财政部颁布的《关于印发（建设工程质量保证金管理暂行办法）的通知》[建质（2005）7号]对工程质量保证金的有关规定。

1. 问题1的解答

工程预付款金额：$2200 \times 25\% = 550$ 万元

2. 问题2的解答

工程预付款的起扣点：$2200 - 550 \div 62.5\% = 1320$ 万元

开始起扣工程预付款的时间为8月份，因为8月份累计实际完成的建筑安装工作量：$1110 + 180 + 210 = 1500$ 万元 > 1320 万元

3. 问题3的解答

（1）1月至6月份：

业主应支付给承包人的工程款：$1110 \times (1 - 3\%) - 90.56 = 986.14$ 万元

（2）7月份：

该月份建筑安装工作量实际值与计划值比较，未达到计划值，相差：$(200 - 180)/200 = 10\%$，应扣留的工程款：$180 \times 5\% = 9$ 万元

业主应支付给承包人的工程款：$180 \times (1 - 3\%) - 9 - 35.5 = 130.1$ 万元

（3）8月份：

应扣工程预付款金额：$(1500 - 1320) \times 62.5\% = 112.5$ 万元

业主应支付给承包人的工程款：$210 \times (1 - 3\%) - 112.5 - 24.4 = 66.8$ 万元

（4）9 月份：

应扣工程预付款金额：205 × 62.5% = 128.125 万元

业主应支付给承包人的工程款：205 × (1 – 3%) – 128.125 – 10.5 = 60.225 万元

（5）10 月份：

应扣工程预付款金额：195 × 62.5% = 121.875 万元

业主应支付给承包人的工程款：195 × (1 – 3%) – 121.875 – 21 = 46.275 万元

（6）11 月份：

该月份建筑安装工作量实际值与计划值比较，未达到计划值，相差：(190 – 180)/190 = 5.26% < 10%，工程款不扣。

应扣工程预付款金额：180 × 62.5% = 112.5 万元

业主应支付给承包人的工程款：180 × (1 – 3%) – 112.5 – 10.5 = 51.6 万元

（7）12 月份：

应扣工程预付款金额：120 × 62.5% = 75 万元

业主应支付给承包人的工程款：120 × (1 – 3%) – 75 – 5.5 = 35.9 万元

4. 问题 4 的解答

竣工结算时，业主应支付给承包人的工程结算款：180 × 5% = 9 万元

【案例 6-2】 工程结算价款的计算

▶背景：

某工程项目业主通过工程量清单招标方式确定某投标人为中标人，并与其签订了工程承包合同，工期 4 个月。部分工程价款条款如下：

（1）分项工程清单中含有两个混凝土分项工程，工程量分别为甲项 2300m³，乙项 3200m³，清单报价中甲项综合单价为 180 元/m³，乙项综合单价为 160 元/m³。当某一分项工程实际工程量比清单工程量增加（或减少）10% 以上时，应进行调价，调价系数为 0.9 (1.08)。

（2）措施项目清单中含有 5 个项目，总费用 18 万元。其中，甲分项工程模板及其支撑措施费 2 万元、乙分项工程模板及其支撑措施费 3 万元，结算时，该两项费用按相应分项工程量变化比例调整；大型机械设备进出场及安拆费 6 万元，结算时，该项费用不调整；安全文明施工费为分部分项合价及模板措施费、大型机械设备进出场及安拆费各项合计的 2%，结算时，该项费用随取费基数变化而调整；其余措施费用，结算时不调整。

（3）其他项目清单中仅含专业工程暂估价一项，费用为 20 万元。实际施工时经核定确认的费用为 17 万元。

（4）施工过程中发生计日工费用 2.6 万元。

（5）规费综合费率 3.32%、税金综合税率 3.47%。有关付款条款如下：

1）材料预付款为分项工程合同价的 20%，于开工前支付，在最后两个月平均扣除。

2）措施项目费于开工前和开工后第 2 月末分两次平均支付。

3）专业工程暂估价在最后 1 个月按实结算。

4）业主按每次承包人应得工程款的 90% 支付。

5）工程竣工验收通过后进行结算，并按实际总造价的 5% 扣留工程质量保证金。

承包人每月实际完成并经签证确认的工程量如表6-4所示。

表6-4　每月实际完成工程量表　　　　　　　　　　（单位：m³）

月份 分项工程	1	2	3	4	累计
甲	500	800	800	600	2700
乙	700	900	800	400	2800

▶问题：

1. 该工程预计合同总价为多少？材料预付款是多少？首次支付措施项目费是多少？
2. 每月分项工程量价款是多少？承包人每月应得的工程款是多少？
3. 分项工程量总价款是多少？竣工结算前，承包人应得累计工程款是多少？
4. 实际工程总造价是多少？竣工结算款为多少？

▶案例分析：

本案例是根据工程量清单计价模式和单价合同进行工程价款结算的案例，其基本计算方法可用如下计算公式表达：

工程合同价款 = ∑计价项目费用 × （1 + 规费费率） × （1 + 税金率）

其中：计价项目费用应包括分部分项工程项目费用、措施项目费用和其他项目费用。分部分项工程项目费用计算方法为：首先确定每个分部分项工程量清单项目（子目）的综合单价（综合单价按《建设工程工程量清单计价规范》，以下简称《计价规范》）的规定，包括：人工费、材料费、机械使用费、管理费、利润，并考虑一定的风险，但不包括规费和税金），其次以每个分部分项工程量清单项目（子目）工程量乘以综合单价后形成每个分部分项工程量清单项目（子目）的合价，最后将每个分部分项工程量清单子目的合价相加形成分部分项工程量清单计价合价。根据《计价规范》的规定，可以计算工程量的措施项目，包括与分部分项工程项目类似的措施项目（如护坡桩、降水等）和与某分部分项工程量清单项目直接相关的措施项目（如模板、压力容器的检验等），宜采用分部分项工程量清单项目计价方式计算费用；不便计算工程量的措施项目，按项计价，包括除规费、税金以外的全部费用。

措施项目费用也要在合同中约定按一定数额提前支付，以便承包人有效采取相应的措施。但需要注意，提前支付的措施项目费用，与工程预付款不同，属于合同价款的一部分。如果工程约定扣留质量保证金，则提前支付的措施项目费用也要扣留质量保证金。措施项目费的计取可采用以下三种方式：

（1）与分部分项实体消耗相关的措施项目，如混凝土、钢筋混凝土模板及支架与脚手架等，该类项目应随该分部分项工程的实体工程量的变化而调整。

（2）独立性的措施项目，如护坡、降水、矿山工程的上山道路等，该类项目应充分体现其竞争性，一般应固定不变，不得进行调整。

（3）与整个建设项目相关的综合取定的措施项目费用，如夜间施工增加费、冬雨季施工增加费、二次搬运费、文明安全施工等，该类项目应以分部分项工程项目合价（或分部分项工程合价与投标时的独立的措施费用之和）为基数进行调整。

其他项目费用，包括暂列金额、暂估价、计日工、总承包服务费等，应按下列规定计价：

（1）暂列金额应根据工程特点，按有关计价规定估算。

（2）暂估价中的材料单价应根据工程造价信息或参考市场价格估算；暂估价中专业工程金额应分不同专业，按有关计价规定估算。

（3）计日工应根据工程特点和有关计价依据计算。

（4）总承包服务费应根据招标人列出的内容和要求估算。

规费和税金应按国家、省级或行业建设主管部门的规定计算，不得作为竞争性费用。

1. 问题 1 的解答

该工程预计合同价 $=\sum$ 计价项目费用 $\times$（1 + 规费费率）$\times$（1 + 税金率）$=$（2300 × 180 + 3200 × 160 + 180000 + 200000）×（1 + 3.32%）×（1 + 3.47%）=（926000 + 180000 + 200000）× 1.069 = 1396114 元 = 139.61 万元

材料预付款金额 $=\sum$（分项工程项目工程量 × 综合单价）×（1 + 规费费率）×（1 + 税金率）× 预付率 = 92.600 × 1.069 × 20% = 19.798 万元

措施项目费首次支付额 = 措施项目费用 ×（1 + 规费费率）×（1 + 税金率）× 50% × 90% = 18 × 1.069 × 50% × 90% = 8.659 万元

2. 问题 2 的解答

每月分项工程量价款 $=\sum$（分项工程量 × 综合单价）×（1 + 规费费率）×（1 + 税金率）

（1）第 1 个月分项工程量价款：（500 × 180 + 700 × 160）× 1.069 = 21.594 万元

承包人应得工程款：21.594 × 90% = 19.435 万元

（2）第 2 个月分项工程量价款：（800 × 180 + 900 × 160）× 1.069 = 30.787 万元

措施项目费第二次支付额：18 ×（1.069）× 50% × 90% = 8.659 万元

承包人应得工程款：30.787 × 90% + 8.659 = 36.367 万元

（3）第 3 个月分项工程量价款：（800 × 180 + 800 × 160）× 1.069 = 29.077 万元

应扣预付款：19.798 × 50% = 9.899 万元

承包人应得工程款：29.077 × 90% - 9.899 = 16.270 万元

（4）第 4 个月甲分项工程累计完成工程量为 2700m³（比清单工程量增加了 400m³（增加数量超过清单工程量的 10%），超出部分其单价应进行调整。

超过清单工程量 10% 的工程量：2700 - 2300 ×（1 + 10%）= 170m³，这部分工程量综合单价应调整：180 × 0.9 = 162 元/m³

第 4 个月甲分项工程量价款：[（600 - 170）× 180 + 170 × 162] × 1.069 = 11.218 万元；第 4 个月乙分项工程累计完成工程量为 2800m³，比清单工程量减少了 400m³（减少数量超过清单工程量的 10%），因此，乙分项工程的全部工程量均应按调整后的单价结算。

第 4 个月乙分项工程结算工程量价款：2800 × 160 × 1.08 × 1.069 -（700 + 900 + 800）× 160 × 1.069 = 10.673 万元

本月完成甲、乙两分项工程量价款：11.218 + 10.673 = 21.891 万元

专业工程暂估价、计日工费用结算款：（17 + 2.6）× 1.069 = 20.952 万元

应扣预付款为：9.899 万元

承包人应得工程款为：（21.891 + 20.952）× 90% - 9.899 = 28.660 万元

3. 问题3的解答

分项工程量总价款：21.594 + 30.787 + 29.077 + 21.891 = 103.349 万元

竣工结算前，承包人应得累计工程款：19.434 + 36.367 + 16.270 + 28.660 = 100.731 万元

4. 问题4的解答

甲分项工程的模板及其支撑措施项目费调增：$2 \times 400/2300 = 0.348$ 万元

乙分项工程的模板及其支撑措施项目费调减：$3 \times (-400/3200) = 0.375$ 万元

分项工程量价款增加：$103.349/1.069 - (2300 \times 180 + 3200 \times 160)/10000 = 4.078$ 万元

安全文明施工措施项目费调增：$(4.078 + 0.348 - 0.375) \times 2\% = 0.081$ 万元

工程实际总造价：$103.349 + (18 + 0.348 - 0.375 + 0.081) \times 1.069 + 20.952 = 143.601$ 万元

竣工结算款：$100.731 \times 5\% + (0.348 - 0.375 + 0.081) \times 1.069 \times (1 - 5\%) = 5.091$ 万元

【案例6-3】 某综合楼桩基础工程施工合同纠纷案

▶背景：

该工程为某综合楼挖孔桩基础，原告为承包人，被告为发包人。原、被告双方于20××年7月经协商签订了施工合同，合同约定工程价款为320万元，工期60天。合同对计价原则进行了明确约定，结算工程量为审定预算工程量加设计变更。该工程开工日期为7月25日，工程多次停工（停工责任未确定）且未办理竣工验收。原告以被告至今未办理结算为由，向法院提起诉讼。法院委托鉴定机构对该工程造价进行鉴定。报送鉴定资料有：委托书、施工合同、起诉状、答辩状、桩基础施工图、开工报告、挖孔桩隐蔽工程验收记录、现场签证等资料。原、被告双方对工程量的确定存在争议，被告认为工程结算价应为合同加设计变更及签证，原告认为结算应按实计算；双方并对停、窝工损失及合同违约金的计算产生争议。

▶案例分析：

（1）索赔要有证据。停、窝工在施工合同纠纷案件中很普遍，停、窝工费用的索赔及违约金的请求能否得到支持，主要看索赔事件的证据是否完整。当索赔事件发生或一方违约时，索赔方应根据合同约定的索赔程序将索赔报告及时送达被索赔方。停、窝工损失费用因原告未按合同约定办理停、窝工报告，鉴定人依据资料无法确认违约方，不能出具鉴定意见。本案索赔不成立。

（2）预算未经审定，原告实际的完成工程在被告现场工程师已确认的挖孔桩隐蔽验收记录中已反映，予以承认。可按合同约定的计价标准计算，追加价款。

【案例6-4】 工程未经竣工验收使用纠纷案

▶背景：

20××年6月，某施工单位（下称承包人）承建某建设单位（下称发包人）酒店装修工程，同年9月工程竣工。但未经竣工验收，发包人的酒店即于同年10月中旬开张。同年11月，双方签订补充协议，约定发包人提前使用工程，承包人不再承担任何责任，发包人应于12月支付50万元工程款并对总造价委托审价。

次年 4 月，承包人起诉发包人，要求其按约支付工程欠款和结算款。但发包人（被告）在法庭上辩称并反诉称：承包人（原告）施工工程存在质量问题，并要求被告支付工程质量维修费及维修期间营业损失。

诉讼过程中，酒店的平顶突然下塌，发包人自行委托修复，导致原告施工工程量无法计算。因此，本案的争议焦点是：未经签证的增加工作量如何审价鉴定？工程质量问题是施工的原因还是使用不当的原因造成的？未经竣工验收工程的质量责任应由谁承担？

▶案例分析：

（1）双方在施工过程中未就隐蔽工程验收、竣工验收等做好相关记录，现场制作安装与设计图纸也不符，但被告未经验收就使用了工程，故可认为双方实际变更了工程内容，就工程造价应当按照施工现场实际状况按实结算。

（2）最高人民法院关于《建设工程施工合同司法解释的理解与适用》第十三条规定，发包人未经竣工验收擅自使用工程，因无法证明承包人最初交给发包人的建筑产品的原状，应承担举证不能的法律后果是：

1）发包人难以以未予签证或现场发生变更为由拒付原工程实际发生的工程款。

2）发包人难以向承包人主张质量缺陷免费保修的责任。

3）发包人不能向承包人主张已使用部分工程质量缺陷责任，只能自行承担修复费用。

（3）法院判决，被告支付工程款（包括被告未确认的工程量），同时判决原告酌情承担 12 万元修复费用和 5 万元营业损失。

【案例 6-5】 索赔案例

▶背景：

某工程项目施工采用了包工包全部材料的固定价格合同。工程招标文件参考资料中提供的用砂地点距工地 4km。但是开工后，检查该砂质量不符合要求，承包人只得从另一距工地 20km 的供砂地点采购。而在一个关键工作面上又发生了由几种原因造成的临时停工：5 月 20 日至 5 月 26 日，承包人的施工设备出现了从未出现过的故障；应于 5 月 27 日交给承包人的后续图纸直到 6 月 9 日才交给承包人；6 月 10 日到 6 月 12 日，施工现场下了罕见的特大暴雨，造成了 6 月 13 日到 6 月 14 日该地区的供电全面中断。

▶问题：

1. 承包人的索赔要求成立的条件是什么？

2. 由于供砂距离的增大，必然引起费用的增加，承包人经过仔细认真计算后，在业主指令下达的第三天，向业主的造价工程师提交了将原用砂单价每吨提高 5 元人民币的索赔要求。作为一名造价工程师，你批准该索赔要求吗？为什么？

3. 若承包人对因业主原因造成窝工损失进行索赔时，要求设备窝工损失按台班计算，人工的窝工损失按日工资标准计算是否合理？如不合理应怎样计算？

4. 由于几种情况的暂时停工，承包人在 6 月 25 日向业主的造价工程师提出延长工期 26 天，成本损失费人民币 2 万元/天（此费率已经造价工程师核准）和利润损失费人民币 2 千元/天的索赔要求，共计索赔款 57.2 万元。作为一名造价工程师，你批准延长工期多少天？索赔款额多少万元？

5. 你认为应该在业主支付给承包人的工程进度款中扣除因设备故障引起的竣工拖期违约损失赔偿金吗？为什么？

▶案例分析：

对该案例的求解首先要弄清工程索赔的概念，工程索赔成立的条件，施工进度拖延和费用增加的责任划分与处理原则，特别是在出现共同延误的情况下工期延长和费用索赔的处理原则与方法，以及竣工拖期违约损失赔偿金的处理原则与方法。

1. 问题 1 的解答

承包人的索赔要求成立必须同时具备如下四个条件：

(1) 与合同相比较，已造成了实际的额外费用或工期损失。

(2) 造成费用增加或工期损失的原因不是由于承包人的过失。

(3) 造成的费用增加或工期损失不是应由承包人承担的风险。

(4) 承包人在事件发生后的规定时间内提出了索赔的书面意向通知和索赔报告。

2. 问题 2 的解答

因砂场地点的变化提出的索赔不能被批准，原因是：

(1) 承包人应对自己就招标文件的解释负责。

(2) 承包人应对自己报价的正确性与完备性负责。

(3) 作为一个有经验的承包人可以通过现场踏勘确认招标文件参考资料中提出的用砂质量是否合格，若承包人没有通过现场踏勘以发现用砂质量问题，其相关风险应由承包人承担。

3. 问题 3 的解答

不合理。因窝工闲置的设备按折旧费、停滞台班费或租赁计算，不包括运转费部分；人工费损失应考虑这部分工作的工人调做其他工作时工效降低的损失费用；一般用工日单价乘以一个测算的降效系数来计算这一部分的损失，而且只按成本费用计算，不包括利润。

4. 问题 4 的解答

可以批准延长工期为 19 天，费用索赔金额为 32 万元人民币。原因是：

(1) 5 月 20 日至 5 月 26 日出现的设备故障，属于承包人应承担的风险，不应考虑承包人延长工期和费用索赔要求。

(2) 5 月 27 日至 6 月 9 日是由于业主迟交图纸引起的，为业主应承担的风险，应延长工期为 14 天。成本损失索赔额为 14 天 × 2 万元/天 ＝ 28 万元，但不应考虑承包人的利润要求。

(3) 6 月 10 日至 12 日的特大暴雨属于双方共同的风险，应延长工期为 3 天，但不应考虑承包人的费用索赔要求。

(4) 6 月 13 日至 6 月 14 日的停电属于有经验的承包人无法预见的自然条件变化，为业主应承担的风险，应延长工期为 2 天，索赔金额为 2 天 × 2 万元/天 ＝ 4 万元，但不应考虑承包人的利润要求。

5. 问题 5 的解答

业主不应在支付给承包人的工程进度款中扣除竣工拖期违约损失赔偿金。因为设备故障引起的工程进度拖延不等于竣工工期的延误。如果承包人能够通过施工方案的调整将延误工期补回，则不会造成工期延误。如果承包人不能通过施工方案的调整将延误的工期补回，将会造成工期延误。所以，工期提前奖励或拖期罚款应在竣工时处理。

【案例6-6】 索赔案例

▶背景：

某建筑公司（乙方）于某年4月20日与某厂（甲方）签订了修建建筑面积为3000m²工业厂房（带地下室）的施工合同。乙方编制的施工方案和进度计划已获工程师批准。双方约定采取单价合同计价。该工程的基坑开挖土方量为4500m³，假设直接费单价为4.2元/m³，综合费率为直接费的20%。该基坑施工方案规定：土方工程采用租赁一台斗容量为1m³的反铲挖掘机施工（租赁费450元/台班）。甲、乙双方合同约定5月11日开工，5月20日完工。在基坑开挖实际施工中发生了如下事件：

事件1：因租赁的挖掘机大修，晚开工2天，造成人员窝工10个工日。

事件2：施工过程中，因遇软土层，接到工程师5月15日停工的指令，进行地质复查，配合用工15个工日，窝工5个工日（降效系数0.6）。

事件3：5月19日接到工程师于5月20日的复工令，同时提出基坑开挖深度加深2m的设计变更通知单，由此增加土方开挖量900m³。

事件4：5月20日至5月22日，因下暴雨迫使基坑开挖暂停，造成人员窝工10个工日。

事件5：5月23日用30个工日修复冲坏的永久道路，5月24日恢复挖掘工作，最终基坑5月30日挖坑完毕。

上部结构施工过程中出现了以下事件：

事件1：原定于6月10日前由甲方负责供应的材料因材料生产厂所在地区出现沙尘暴，材料6月15日运至施工现场，致使施工单位停工。影响人工100个工日，机械台班5个，乙方据此提出索赔。

事件2：6月12日至6月20日乙方施工机械出现故障，无法修复，自6月21日起乙方租赁的设备开始施工，影响人工200个工日，机械台班9个，乙方据此提出索赔。

事件3：6月18日至6月22日按甲方改变工程设计的图纸施工，增加人工150个工日，机械台班10个，乙方据此提出索赔。

事件4：6月21日至6月25日施工现场所在地区由于台风影响致使工程停工，影响人工140个工日，机械台班8个，乙方据此提出索赔。

▶问题：

1. 列表说明基坑开挖过程事件1至事件5工程索赔理由及工期、费用索赔的具体结果。

（注：其中人工费单价23元/工日，增加用工所需的管理费为增加人工费的30%）。

2. 说明上部结构施工中乙方提出的工程索赔要求是否合理？合理的索赔结果是什么？

（注：其中人工费单价60元/工日；机械使用费400元/台班，降效系数为0.4。）

▶案例分析：

1. 问题1的解答

基坑开挖施工索赔确认单见表6-5。

表6-5 基坑开挖施工索赔确认单

事件	索赔成立理由	工期索赔	费用索赔
1	不成立。承包人责任		
2	成立。地质条件变化非承包人责任	(5.15~5.19) 索赔工期5天	人工费：$15 \times 23 + 5 \times 23 \times 0.6 = 414$ 元 机械费：$450 \times 5 = 2250$ 元 管理费：$15 \times 23 \times 30\% = 103.5$ 元
3	成立。设计变更非承包人责任	$900 \div (4500 \div 10) = 2$ 天	直接费：$900 \times 4.2 \times (1 + 20\%) = 4536$ 元
4	不成立。自然灾害造成停工损失。甲方不予索赔	3天	
5	成立。保证道路通畅属业主方责任	1天	人工费：$30 \times 23 = 690$ 元 机械费：$450 \times 1 = 450$ 元 管理费：$690 \times 30\% = 207$ 元
合计		11天	8650.5元

2. 问题2的解答

上部结构施工过程中出现的事件1至事件4属同一施工过程某时间段多方责任共同发生事件的索赔类型，应采用初始责任原则进行分析，分析过程见表6-6。

表6-6 事件关系分析表

时间	10	11	12	13	14	15	16	17	18	19	20	21	22	23	24	25
事件搭接关系	①甲责					②乙责				③甲责			④不可抗力			
优先责任	甲方					乙方						甲方		不可抗力		
工期补偿	√					×						√		√		
费用补偿	√					×						√		×		

事件1：费用补偿按窝工处理。补偿费用 = $(60 \times 100 + 400 \times 5) \times 0.4 = 3200$ 元，合同工期顺延5天。

事件2：不补偿，属乙方责任。

事件3：费用正常补偿，补偿费用 = $(150 \times 60 + 400 \times 10) \times 2/5 = 5200$ 元，合同工期顺延2天。

事件 4：不可抗力事件，只进行工期补偿，工期顺延 3 天。

共计补偿费用 8400 元，合同工期顺延 10 天。

二、单项训练

（一）训练目的

1. 了解建设工程合同签订的基本程序。

2. 掌握建设工程施工合同的内容。

3. 掌握索赔的程序，能编制索赔报告。

（二）训练内容

1. 编制施工合同文件。

2. 编制索赔报告。

（三）训练题

1. 某学院拟建两栋学生宿舍，六层框架结构，建筑面积约 9700m^2，工程通过公开招标，已完成定标工作，下达了中标通知书。学生熟悉工程概况，了解工程发承包合同双方的具体情况，学习《建筑工程施工合同（示范文本)》的内容，分析合同环境。拟定合同条款，编制该工程施工合同文件。

2. 某工程合同中规定，施工单位应安装满足最小排水能力 1.5t/min 的排水设施，并安装 1.5t/min 的备用排水设施，两套设施合计 15900 元。合同中还规定，施工中如遇业主原因造成工程停工或窝工，业主对施工单位自有机械按台班单价的 60% 给予补偿，对施工单位租赁机械按租赁费给予补偿（不包括运转费用）。

该工程施工过程中发生以下三项事件：

事件 1：施工过程中业主通知施工单位某分项工程（非关键工作）需进行设计变更，由此造成施工单位的机械设备窝工 12 天。

事件 2：施工过程中遇到了非季节性大暴雨天气，由于地下断层相互贯通及地下水位不断上升等不利条件，原有排水设施满足不了排水要求，施工工区涌水量逐渐增加，使施工单位被迫停工，并造成施工设备被淹没。

为保证施工安全和施工进度，业主指示施工单位紧急购买增加额外排水设施，尽快恢复施工，施工单位按业主要求购买并安装了两套 1.5t/min 的排水设施，恢复了施工。

事件 3：施工中发现地下文物，处理地下文物工作造成工期拖延 40 天。

就以上三项事件，请判断能否索赔，并编制索赔报告书，并按合同规定的索赔程序向业主提出索赔。施工单位机械台班费用见表 6-7。

表 6-7　施工单位机械台班费用

项目	机械台班单价（元/台班）（运转费）	项目	机械台班单价（元/台班）（运转费）
9m^3 空压机	310	塔吊	1000
25t 履带吊车（租赁）	1500	混凝土泵车（租赁）	600

三、思考与讨论

1. 简述施工合同与施工招投标的关系。

2. 简述施工合同按计价方式的分类。

3．简述成本加酬金合同的分类和各自的特点。

4．简述施工合同文本的组成。

5．简述施工合同文件的组成及解释顺序。

6．简述施工合同的主要内容。、

7．承发包双方各自应完成哪些工作？承发包双方的违约责任是什么？

8．简述如何对预付款进行管理。

9．简述工程进度款管理的内容。

10．简述工程量的计算程序。

11．简述变更合同价款调整的原则。

12．简述如何对竣工结算款进行管理。

13．简述工程设计变更的处理程序。

14．隐蔽工程和中间验收有哪些规定？

15．延期开工有哪些规定？

16．哪些情况下工期可以顺延？

17．简述不可抗力情况下的责任认定办法。

18．如何签订建设工程施工合同？

19．如何进行合同谈判？

20．简述索赔的概念与种类。

21．简述索赔的程序。承包人在索赔过程中的重要工作是什么？

22．如何编写索赔报告？怎样才能成功索赔？

23．你是怎样理解"为了签订一个有利的合同而作出的各种努力是最有力的索赔管理"这句话的含义的？

24．反索赔应该注意哪些事项？

单元七　综合实训

一、案例

(一) 案例1

▶背景:

某国家重点建设项目,投资估算约8000万元人民币,项目前期审批手续已完成,核准的招标方式为公开招标,设计单位完成的设计图纸内容和深度满足施工要求,招标人委托某招标代理公司代理招标。该招标代理公司着手编制招标方案并按时间先后拟定招标程序如下:

(1) 签订委托协议。

(2) 编制资格预审文件。

(3) 在工程所在市的晚报上发布资格预审公告。

(4) 发售资格预审文件。

(5) 召开投标预备会。

(6) 编制招标文件。

(7) 从招标人提供的专家名单中随机抽取评标专家。

(8) 组织对资格预审申请人进行资格审查,并通知其资格审查结果。

(9) 向通过资格预审的申请人发售招标文件,同时要求其提交投标报价30%的投标保证金。

(10) 分两批组织购买招标文件的潜在投标人进行现场踏勘。

(11) 接受投标文件,组织开标会议。

(12) 组织评标委员会评标,出具评标报告。

(13) 退还未中标人的投标保证金。

(14) 招标人与中标人签订合同。

(15) 发出中标通知书。

(16) 招标人定标,并开始与排名第一的中标候选人进行合同价格谈判。

此外,计划工期内物价波动幅度小,招标代理公司根据项目具体情况,向招标人推荐了采用固定总价合同形式。

▶问题:

(1) 指出上述招标程序的不妥之处,逐一说明理由。

(2) 本案例中招标代理机构建议的合同形式是否妥当?说明理由。

【提示】　本案例考查:①法定招标程序内容;②合同类型选择。

(二) 案例2

▶背景:

某省政府投资2500万元建设该省信息中心办公楼,按照《建筑业企业资质管理规定》,

248

该工程可由具备房屋建筑工程施工总承包三级及以上的企业承揽。招标人在"中国工程建设和建筑业信息网"上发布了招标公告,其内容如下:

××省信息中心办公楼工程,建筑面积8856m²,地上6层,地下1层,全现浇框架剪力墙结构。现对该工程施工总承包进行公开招标。

1. 招标范围

招标范围为图纸范围内全部内容,详见招标文件。

2. 投标人资格要求

(1) 投标人须具备房屋建筑工程施工总承包三级资质及装修装饰专业工程三级施工资质,有类似项目业绩,并在人员、设备、资金等方面具有相应的施工能力。

(2) 不接受联合体投标。

3. 招标文件的获取

(1) 凡有意参加投标者,请于20××年6月6日(星期六)至20××年6月10日,每日上午8时30分至12时00分,下午1时30分至17时30分(北京时间,下同),在××省××市××区××路甲1号××省信息中心办公室购买招标文件。

(2) 购买招标文件时,须提交8万元人民币投标保证金。

(3) 招标文件售价200元/套,图纸3000元/套,售后不退。

4. 投标截止时间及开标时间

投标截止时间为20××年6月20日9时00分;开标时间为20××年6月20日10时00分。

投标文件须送达地点:×××××××××。

招标人、地址、电话:×××××××××。

招标人同时在《中国建设报》上发布了该工程招标公告,公告中仅明确了项目概况和投标人资格要求。共126家满足资格要求的施工企业购买了招标文件和图纸,考虑到潜在投标人太多,招标人在招标文件澄清与修改中要求,投标人须有房屋建筑工程施工总承包一级资质及装修装饰专业工程一级施工资质,8项以上类似项目业绩。最后,有6家投标人递交了投标文件。

▶问题:

1. 招标人在"中国工程建设和建筑业信息网"上发布的招标公告内容是否完整?说明理由。

2. 指出上述招标公告中的不妥之处,逐一说明理由。

3. 指出招标人在上述招标过程中的不妥之处,逐一说明理由。

【提示】本案例考查:①招标公告的基本内容;②招标公告发布要求;③招标公告与招标文件的关系。

(三) 案例3

▶背景:

某政府投资房屋建筑工程,建筑面积12000m²,具备房屋建筑工程施工总承包三级及以上的企业可以承揽该工程施工,二级建造师可以担任其项目经理。招标人采用有限数量制审查投标人资格,采用《中华人民共和国标准施工招标资格预审文件》(2007年版)编制,其中载明的评审因素及评审标准见表7-1。

表7-1　评审因素及评审标准

评审因素		评审标准
审查因素	营业执照	有效，中央、外省市企业须在本市有500m² 以上营业场所
	安全生产许可证	在有效期内
	项目业绩	在本市须有类似项目业绩
	资质等级	房屋建筑工程施工总承包特级
	项目经理	具备国家注册的一级建造师执业资格
	信誉	近一年在本市没有骗取中标行为
评分标准	项目经理	高级工程师及以上职称的10分；工程师职称5分；其余0分
	类似项目业绩	本市企业：6分/项；中央及外省企业：5分/项

在资格预审申请截止时间前，招标人受理了 12 份资格申请文件。在资格审查过程中发现申请人 A 使用的施工资质为其子公司资质，申请人 B 为联合体申请人，其中一个成员 C 又单独提交了 1 份资格预审申请文件。审查委员会认为这 3 家申请人不符合相关规定，不能通过初步审查；申请人 D 在其基本情况表中申明其具有有效的营业执照，但在核查其营业执照原件时，发现其营业执照副本（复印件）的有效期已过，遂要求其提交原件进行复核。申请人 D 在规定的时间内将其刚刚申办的营业执照原件提交给审查委员会，经核查确认其合格。

▶问题：

1. 资格评审因素及评审标准表中还应包括哪些资格审查因素？

2. 指出资格评审因素及评审标准表中资格审查标准的不妥之处，逐一说明理由。

3. 资格审查委员会针对申请人 A、B、C、D 的结论是否正确？不正确的说明理由。

【提示】本案例考查：①标准施工招标资格预审文件；②资格审查程序及结果。

（四）案例4

▶背景：

某工程建设项目由 A、B、C 三个可独立施工的单位工程构成。经项目审批部门核准，招标人采取公开招标方式，分别确定了三个单位工程的中标人并签订了合同。三个单位工程具体情况如下：

（1）A 工程是在施工图设计没有完成前开展的招标。由于设计工作尚未完成，承包范围内待实施的工程虽性质明确，但工程量还难以确定，故采用固定总价合同，以减少双方的风险。

（2）B 工程签约合同价为 9000 万元，总工期 30 个月，工程分两期进行验收，第一期为 18 个月，第二期为 12 个月。在工程实施过程中，出现了下列情况：

1）工程开工后从第三个月开始，连续四个月发包人未按合同约定支付承包人应得的工程进度款。为此，承包人向发包人发出要求付款的通知，并提出对逾期支付的工程进度款计取利息的要求，起息日为工程师计量签字后第 11 天。发包人以该四个月未支付工程款是因为抵扣预付款为由，拒绝支付。为此，承包人以发包人违反合同中关于预付款扣还的约定，以及拖欠工程款导致无法继续施工为由而停止施工，并要求发包人承担违约责任。

2）工程后期，工程遭遇当地百年来最大的台风，被迫暂停施工，部分已完工程受损，现场场地遭到破坏，直接导致总工期拖延了两个月。为此，发包人要求承包人承担工期拖延所造成的经济损失和赶工责任。

（3）C 工程在招标文件中规定，工期按工期定额计算，为 650 天。但在施工承包合同中，双方按中标人的投标文件确定开工日期为 20×× 年 12 月 15 日，竣工日期为 20×× 年 7 月 20 日，日历天数为 581 天。

▶问题：

（1）A 工程选择总价合同形式是否妥当？并说明理由。

（2）B 工程合同履行过程中出现的问题应如何处理？

（3）C 工程合同的合同工期应为多少天？

（4）合同争议应如何解决？

【提示】本案例考查：①合同形式的选择；②合同条款设置；③合同争议解决途径。

（五）案例 5

▶背景：

某依法必须招标的工程建设项目施工招标采用工程量清单计价，合同类型为固定单价合同。招标文件中关于投标报价条款的规定如下：

（1）投标人的投标报价，应包括完成该工程项目的成本、利润、税金、各种措施项目费、风险费及政策性文件规定费用等所有费用。每一子目最多允许有两个报价。未填单价或合价的子目，招标人将按照其他投标人对该子目的最低报价作为结算依据。

（2）招标人提供的工程量为估算工程量，投标人应对招标文件提供的各项工程量进行复核，并对其已标价工程量清单中所填报工程量的准确性负责，除以下两种情形外，结算时工程量不再调整：

1）实际工程量差异在 10% 以上的据实调整工程量。

2）工程设计变更。

（3）附件中给出的设备材料暂估价供投标人报价时参考。

（4）投标函报价应与已标价工程量清单汇总一致。投标文件中的大写金额与小写金额不一致的，以大写金额为准；总价金额与单价金额不一致的，以单价金额为准，但单价金额小数点有明显错误的除外。

（5）评标基准价计算方法为：评标基准价 = 去掉一个最低、一个最高有效报价的算术平均数。投标报价高于评标基准价时，中标价为评标基准价，低于评标基准价时为其投标报价。

▶问题：

指出上述报价条款中的不妥之处，并逐一说明理由。

【提示】本案例考查：招标文件报价条款设置及与合同结算。

二、问题辨析

1. 某企业项目审批核准部门对该项目的安装工程的招标方式核准意见为公开招标方式，但主要设备的安装工期十分紧张，招标人决定采用邀请招标的方式确定该设备安装单位，招标人的做法是否合理？

2. 合同工期和合同开工日期到合同竣工日期的时间天数不一致时应如何处理？

3. 在合同文件中，用数字表示的数额与用文字表示的数额不一致时，应如何处理？

4. 工程设计、监理等咨询类招标为什么不宜采用经评审的最低投标价法评标？

5. 招标公告发出后是否允许终止项目的招标？

6. 在对 10 份资格预审申请文件进行详细资格审查过程中，资格审查委员会没有依据资格预审文件对通过初步审查的申请人逐一进行审查和比较，而采取了去掉 3 个评审最差的申请人的方法。资格审查委员会的做法是否合理？

7. 某法定代表人为同一个自然人的 A、B 两个投标公司都参加了一个标包的电梯设备采购，A、B 两个公司是否能通过资格审查？

8. 某招标人由于对招标文件完成澄清与修改时，距项目的开标仅剩下了 5 日的时间，为保证投标人在开标后不投诉，招标人在发放投标文件澄清与修改时，要求每个投标人写下书面承诺不会因为招标文件的澄清与修改晚 10 日发出影响其投标。招标人的这种做法是否正确？

9. 重新招标给投标人造成的损失如何赔偿？

10. 某企业报价时对某分项工程报价有漏项，是否应判为废标？

11. A、B 企业分列综合得分第一名、第二名。由于 A 企业投标报价高于 B 企业，招标人向 B 企业发出中标通知书，是否合法？

12. 投标报价与标底价格相差较大，能否作无效投标处理？

13. 某投标人提供的企业法定代表人委托书是复印件，能否作无效投标处理？

14. 某招标文件规定，根据编制的标底判断投标报价的有效性和合理性，在标底价格浮动范围之外的为废标，是否合理？

15. 某投标人在开标后又递交了一份补充说明，该投标文件是否有效？

16. 某投标文件的投标函盖有企业及法定代表人的印章，但没有加盖项目负责人的印章，该投标文件是否有效？

17. 某投标人在开标后撤回了其投标文件，该投标文件是否有效？对其撤回投标文件的行为应作如何处理？

18. 确定中标人之后，招标人经审查发现中标人所选择的分包单位不符合要求，于是指定另一家公司作为 A 单位的分包单位。该做法是否合理？

19. 某投标人在投标截止时间之前，经书面声明撤回投标文件，撤回的投标文件开标时是否唱标？

20. 某招标文件规定：若采用联合体形式投标，必须在投标文件中明确牵头人并提交联合投标协议；若某联合体中标，招标人将与该联合体牵头人订立合同。该规定是否合理？

21. 某投标人的投标文件未按招标文件要求密封，该投标人重新密封并在投标截止时间之前递交，招标人能否受理？

22. 某投标人递交投标文件时没有带投标保证金发票，招标人是否受理该投标文件？

23. 某投标人在投标截止时间前几秒钟，携带投标文件跨进投标文件接收地点，即某会议室，递交给投标文件接收人时，已超过投标截止时间。该投标文件是否应被受理？

24. 某投标人在投标截止时间前递交了投标文件，但投标保证金递交时间晚于投标截止时间 2 分钟送达，招标人应如何处理？该投标文件属于无效投标还是废标？

25. 某招标人报价时将工程量清单中的 $29456m^2$ 调整为 $9456m^2$，并据此进行报价，评标委员会未能发现，并最终推荐其为第一中标候选人。招标人应如何处理？

26. 评标委员会按招标文件的约定，仅推荐了一名中标候选人，招标人向其发出中标通知书后，该中标候选人 A 来函表示放弃中标资格，招标人没收了其投标保证金，并确定排名第二的投标人 B 为中标人。招标人的做法是否合理？

27. 开标时，招标人当众拆封，并宣布了评标标准，该做法是否正确？

28. 某工程开标时，由公证处有关人员对投标单位的资质进行审查，并对所有投标文件进行审查，确认所有投标文件均有效后，正式开标。该做法是否正确？

29. 某设备采购项目，评标委员会经过初步审查，认为投标人 A 投标的设备与招标文件中的基本一致，但其价格过高，为此，招标人代表建议评标委员会要求投标人进行以下澄清，要求投标人 A 作进一步说明，如果中标，在现有的报价基础上可否再下调 1% ~ 3%。评标委员会的做法是否正确？

30. 某工程货物采购招标项目，发出中标通知后，招标人希望中标人在原中标价基础上再优惠两个百分点，即中标价由 136.00 万元人民币调整为 133.28 万元人民币。招标人和中标人协商后达成一致意见。这种做法是否正确？

附　录

附录 A　××学院公寓楼、浴室招标文件

××市建设工程项目

招　标　文　件

编　　　　号：20××−03

工 程 名 称：××学院

公寓楼、浴室

招　标　人：××学院（盖章）

法定代表人：×××

目　录

招标文件核准单

　　××造价事务所有限公司受××学校的委托，对××学校公寓楼、浴室工程进行招标，欢迎合格的投标人参加投标。

招标代理机构：××造价事务所有限公司

经办人：　　　　　　　　　　　　　　　法定代表人（印章）

签发人：　　　　　　　　　　　　　　　法人（印章）

联系电话：　　　　　　　　　　　　　　20××年1月3日

招标人核准意见

经办人：　　　　　　　　　　　　　　　法定代表人（印章）

签发人：　　　　　　　　　　　　　　　法人（印章）

联系电话：　　　　　　　　　　　　　　20××年1月18日

招标办投诉电话：

第一章　投　标　须　知

前　附　表　一

项号	内 容 规 定
1	**工程综合说明** 工程名称：××学院公寓楼、浴室 建设地点：××学校院内 工程规模：约 7940m² 结构类型：公寓楼砖混六层、浴室框架三层 标段划分：1 个标段 工程类别：三类 承包方式：包工包料 要求工期：200 日历天 质量标准：合格 创建目标：不创建省、市级文明工地 招标范围：工程量清单所包含的全部内容（即土建、安装工程的施工图全部内容，但电控柜、浴室金龙卡系统除外） 开工日期：20××年 2 月 20 日
2	资金来源及落实情况：自筹，资金已落实
3	投标有效期为：提交投标文件截止期后 45 天（日历天）
4	投标文件份数为：正本壹份；副本贰份
5	现场踏勘时间：自行安排 答疑时间：20××年 1 月 27 日 9 时 30 分 答疑地点：××建设工程交易中心开标大厅
6	提交投标文件截止时间：20××年 2 月 2 日 9 时 30 分 开标时间：为提交投标文件截止时间的同一时间公开进行 收标书、开标地点：××建设工程交易中心开标大厅
7	

前 附 表 二

项号	内 容 规 定
8	**注意：以下招标文件中黑体字为投标重要信息，请仔细阅读！** 　　**一、投标人在本工程开标会议上应出示以下证件的原件，否则视为自动弃权：** 　　1. 资格证明材料：企业法人营业执照副本、××市建设局签发的××省建筑企业信用手册或单项工程注册手续、建造师注册证（年检期间应由主管部门出具年检证明）。 　　2. 法定代表人参加会议时，需出示法定代表人证书或其身份证；如有授权时需出示授权委托书，同时出示受委托代理人身份证。 　　3. 投标人所报注册建造师应携带本人二代身份证参加开标会，否则视为自动弃权。 　　**二、本工程无效标书判定：** 　　1. 投标文件中的投标函未加盖投标人的公章及企业法定代表人印章的，或者企业法定代表人委托代理人没有合法、有效的委托书（原件）及委托代理人印章的。 　　2. 未按招标文件要求提供投标保证金的。 　　3. 未按招标文件规定的格式填写，内容不全或关键字模糊、无法辨认的。 　　4. 投标人递交两份或多份内容不同的投标文件，或在一份投标文件中对同一招标项目报有两个或多个报价，且未声明哪一个有效，按招标文件规定提交备选投标方案的除外。 　　5. 投标人名称或组织结构与资格预审时不一致的。 　　6. 除在投标文件截止时间前经招标人书面同意外，建造师与资格预审不一致的。 　　7. 投标人资格条件不符合国家有关规定或招标文件要求的。 　　8. 投标文件载明的招标项目完成期限超过招标文件规定的期限。 　　9. 明显不符合技术规范、技术标准的要求。 　　10. 投标报价超过招标文件规定的招标控制价的；投标人的投标文件出现了评标委员会认为不应当雷同的情况。 　　11. 不同投标文件无法导入计算机评标系统。 　　12. 改变招标文件提供的工程量清单中的计量单位、工程数量。 　　13. 改变招标文件规定的暂估价格、暂列金额或不可竞争费用的。 　　14. 未按招标文件要求提供投标报价的电子投标文件。 　　15. 投标文件载明的货物包装方式、检验标准和方法等不符合招标文件的要求。 　　16. 投标文件提出了不能满足招标文件要求或招标人不能接受的工程验收、计量、价款结算支付办法。 　　17. 以他人的名义投标、串通投标、以行贿手段谋取中标或者以其他弄虚作假方式投标的。 　　18. 经评标委员会认定投标人的投标报价低于成本价的。 　　19. 组成联合体投标的，投标文件未附联合体各方共同投标协议的。 　　20. 本招标文件对重大偏差的特殊规定：＿＿＿＿＿＿＿＿／＿＿＿＿＿＿＿。

一、总　　则

1. 工程概况

1.1　<u>××造价事务所有限公司</u>（代理公司全称）受<u>××学院</u>的委托，对<u>公寓楼、浴室</u>工程进行招标，欢迎合格的投标人参加投标。

1.2　本工程具体概况：　　　　<u>详见投标须知前附表</u>　　　　　　　。

1.3　该工程招标人和委托的代理机构双方签署的书面授权委托书及代理合同已提交县招投标办备案。

1.4　招标人（代理机构）对前附表所述工程项目具体实施招标代理事宜。工程名称、建设地点、结构类型及层数、建筑面积、承包方式、要求工期、要求质量标准及招标范围详见投标须知前附表。

以下文件中招标人均指招标人（或其委托的代理机构）。

2. 现场条件

2.1　招标人为使施工现场场地具备施工条件，应对施工场地完成拆迁及场地平整。

完成的日期是：　　<u>已完成</u>　　　　　　　　　　　　　　。

2.2　招标人负责将施工所需水、电、电信等管网、线路从施工场地外部，接至施工现场位置，并保证施工期间的需要。

完成的日期是：<u>已完成</u>　　　　　　　　　　　　　　　。

2.3　招标人负责提供的施工通道，满足施工运输到施工场地的需要，具体参见附图。

完成的日期是：<u>已完成</u>　　　　　　　　　　　　　　　。

2.4　招标人负责提供施工场地的工程地质和地下管网线路资料，保证数据真实准确。

完成的日期是：<u>已完成</u>　　　　　　　　　　　　　　　。

2.5　招标人负责办理的有关证件、批件（如临时用地、占道及铁路专用线等许可证）。

完成的日期是：<u>已完成</u>　　　　　　　　　　　　　　　。

2.6　招标人负责在施工现场将水准点与坐标控制点位置以书面形式交给中标人，做好交验记录。

2.7　招标人负责组织设计单位、中标人在约定时间进行图纸会审，向中标人进行设计交底。

完成的日期是：<u>另行通知</u>　　　　　　　　　　　　　　。

2.8　招标人未能按约定完成上述工作时，所应承担的责任双方应在施工合同中约定。招标人赔偿中标人损失的范围及计算方法是：在合同中约定。

2.9　其他　　　　　　　　　　/　　　　　　　　　　　　。

3. 按照《中华人民共和国招标投标法》及有关规定，上述工程已履行完审批手续，工程建设项目发包初步方案已经提交××县建设局建设工程招标投标办公室备案，招标公告已经发布，现采用<u>公开</u>招标方式择优选定施工单位。

4. 资金来源

招标人的资金已经通过前附表第2项所述的方式获得，并将部分资金用于本工程合同项下的各项支付。

5. 投标人资格审查条件

为履行本施工合同的目的，参加投标的施工企业（以下称"投标人"）至少须满足工程所需的资质等级及各项资料，包括投标人应提供令招标人满意的资格文件，以证明其符合投标合格条件和具有履行合同的能力。投标人在投标报名时应提交下列资料：

5.1 有关确立投标人法律地位的原始文件的副本（包括企业法人营业执照、企业资质等级证书及建造师资质等级证书）。

5.2 企业资质证书，投标人必须具有房屋建筑工程施工总承包壹级及以上。

5.3 注册建造师，拟选派注册建造师必须具备建筑工程专业壹级。

5.4 ××县建设局签发的××省建筑企业信用手册或单项工程注册手续。

5.5 企业"安全生产许可证"。

5.6 拟选派的注册建造师安全资格证书。

5.7 拟选派的注册建造师近两年来承担过类似工程证明材料。

5.8 企业注册地银行基本账户"开户许可证"。

5.9 投标保证金证明。

5.10 填写完整并加盖公章的资格预审申请书。

6. 资格预审的方式方法

6.1 招标人可以根据招标项目的性质制定资格预审的条件，内容主要包括以下方面：

（一）具有独立订立合同的能力。

（二）未处于被责令停业、投标资格被取消或者财产被接管、冻结和破产状态。

（三）企业没有因骗取中标或者严重违约以及发生重大工程质量事故等问题，被有关部门暂停投标资格并在暂停期内的。

（四）企业的资质类别、等级和项目经理的资质等级满足招标公告要求。

（五）企业具有按期完成与招标工程相适应的机械设备、项目管理人员和技术人员。

（六）以联合体形式申请资格预审的，联合体的资格（资质）条件必须符合要求，并附有共同投标的协议。

（七）资格预审申请书中重要内容没有失实或者弄虚作假。

（八）企业具备安全生产条件并领取了安全许可证。

（九）项目经理无在建工程，或者虽有在建工程，但合同约定范围内的全部施工任务已临近竣工阶段，并已经向原发包人提出竣工验收申请，原发包人同意其参加其他工程项目的投标竞争。

（十）符合法律、法规规定的其他条件。

6.2 投标人提交的资格预审材料和投标文件必须是真实完整的，如在评标过程中发现所报材料不真实完整，将取消其中标资格。

6.3 在进行资格预审时，由招标人组成资格预审评审委员会，主要成员可由招标人负责人、工程技术人员、纪检部门人员、职代会代表等组成，也可由招标人和专家评委组成，多数为5人以上（其中专家评委应在总数的2/3以上）的单数。

6.4 招标人针对本工程资格预审的具体方法为：_____。

7. 投标申请人有权了解本单位的资格审查结果，招标人应对资格审查不合格的投标申请人提出的疑问给予答复。投标申请人如认为招标人的行为不符合有关规定的，可以书面形式向××县招投标办公室投诉。县招投标办接到投诉后，应对资格预审过程及结果进行审查，并按规定进行处理。资格审查方式和评审办法不在招标文件中明确的和资格审查结果与招标文件中的要求不一致的，应宣布资格审查结果无效。

8. 备选标

本工程招标人不要求投标人提供备选标。

9. 投标费用及招标代理费用

9.1　本工程项目投标费用采用第　9.1.1　条方法。

9.1.1　投标人应承担其编制及递交投标文件所涉及的一切费用。无论投标结果如何，招标人对此费用概不负责。

9.1.2　招标人对投标人编制及递交投标文件所涉及的费用给予适当的补偿，补偿金额为___／___元。

9.2　本工程招标代理费收取：执行国家计委计价格〔2002〕1980号、发改委〔2003〕857号文件，本工程招标代理费用由中标人在领取中标通知书之前一次性全额支付。

10. 招投标过程中建造师的管理

10.1　招投标过程中建造师，应满足本招标文件的各项要求。

10.2　中标建造师必须亲临施工现场组织本工程项目的施工，必须严格遵循现行的有关法律、法规，切实履行自己的权利和义务。

10.3　对于在投标报名之后任何一环节之中的建造师的任何变更，均应以书面材料征得招标人的同意后报经招投标办核准，按照有关规定办理变更手续。

10.4　本工程对中标建造师要求如下：中标注册建造师必须亲临施工现场组织本工程项目的施工，必须严格遵循现行的有关法律、法规，切实履行自己的权利和义务。中标注册建造师每周驻守施工现场不少于4天，中标注册建造师未经招标方同意累计两周驻守现场各少于4天的，招标方将视中标单位违约，扣除中标单位履约保证金，已完工的工程不支付任何工程款，清除中标单位出场。

11. 现场踏勘

建议投标人对工程现场和周围环境进行实地踏勘，以获取有关编制投标文件和签订工程施工合同所需的各项资料，投标人应承担现场踏勘的责任和风险，现场踏勘的时间详见投标须知前附表，费用由投标人自己承担。

二、招标文件

12. 招标文件的组成

12.1　本工程的招标文件由下列文件及所有澄清、修改的文件组成。

招标文件包括下列内容：

第一章　投标须知
第二章　施工合同
第三章　技术规范
第四章　图纸、资料及附件
第五章　工程量清单与报价表（GB 50500—2008规范）
第六章　投标文件投标函部分格式

第七章　投标文件商务部分格式

第八章　投标文件技术部分格式

12.2　投标人应认真审阅招标文件中所有的投标须知、合同主要条款、技术规范、工程量清单和图纸。如果投标人的投标文件不能符合招标文件的要求，责任由投标人自负。实质上不响应招标文件要求的投标文件将被拒绝。

13. 招标文件的澄清

13.1　投标人对招标文件及施工图纸等有关招标资料有异议或疑问需要澄清，必须以书面形式于 3 日 内报送招标人。招标人应当以书面形式予以解答，并发给所有购买招标文件的投标人。请各投标人于 20××年1月27日16时前（北京时间）到 ××造价事务所有限公司 领取这些问题的答疑纪要。

13.2　投标人对招标人提供的招标文件所作出的任何推论和误解、由此得出的结论以及招标人对有关问题的口头解释、答复所造成的后果，均由投标人自负。招标人概不负责。

14. 招标文件的修改

14.1　招标人对已发出的招标文件进行必要的澄清或者修改的，应当在招标文件要求提交投标文件截止时间至少十五日前，以书面形式通知所有招标文件收受人。

14.2　招标人收到潜在投标人报送的有关要求答疑文件后，应进行归纳汇总，召集有关部门进行答疑，编制答疑纪要，并以书面形式在投标截止日期十五天前对潜在投标人给予明确回复。

14.3　为使投标人在编制投标文件时，将补充通知和修改的内容考虑进去，招标人可以延长投标截止时间（延长时间应在补充通知中写明）。

14.4　招标文件及其澄清或者修改的内容，应加盖招标人法人印章，经招投标办备案后方可发出。

三、投　标　报　价

15. 投标报价的内容和计算方法

15.1　投标报价应包括招标文件所确定的招标范围内工程量清单中所含施工图项目的全部内容，以及为完成上述内容所需的全部费用，其根据为投标人提交的已标价的工程量清单及附表。

15.2　投标人应按招标人提供的工程量清单填报价格。填写的项目编码、项目名称、项目特征、计量单位、工程量必须与招标人提供的一致。

15.3　实行工程量清单招标的工程建设项目，量的风险由发包人承担，价的风险在约定风险范围内的，由承包人承担，风险范围以外的按合同约定。

15.4　投标人应按招标人提供的工程量计算工程项目的单价和合价。工程量清单中的每一单项均需计算填写单价和合价，投标人没有填写单价和合价的项目将不予支付，认为此项费用已包括在工程量清单的其他单价和合价中。

16. 投标报价方式

16.1　本工程项目采用下列第　1　种方式。

16.1.1　固定价格报价。投标人应充分考虑施工期间各类建材的市场风险，并计入总报价，今后不作调整。投标人所填写的单价和合价在合同实施期间不因市场变化因素而变动，投标人在计算报价时应考虑一定的风险系数。

16.1.2　可变价格报价。投标人的投标报价（投标人所填写的单价和合价）可根据合同实施期间的市场变化而变动。

16.2　材料风险约定：

16.2.1　本工程以下五类主要建筑材料：钢筋、型钢、水泥、商品混凝土、电线电缆等，结算时可在本文件规定的价格风险包干幅度范围内予以调整，招标范围内其他所有材料价格结算时均不再调整。本文件规定合同风险包干幅度为 +10～-5，即当施工期间主要建筑材料价格上涨超过10%时，10%以内（含）的部分由承包人承担，超出10%的部分由发包人承担；当施工期间主要建筑材料价格下降超过5%时，5%（含）以内的部分由承包人受益，超出5%的部分由发包人受益。主要建筑材料价格调整公式：主要建筑材料差价 = 施工期《××工程造价信息》发布的材料加权平均指导价 - 合同工程基准期当月发布的材料指导价 ×（1 + 合同风险包干幅度）。

16.2.2　对于法律、法规、规章或有关政策出台导致工程税金、规费等发生变化的，应按照有关规定执行。

17.　投标报价的计价方法

17.1　本工程项目采用下列第　17.1.2　种方式。

17.1.1　施工图预算计价。

17.1.2　工程量清单计价。详见15条　。

18.　施工中工程量增减计价方法

18.1　①工程量清单漏项或设计变更引起新增工程量清单项目，其相应综合单价由一方提出，双方确认后为结算依据。②由于工程量清单的工程数量有误或设计变更引起工程量增减，属合同约定幅度15%以内的，应执行原有的综合单价；属合同约定幅度15%以外的，其增加部分的工程量或减少后剩余部分的工程量的综合单价由一方提出，双方确认后作为结算依据。

18.2　其他规定。本次招标范围为：根据施工图计算的工程量清单及清单所描述的项目特征所含工作内容，除另有规定外，一次包死。实际施工时与工程量清单不符，分清情况按18.1条执行。

19.　报价编制依据及要求

本工程执行国家标准《建设工程工程量清单计价规范》及《××省建筑与装饰工程计价表》、《××省安装工程计价表》、有关文件规定及招标人提供的工程量清单及其补充通知、答疑纪要。

19.1　不可竞争费用（按相关文件规定执行）。

19.2　本工程的其他规定：使用商品混凝土（泵送）。

19.2.1　投标人的材料价格根据市场行情自主报价。

19.3　建筑工程造价的组成：

19.3.1　分部分项工程费：执行建设部《建设工程工程量清单计价规范》及《××省建筑与装饰工程计价表》、《××省安装工程计价表》，人工费调整执行×建价×号文件。

19.3.2　措施项目费：

下述措施项目费中，除现场安全文明施工措施费外其他措施项目均由投标人自主报价，可以以工程量乘以综合单价计算，也可以以费率计算。

（1）现场安全文明施工：基本费土建按分部分项工程费2.2%计取，安装按分部分项工程费0.8%计取。现场考评费土建按分部分项工程费1.1%计取，安装按分部分项工程费0.4%计取。此费用竣工结算时根据现场考评结果计取。

（2）夜间施工增加费：按分部分项工程费0.8%计取。

（3）二次搬运费：无。

（4）冬、雨季施工增加费：按分部分项工程费0.12%计取。

（5）大型机械设备进出场及安拆：定额预算价按《××省建筑与装饰工程计价表》计算。投标人可自主报价。

（6）施工排水、降水：无。

（7）地上、地下设施，建筑物的临时保护设施：不计入报价，实际发生时按实结算。

（8）已完工程及设备保护费：按分部分项工程费0.05%计取。

（9）临时设施费：定额预算价按分部分项工程费的2%计算。投标人根据企业自身实际情况自主报价。

（10）材料检验试验费：属于国家标准或施工验收规范规定以内的，定额预算价按分部分项工程费的0.15%计算，投标人可自主报价。

（11）赶工措施费：无。

（12）工程按质论价：招标人与投标人协商另计。

（13）特殊条件下施工增加费：实际发生时，按实结算。

（14）混凝土、钢筋混凝土模板及支架：定额预算价按《××省建筑与装饰工程计价表》计算，投标人可自主报价。

（15）脚手架费：定额预算价按《××省建筑与装饰工程计价表》计算，投标人可自主报价。

（16）垂直运输机械费：投标人可根据自报工期计算。

19.3.3 其他项目费：

（1）暂列金额：

（2）暂估价：本项包括材料暂估价和专业工程暂估价。

① 材料暂估价：材料暂估价的单价由招标人提供，材料单价组成中应包括场外运输与采购保管费。投标人根据该单价计算相应分部分项工程和措施项目的综合单价，并在材料暂估价格表中列出暂估材料的数量、单价、合价和汇总价格，该汇总价格不计入其他项目工程费合计中。

暂估价详见清单"暂估价格表"，本工程暂估价无。

② 专业工程暂估价项目是必然发生但暂时不能确定价格，由总承包人与专业工程分包人签订分包合同的专业工程。发包人拟单独发包的专业工程，不得以暂估价的形式列入主体工程招标文件的其他项目工程量清单中，发包人应与专业工程承包人另行签订施工合同。

本工程专业工程及其暂估价为：_____/_____。

（3）计日工：由发承包双方在合同中另行约定。

（4）总承包服务费：定额预算价暂不计取，如有发生，结算时按现场实际分包情况，分情况按分包专业工程总价的1%或2%计入工程总价中。

19.3.4 规费

（1）工程排污费：按（分部分项工程费＋措施项目费＋其他项目费）×0.1%计取。

（2）安全生产监督费：按（分部分项工程费＋措施项目费＋其他项目费）×0.118%计取。

（3）社会保障费（土建）：按（分部分项工程费＋措施项目费＋其他项目费）×3%计取。

社会保障费（安装）：按（分部分项工程费＋措施项目费＋其他项目费）×2.2%计取。

（4）住房公积金（土建）：按（分部分项工程费＋措施项目费＋其他项目费）×0.5%计取。

住房公积金（安装）：按（分部分项工程费＋措施项目费＋其他项目费）×0.38%计取。

19.3.5 税金：3.48%。

四、投标文件

20. 投标文件的语言

投标文件及投标人与招标人之间与投标有关的来往通知、函件和文件均应使用中文。

21. 投标文件的组成

21.1 投标文件应包括下列 1~5 内容；

21.1.1 投标书。

21.1.2 递交的投标保证金证明（收据复印件）。

21.1.3 法定代表人资格证明书。

21.1.4 授权委托书。

21.1.5 具有标价的工程量清单与报价表及报价汇总表。

21.1.6 施工组织设计是用科学管理方法全面组织施工的技术经济文件，主要包括如下内容：

（1）工程质量保证措施。

（2）施工工期保证措施。

（3）工程施工方案及工艺方法。

（4）施工现场平面布置。

（5）安全及文明施工保证措施。

（6）环境保护措施。

（7）劳动力配置及保障措施。

（8）预制构件、半成品及主要材料进场计划。

（9）主要施工机具配置。

（10）项目主要管理人员资历，工程技术人员的数量配置。

（11）冬雨季施工措施。

（12）成品保护方案及措施。

21.1.7 近两年来企业及项目经理的工作业绩、获得的各种荣誉（装订复印件，开标时须提供证书或文件的原件以供核对）。

21.1.8 本招标文件规定提交的其他资料_____无_____。

22. 投标文件的编制

投标人必须使用招标文件提供的表格格式，但表格可以按同样格式扩展，投标保证金、履约保证金的方式按本须知有关条款的规定可以选择。投标文件应统一使用 A4 纸。投标文件（投标书及其附表、工程量清单报价表、主要材料汇总表、计划投入的主要施工机械设备表、主要施工人员表）的书写，如非打印稿件，一律使用钢笔、签字笔书写，须字迹清楚。禁止使用圆珠笔、铅笔和纯蓝、红色及其他易褪变扩散的墨水。

22.1 投标文件正本必须书写或打印，投标文件副本可以复印，其正、副本都应装订成册，并在封面上正确标明"正本"、"副本"字样。

22.2 全套投标文件关键部位应无修改和行间插字。如有修改，须在修改处加盖投标人法定代表人或其委托代理人的印鉴。

23. 投标文件的份数和签署

23.1 投标人按本须知的规定，编制一份投标文件"正本"和前附表第 4 项所述份数的"副本"，并明确标明"投标文件正本"和"投标文件副本"。投标文件正本和副本如有不一致之处，以正本为准。

23.2 投标文件正本与副本均应使用不能擦去的墨水打印或书写，加盖法人单位公章和投标人法定代表人签章或其代理人的签章。

23.3 全套投标文件应无涂改和行间插字，除非这些删改是根据招标人的指示进行的，或者是投标人造成的必须修改的错误。修改处应加盖投标人法定代表人或其代理人的签章。

24. 投标有效期

24.1 投标文件在投标须知前附表第 6 条规定的投标截止日期之后，前附表第 3 项所列的日历天内有效。

24.2 在原定投标有效期满之前，如果出现特殊情况，经招投标办核准，招标人可以书面形式向投标人提出延长投标有效期的要求。投标人须以书面形式予以答复，投标人可以拒绝这种要求而不被没收投标保证金。同意延长投标有效期的投标人不允许修改其投标文件，但需要相应地延长投标保证金的有效期，在延长期内本招标文件第 25 条关于投标保证金的退还与没收的规定仍然适用。

25. 投标保证金

25.1 投标人的投标担保办理时间为本工程资格预审结束后，各投标人在领取招标资料（施工图纸等）的同时缴纳至××建设工程服务中心，时间为20××年1月31日12时前递交投标保证金。投标保证金可采用现金、支票、银行汇票等方式，也可以是银行出具的银行保函（银行保函的有效期至少超过投标有效期一天），投标担保额度应当不高于投标总价的2%，最高不得超过 50 万元。

25.2 本招标文件要求为现金方式，金额为合同总价的__/__%或壹万__元。

25.3 未中标人的投标保证金应在确定中标人之后 7 日内，予以全额退还（无息）。

25.4 中标人的投标保证金在签订施工合同 7 日内，予以全额退还（无息）。

25.5 除不可抗力因素外，投标人在资格预审合格后，出现下列情况之一，××招投标办依其情节轻重，除扣罚其一定数量的投标保证金外，还将依法给予查处。

25.5.1 投标人不参加开标。

25.5.2　在开标时证件不齐全，投标书明显有瑕疵等原因故意废标。

25.5.3　在开标后的投标有效期内撤回投标文件。

25.5.4　中标后在规定时间内不与招标人签订工程合同的。

25.5.5　投标活动中有违法、违规行为等情况的。

25.5.6　中标人未能在招标文件规定的期限内提交履约担保。

25.5.7　中标人无正当理由拒绝签订合同。

25.5.8　其他法律、法规中规定的及招标文件中的要求。

26. 履约保证金

26.1　招标文件要求中标人提交履约保证金的，中标人应当提交。履约保证金可以采取现金、支票、汇票等方式，也可以是招标人所同意接受的商业银行、保险公司或担保公司等出具的履约保证，其数额应当不高于合同总价的5%。本招标文件要求为＿＿＿／＿＿＿方式，金额为合同总价的＿5＿%或＿／＿元。

26.2　提交履约保证金的期限。无论采取何种方式提交履约保证金，均应在签订合同前提交。

26.3　本招标文件要求中标人提交履约担保的，中标人应当提交。招标人应当同时向中标人提供工程款支付担保。

招标人支付担保可以采用银行保函或者担保公司担保书的方式。造价在500万元以下的工程项目也可以由招标人依法实行抵押或者质押担保。

招标人支付担保应是全额担保，也可为合同价的10%~15%实行滚动担保。本段清算后进入下段，否则，将依据担保合同要求担保人承担支付责任。

本招标文件要求为＿＿＿＿／＿＿＿＿方式，金额为合同总价的＿＿／＿＿%或＿＿／元。

27. 投标预备会

27.1　投标人派代表应于规定的时间和地点出席投标预备会。

27.2　投标预备会的目的是澄清、解答投标人提出的问题和组织投标人考察现场，了解情况。

28. 勘察现场

28.1　投标人可能被邀请对工程施工现场和周围环境进行勘察，以获取须投标人自己负责的有关编制投标文件和签署合同所需的所有资料。勘察现场所发生的费用由投标人自己承担。

28.2　招标人向投标人提供的有关施工现场的资料和数据，是招标人现有的能使投标人利用的资料。招标人对投标人由此而作出的推论、理解和结论概不负责。

28.3　投标人提出的与投标有关的任何问题须在投标预备会召开前，以书面形式送达招标人。

28.4　预备会会议记录包括所有问题和答复的副本，将提供给所有获得招标文件的投标人。由于投标预备会而产生的修改，由招标人以补充通知的方式发出。

五、投标文件密封和递交

29. 投标文件的密封与标志

29.1　投标人应将投标文件的正本和副本密封在袋中，封袋上应写明招标人名称、工程名称、投标人名称。

29.2　所有投标文件都必须在封袋骑缝处以显著标志密封，并加盖投标人法人印章和法定代表人或其代理人印章。

29.3　投标人的投标书应有显著密封标志并无明显拆封痕迹，否则投标文件将被拒绝，并原封退还。

29.4　本招标文件要求投标文件特殊的密封要求：＿＿＿＿＿＿＿＿＿／＿＿＿＿＿。

30.　投标截止时间

投标人须在前附表中规定的投标文件递交地点、截止时间之前将投标文件递交招标人。投标截止时间之后，投标人不得修改或撤回投标文件。

六、开　　标

31.　开标会议

31.1　开标会议应当在××市招投标办监督下，由招标人按前附表规定的时间和地点举行，邀请所有投标人参加。参加开标的投标人代表（即法定代表人或其委托代理人）应签名报到，以证明其出席开标会议。

31.2　投标人法定代表人或其委托代理人未参加开标会议的将视为自动弃权。

31.3　开标会议由招标人组织并主持。由各投标人或其推选代表对投标文件进行检查，确定它们是否完整，是否按要求提供了投标保证金以及文件签署是否正确。

31.4　投标人在本工程开标会议上应出示以下证件的原件：

31.4.1　资格证明材料（企业法人营业执照副本、项目经理资质证书（年检期间应由主管部门出具年检证明）××省建筑企业信用管理手册或××市建设局签发的单项工程承接核准手续）。

31.4.2　法定代表人参加会议时，需出示法定代表人证书或其身份证；如有授权时需出示授权委托书，同时出示受委托代理人身份证。

31.4.3　各项获奖证书及文件。

31.4.4　招标人当众宣布核查结果，并宣读有效投标的单位名称、投标报价、修改内容、工期、质量、主要材料用量、投标保证金以及招标人认为适当的其他内容。

七、评标、定标

32.　评标、定标工作在县招投标办监督下进行。评标由招标人依法组建的评标委员会负责，定标由招标人根据评标委员会提出的书面报告和推荐的中标候选人确定中标人，也可由经招标人授权的评标委员会直接确定中标人。

33.　公开开标后，直到宣布授予中标单位合同为止，凡属于审查、澄清、评价和比较投标的有关资料和有关授予合同的信息，都不应向投标人或与该过程无关的其他人泄露。

34.　在投标文件的审查、澄清、评价和比较以及授予合同的过程中，投标人对招标人和评标委员会其他成员施加影响的任何行为，都将导致取消其投标资格。

35.　本工程的评标办法

本工程采用综合评估法，是指以投标价格、施工组织设计、投标人及建造师业绩等多个因素为评价指标，并将各指标量化计分，按总分排列顺序，确定中标候选人的方法。

35.1　评标步骤：

（一）评标委员会的组建：评标委员会成员由五人组成，其中招标人代表一人，评标专家为四人。评标专家采取从"××省房屋建筑和市政基础设施工程招标投标评标专家名册"中随机抽取的方式确定。

（二）评标准备及清标：

1. 清标工作由评标委员会根据工程项目的具体情况和评标的实际需要确定。

2. 清标主要内容：

一、按照投标总价的高低或者招标文件规定的其他方法，对投标文件进行排序。

二、根据招标文件的规定，对所有投标文件进行全面的审查，列出投标文件在符合性、响应性等方面存在的偏差。

三、对投标报价进行校核，列出投标文件存在的算术计算错误。

四、形成书面的清标情况报告。

清标工作应当客观、准确，力求全面，不得营私舞弊、歪曲事实。

3. 评标委员会形成初步评审结论。

（三）详细评审：

1. 有效投标报价的确定：通过初步评审后，按本招标文件第 37 条的方法确定有效投标人的投标报价即为有效投标报价。

2. 评标委员会认定各投标人以低于成本（投标人自身的个别成本）报价竞标及存在不正当竞争行为之后，严格地对中标价进行复核，检查中标人有无漏项或发生计算错误。另外对其他投标价也应进行复核，认为有涉嫌哄抬标价或串通投标等违法违纪现象的，可暂停评标，并提请县招投标办依法进行查处。

3. 采用综合评估法的，评标委员会应当对所有通过初步评审的投标文件进行详细评审。

（四）评标报告：

评标委员会完成评标后，应当拟定一份书面评标报告提交招标人，并报监督机构备案。评标报告由评标委员会全体成员签字。对评标结论持有异议的评标委员会成员可以以书面方式阐述其不同意见和理由。评标委员会成员拒绝在评标报告上签字且不陈述其不同意见和理由的，视为同意评标结论。评标委员会应当对此作出书面说明并记录在案。

35.2 本工程评分标准及细则：

35.2.1 分值设定：

（一）技术标： 20 分

（二）商务标： 70 分

其中分部分项工程量综合单价偏离程度 -3 分（扣分项）

（三）投标人及建造师业绩 10 分

35.2.2 评分细则：

（一）技术标：

施工组织设计（20 分）：

（1）项目部组成、主要技术人员、劳动力配置及保障措施（需提供人员名单及劳动合同）

3 分

（2）施工程序及总体组织部署 3 分

（3）安全文明施工保证措施 3 分

（4）工程形象进度计划安排及保证措施   3分

（5）施工质量保证措施及目标   2分

（6）工程施工方案及工艺方法   2分

（7）施工现场平面布置   1分

（8）材料供应、来源、投入计划及保证措施   1分

（9）主要施工机具配置   1分

（10）主要部位上的施工组织措施、技术方案 1分

评分标准：

（1）以上某项内容详细具体、科学合理、措施可靠、组织严谨、针对性强、内容完整的，可得该项分值的90%以上。

（2）以上某项内容较好、针对性较强的、可得该项分值的75%~90%。

（3）以上某项内容一般、基本可行的，可得该项分值的50%~75%。

（4）以上某项无具体内容的，该项不得分。（如出现此情况，评标委员会所有成员应统一认定，并作出说明。）

施工组织设计各项内容评审，由评标委员会成员独立打分，评委所打投标人之间同项分值相差过大的，评委应说明评审及打分理由。

（二）商务标：

（1）投标报价（70分）：

开标十个工作日前，招标人公示定额预算价及招标控制价，本工程所有高于最高限价的报价将不再参与评标，其报价为无效报价。

投标人如对定额预算价或招标控制价有异议，应在收到定额预算价和招标控制价三个工作日内，以书面形式向招标人或工程造价管理部门提出异议。

高于最高限价的报价为无效报价。将所有通过符合性评审的有效投标报价取平均值，当有效投标报价人少于或等于五家时，全部参与该平均值计算；当有效投标报价人多于五家时，去掉最高和最低的投标人，其余几家投标人参与该平均值计算。所得平均值下浮（5%）后价格为基准价（70分），偏离基准价的，相应扣分。

与基准价相比，每低1%，扣1分。

与基准价相比，每高1%，扣2分。

差额不足±1%的，按照插入法计算。

（2）分部分项工程量综合单价偏离程度：-3分（扣分项）

① 偏离程度的评标基准值=经评审的所有有效投标人分部分项工程量清单综合单价的算术平均值；当有效投标人少于或等于五家时，全部综合单价参与该基准值计算；当有效投标人多于五家时，去掉最高和最低的综合单价，其余综合单价参与该基准值的计算。

② 与偏离程度基准值相比较误差在±20%（含±20%）以内的不扣分，超过±20%的，每项扣0.01分，最多扣3分。

（三）投标人及建造师业绩（10分）：

1. 分值设定：

a. 投标人的业绩   5分

b. 建造师的业绩   5分

2. 评分标准：

a. 投标人通过初步评审的，可得基本分 2 分，其余 3 分由评标委员会成员依据下列证明材料予以打分：

① 投标人获得市级及以上优质工程证书 1.6 分。

其中，××市级：金奖 0.30 分/项、银奖 0.20 分/项、铜奖 0.15 分/项。

省扬子杯或外省（直辖市）同类奖项：0.30 分/项，国家优质工程奖 0.35 分/项、鲁班奖：0.40 分/项。

② 投标人获得市级及以上施工安全文明工地证书、安全质量标准化工地证书 0.8 分。

其中，××市级 0.20 分/项、××省级 0.30 分/项。

③ 投标人在政府组织的抢险救灾、应急、公益性和市政重点工程建设中，表现突出，受××市建设行政主管部门书面嘉奖或认定的，每次加 0.2 分，满分 0.6 分。

b. 投标人所报建造师通过初步评审的，可得基本分 2 分，其余 3 分由评标委员会成员依据下列证明材料予以打分：

① 该建造师获得市级及以上优质工程证书 1.6 分。

其中，××市级：金奖 0.30 分/项、银奖 0.20 分/项、铜奖 0.15 分/项。

省扬子杯或外省（直辖市）同类奖项：0.30 分/项，国家优质工程奖 0.35 分/项、鲁班奖：0.40 分/项。

② 投标人获得市级及以上施工安全文明工地证书、安全质量标准化工地证书 0.8 分。

其中，××市级 0.20 分/项、××省级 0.30 分/项。

③ 在政府组织的抢险救灾、应急、公益性和市政重点工程建设中，表现突出，受××市建设行政主管部门书面嘉奖或认定的，每次加 0.2 分，满分 0.6 分。

3. 业绩证明材料

业绩证明材料（本工程指___"房屋建筑工程"___工程相关业绩证明材料）：

投标人、建造师业绩认定依据是以下证明材料：

① 各项获奖证书原件或其证明文件原件，各项证明材料的有效期是指从发证或发文之日起至开标之日止。鲁班奖各项证明材料有效期为 3 年，省、市级各项证明材料有效期为 2 年。

② 针对该建造师获得的市级及以上优质工程证书、其所获得市级及以上施工安全文明工地证书、安全质量标准化工地证书，均以其获奖证书及文件中注明的建造师为准。

③ 同一分项内针对同一工程只计取最高级别奖项得分，不得重复计分。得分累加至该项满分为止。

（四）违规、违纪扣分

投标人或其所报的项目经理一年内有违反有关规定，受到建设行政主管部门通报批评、行政处罚或发生死亡事故的予以扣分。

具体扣分标准如下：

（1）建设部行文，每项对其扣：通报批评 0.30 分，行政处罚 0.35 分。

（2）××省建设厅、建管局行文，每项对其扣：通报批评 0.20 分，行政处罚 0.25 分。

（3）××市建设局行文，每项对其扣：通报批评 0.10 分，行政处罚 0.20 分。

（4）一年内投标人在××市区内发生死亡事故每起加扣 1 分。

具体扣分时效如下：

各项违规、违纪等行为文件有效期是指从发文之日起至资格预审时间止。

36. 本工程的定标办法

评标委员会在完成评标后，应当向招标人提出书面评标报告，对各标段投标人按得分高低次序排出名次，并推荐 1～3 名投标人为中标候选人。

（1）当有效投标人为七家及以上时，评标委员会应推荐 3 名有排序的中标候选人，并由招标人当场确定排名第一的中标候选人为中标人。

（2）当有效投标人为五家或六家时，评标委员会应推荐 2 名有排序的中标候选人，并由招标人当场确定排名第一的中标候选人为中标人。

（3）当有效投标人为三家或四家时，评标委员会只能推荐一个中标候选人，并由招标人当场确定中标候选人为中标人。

当投标人总得分出现并列第一的情况时，可以将并列的中标候选人同时推荐给招标人，再由招标人自主确定中标人。

37. 无效标书的判定

见前附表二

38. 投标文件的澄清

评标委员会可以用书面形式要求投标人对投标文件中含义不明确的内容作必要的澄清或者说明，投标人应当采用书面形式进行澄清或者说明，其澄清或者说明不得超出投标文件的范围或者改变投标文件的实质性内容（主要指不允许更改投标的工期、质量、报价，以及提出变相降价、更换投标文件中的其他实质性内容等方面）。

但是按照本须知第 23 条规定，校核时发现的算术错误不在此列。

39. 投标文件的符合性评审

39.1 就本条款而言，实质上响应要求的投标文件，应该与招标文件的所有规定要求、条件、条款和规范相符，无显著差异或保留。所谓显著差异或保留是指对工程的发包范围、质量标准及运用产生实质性影响；或者对合同中规定的招标人的权利及招标人的责任造成实质性限制，而且纠正这种差异或保留，将会对其他实质上响应要求的投标人的竞争地位产生不公正的影响。

39.2 如果投标文件实质上不响应招标文件的要求，招标人将予以拒绝，并且不允许通过修正或撤销其不符合要求的差异或保留，使之成为具有响应性的投标。

40. 错误的修正

40.1 评标委员会将对确定为实质上响应招标文件要求的投标文件进行校核，看其是否有计算上或累计上的算术错误，修正错误的原则如下：

40.2 如果用数字表示的数额与用文字表示的数额不一致时，以文字数额为准。

40.3 当单价与工程量的乘积与合价之间不一致时，应以标出的单价为准。除非评标委员会认为有明显的小数点错位，此时应以标出的合价为准，并修改单价。

40.4 按上述修改错误的方法，调整投标书中的投标报价。经投标人确认同意后，调整后的报价对投标人起约束作用。如果投标人不接受修正后的投标报价则其投标将被拒绝（其投标保证金将被没收）。

41. 投标文件的评价与比较

41.1　评标委员会将仅对按照本招标文件第37条确定为实质上响应招标文件要求的投标文件进行评价与比较。

41.2　在评价与比较时应根据本招标文件第35项内容的规定，通过对投标人的投标报价、工期、质量标准、施工方案或施工组织设计、社会信誉及以往业绩等进行综合评价。

41.3　投标价格采用价格调整的，在评标时不应考虑执行合同期间价格变化和允许调整的规定。

八、合 同 订 立

42. 办理"中标通知书"

42.1　在投标有效期截止前，招标人确定中标单位，以书面形式通知中标的投标人其投标被接受，并于15日内将评标、定标报告及评、定标有关资料报市招投标办核准，办理"中标通知书"。在该通知书（以下合同条件中称"中标通知书"）中告知中标单位签署实施、完成和维护工程的中标标价（合同条件中称为"合同价格"），以及工期、质量和有关合同签订的具体日期、地点。

42.2　中标通知书将成为合同的组成部分。

42.3　在中标单位按本须知第26条的规定提供了投标担保的，招标人将及时将未中标结果通知其他投标人。

43. 订立施工合同

43.1　合同授予标准

招标人将把合同授予其投标文件在实质上响应招标文件要求和按本须知第24条规定评选出的投标人，确定为中标的投标人必须具有实施本合同的能力和资源。

43.2　合同协议书的签署

43.2.1　中标单位按中标通知书中规定的日期、时间和地点（"中标通知书"发出三十日内），由法定代表人或授权代表前往与建设单位代表签订合同，招标人根据《中华人民共和国招标投标法》、《中华人民共和国合同法》、《建设工程施工合同管理办法》，按照招标文件和中标人的投标文件订立书面合同。

43.2.2　草拟的合同协议，须经县招投标办依据与中标条件一致的原则审查后正式签订。正式签订的施工合同须送市招投标办盖章、备案。

43.2.3　合同书写

一本合同书的书写应由同一人来完成，不得前后由不同人笔迹、不同颜色的笔来书写。如非打印稿件，一律使用钢笔、签字笔书写，须字迹清楚。禁止使用圆珠笔、铅笔和纯蓝、红色及其他易褪变扩散的墨水。

第二章　施工合同

第一部分　协议书

发包人（全称）：×× 学院

承包人（全称）：_____

依照《中华人民共和国合同法》、《中华人民共和国建筑法》及其他有关法律、行政法规，遵循平等、自愿、公平和诚实信用的原则，双方就本建设工程施工事项协商一致，订立本合同。

一、工程概况

工程名称：公寓楼、浴室_____

工程地点：×× 学院院内_____

工程内容：工程量清单所含施工图项目

群体工程应附承包人承揽工程项目一览表（附件1）

工程立项批准文号：×× 市发改经贸投核 ［20××］ ×× 号

资金来源：国有_____

二、工程承包范围

承包范围：房屋建筑安装及装饰_____

三、合同工期

开工日期：___详见具体施工合同_____

竣工日期：___详见具体施工合同_____

合同工期总日历天数__200__天。

四、质量标准

工程质量标准：_____合格_____

五、合同价款

金额（大写）：_____详见具体施工合同_____元（人民币）

　　　　　　￥：_____详见具体施工合同_____元

六、组成合同的文件

组成本合同的文件包括：

1. 本合同协议书

2. 中标通知书

3. 投标书及其附件

4. 本合同专用条款

5. 本合同通用条款

6. 标准、规范及有关技术文件

7. 图纸

8. 工程量清单

9. 工程报价单或预算书

双方有关工程的洽商、变更等书面协议或文件视为本合同的组成部分。

七、本协议书中有关词语的含义和本合同第二部分"通用条款"中分别赋予它们的定义相同。

八、承包人向发包人承诺按照合同约定进行施工、竣工并在质量保修期内承担工程质量保修责任。

九、发包人向承包人承诺按照合同约定的期限和方式支付合同价款及其他应当支付的款项。

十、合同生效

合同订立时间：＿＿＿／＿＿年＿＿＿／＿＿月＿＿＿／＿＿日

合同订立地点：＿＿＿＿＿＿＿＿＿／＿＿＿＿＿＿＿

本合同双方约定＿＿＿＿＿＿＿＿＿＿／＿＿＿＿＿＿＿＿＿＿后生效

发包人：（公章）	承包人：（公章）
住所：	住所：
法定代表人：	法定代表人：
委托代表人：	委托代表人：
电话：	电话：
传真：	传真：
开户银行：	开户银行：
账号：	账号：
邮政编码：	邮政编码：

第二部分　通用条款（略）

备注：本合同通用条款执行建设工程施工合同（GF—1999—0201）

第三部分　专用条款

一、词语定义及合同文件

1.（略）

2. 合同文件及解释顺序

合同文件组成及解释顺序：　执行通用条款中对应的条款。

3. 语言文字和适用法律、标准及规范

3.1　本合同除使用汉语外，还使用　汉　语言文字。

3.2　适用法律和法规

需要明示的法律、行政法规：　执行通用条款中对应的条款。

3.3　适用标准、规范

适用标准、规范的名称：执行通用条款中对应的条款。发包人提供标准、规范的时间：乙方自购　　　　　　　　　　　　　　。

国内没有相应标准、规范时的约定：＿＿＿＿＿＿＿／＿＿＿＿＿＿＿。

4. 图纸

4.1　发包人向承包人提供图纸日期和套数：<u>甲方发出中标通知书后第二天，提供肆套施工图。</u>

发包人对图纸的保密要求：<u>　　　　　　／　　　　　　</u>。

使用国外图纸的要求及费用承担：<u>　　　　　　／　　　　　　</u>。

二、双方一般权利和义务

5. 工程师

5.1　（略）

5.2　监理单位委派的工程师

姓名：<u>　×××　</u>　职务：<u>总监理工程师　</u>

发包人委托的职权：<u>施工阶段的"三控二管一协调及安全管理"，即施工过程中的质量、进度、投资控制，合同、信息等方面的管理及安全生产管理，协调各方面与工程有关的关系。此外还包括竣工后保修阶段的服务。</u>

需要取得发包人批准才能行使的职权：<u>　　　　／　　　　　</u>。

5.3　发包人派驻的工程师

姓名：<u>　×××　</u>　职务：<u>甲方代表　</u>

职权：<u>甲方代表全权负责现场的协调和管理工作。</u>

5.4　不实行监理的工程师的职权：<u>　　　／　　　　</u>。

6. 项目经理

姓名：<u>　×××　</u>　职务：<u>　　／　　</u>

7. 发包人工作

7.1　发包人应按约定的时间和要求完成以下工作：

(1) 施工场地具备施工条件的要求及完成的时间：<u>　已具备　</u>。

(2) 将施工所需的水、电、电信线路接至施工场地的时间、地点和供应要求：<u>　已具备。　</u>

(3) 施工场地与公共道路的通道开通时间和要求：<u>　已按规定要求完成　</u>。

(4) 工程地质和地下管线资料的提供时间：<u>　开工前三天提供　</u>。

(5) 由发包人办理的施工所需证件、批件的名称和完成时间：<u>　已完成　</u>。

(6) 水准点与坐标控制点交验要求：<u>　开工前三天　</u>。

(7) 图纸会审和设计交底时间：<u>　进场一周　</u>。

(8) 协调处理施工场地周围地下管线和邻近建筑物、构筑物（含文物保护建筑）、古树名木的保护工作：<u>　　　　　／　　　　　</u>。

(9) 双方约定发包人应做的其他工作：<u>　　／　　</u>。

7.2　发包人委托承包人办理的工作：<u>　　　／　　　</u>。

8. 承包人工作

8.1　承包人应按约定时间和要求，完成以下工作：

(1) 需由设计资质等级和业务范围允许的承包人完成的设计文件提交时间：<u>　　　</u>

_____/_____。

（2）应提供计划、报表的名称及完成时间：

进度统计、进度计划、甲供材料、设备需用计划表于每月 25 日前提供_____。

（3）承担施工安全保卫工作及非夜间施工照明的责任和要求：执行通用条款中对应的条款。

（4）向发包人提供的办公和生活房屋及设施的要求：_____

_____/_____。

（5）需承包人办理的有关施工场地交通、环卫和施工噪声管理等手续：执行通用条款中对应的条款。

（6）已完工程成品保护的特殊要求及费用承担：_____/_____。

（7）施工场地周围地下管线和邻近建筑物、构筑物（含文物保护建筑）、古树名木的保护要求及费用承担：___对甲方已提供现场埋管线的位置应加以无偿保护。

（8）施工场地清洁卫生的要求：___达到××市文明工地要求，交工后一周内彻底撤离现场，并执行通用条款中对应的条款。

（9）双方约定承包人应做的其他工作：___/___。

三、施工组织设计和工期

9. 进度计划

9.1 承包人提供施工组织设计（施工方案）和进度计划的时间：___进场后十五天。工程师确认的时间：___收到后一周内。

9.2 群体工程中有关进度计划的要求：_____/_____。

10. 工期延误

执行通用条款中相应条款，每拖延一天扣合同总额的千分之一。

10.1 双方约定工期顺延的其他情况：___执行通用条款中对应的条款。

四、质量与验收

11. 隐蔽工程和中间验收

11.1 双方约定中间验收部位：___基础、主体、竣工。

11.2 隐蔽工程覆盖前的检查：未经监理工程师、甲方代表批准，工程的任何部位都不能覆盖，当任何部分的隐蔽工程或基础已经具备检验条件时，承包人应及时通知监理工程师、甲方代表。监理工程师、甲方代表在接到承包人通知 24 小时后没有批复，承包人可以覆盖这部分工程或基础。

11.3 剥露和开口：承包人应按监理工程师、甲方代表随时发出的指示，对工程的任何部分剥露或开口，并负责这部分工程恢复原样。若这部分工程已按 17.2 条的要求覆盖，而剥露后查明其施工质量符合合同约定，则监理工程师、甲方代表应在与发包人和承包人协商后，确定承包人在剥露或开口的恢复和修复等方面的费用，并将其数额追加到合同价格上，所影响的工期相应顺延。若属承包人责任，则发生的费用及影响的工期由承包人承担。

12. 工程试车

12.1 试车费用的承担：_____/_____。

五、安全施工

13. 承包人负责施工期间施工区域内的安全保卫工作，包括在施工区域内提供和维护有利于工程和公众安全和方便的灯光、护板、格栅等警告警示信号和警卫。

14. 承包人负责在工程施工至竣工前及保修过程中施工现场全部承包人及相应工作人员的安全。除发包人代表或雇员及发包人因工作需要而聘请的第三方人员因行动过失而造成的伤亡外，发包人不承担承包人及其分包单位雇工或其他人员的伤亡赔偿或补偿责任。

15. 承包人在施工现场的安全管理、教育和安全事故的责任皆由承包人自己承担。

16. 其他事项执行通用条款第五条。

六、合同价款与支付

17. 合同价款及调整

17.1 本合同价款采用＿＿＿＿＿＿（1）＿＿＿＿＿＿方式确定。

（1）采用固定价格合同，合同价款中包括的风险范围：＿＿＿＿＿＿＿＿＿＿执行招标文件风险范围的约定＿＿＿＿＿＿＿＿＿＿。

材料的风险费用的计算方法：＿＿执行招标文件第16.2.1条风险费用计算方法的约定。

工程价款调整方法约定如下：

一、采用工程量清单方式计价，竣工结算的工程量按发承包双方在合同中约定应予计量且实际完成的工程量确定，完成发包人要求的合同以外的零星工作或发生非承包人责任事件的工程量按现场签证确定。

二、所有工程量及工程变更签证单上必须有发包人代表、监理工程师、承包人（项目部）和跟踪审计人员四方的签字和盖章，方可作为竣工结算的依据；签证单上必须明确签证的原因、位置、尺寸、数量、综合单价和签证时间。签证单应注意时效性。所有签证单最终价款的确认以审计部门的结论为准。

三、当工程量清单项目工程量的变化幅度超过10%，且其影响分部分项工程费超过0.1%时，应由受益方在合同约定时间内向合同的另一方提出工程价款调整要求，由承包人提出增加部分的工程量或减少后剩余部分的工程量的综合单价调整意见，经发包人确认后作为结算的依据，合同有约定的按合同执行。本工程量变化在约定幅度之内的不调整，变化超过约定幅度，合同中已有综合单价的，原则上按合同中已有的综合单价确定。

四、因分部分项工程量清单漏项或非承包人原因的工程变更，造成增加新的工程量清单项目，其对应的综合单价按下列方法确定：

1. 合同中已有的综合单价，按合同中已有的综合单价确定。

2. 合同中已有类似的综合单价，参照类似的综合单价确定。

3. 合同中没有适用或类似的综合单价，由承包人提出综合单价，经发包人确认后执行。单价的组成及报价方式参照原清单的组价及计价方式（即综合单价按施工方投标文件综合单价中管理费及利润的费率，材料预算价格双方现场认定，机械费参照其他类似清单价格计取方式组价）。

五、因分部分项工程量清单漏项或非承包人原因的工程变更，造成施工组织设计或施工方案变更，引起措施项目发生变化时，措施项目费应按下列原则调整："措施项目表一"中的措施费仍按投标时的费率进行调整。

　　其中"措施项目表一"中的第一项按《××省建设工程费用定额》（2009）有关文件规定费率执行，"措施项目表一"中的其他措施费用，由承包人及时提出，由现场四方共同确定，因该分部分项工程量清单漏项或非承包人原因的工程变更，造成施工组织设计或施工方案变更，引起措施项目发生变化时，按原投标时的项目和费率执行，否则不予调整；"措施项目表二"中的措施费发生关联变化时，按 2004 年××省计价表规定组价的措施项目按原组价方法调整，未按 2004 年××省计价表规定组价的措施项目按投标时价格折算成费率调整；原措施费中没有的措施项目，由承包人根据措施项目变更情况，提出适当的措施费变更要求，经发包人确认后调整；合同有约定的按合同执行。

　　六、清单项目中特征描述不全的工序，如图纸已明确或已指明引用规范、图集等或是常规工艺必需的工序，应视为包括在报价中。

　　七、施工单位在投标报价时，应对招标人提供的工程量清单进行核对，如工程量清单有误，应在图纸答疑时以书面形式提出，如有误，工程量清单应作相应的调整。

　　八、本招标文件有关规定

（1）采用可调价格合同，合同价款调整方法：_____

_____／_____。

（2）采用成本加酬金合同，有关成本和酬金的约定：_____／_____。

17.2　双方约定合同价款的其他调整因素：_____／_____。

18. 工程预付款

发包人向承包人预付工程款的时间和金额或占合同价款总额的比例：_____／。

扣回工程款的时间、比例：_____／_____。

19. 工程量确认

承包人向工程师提交已完工程量报告的时间：　　　完成后十个工作日内。

20. 工程款（进度款）支付

　　双方约定的工程款（进度款）支付的方式和时间：支付金额，每月 25 日前由中标单位申报已完工程量，经监理和甲方签证并经跟踪审计人员对已完工程量的审核后，付审定金额的 70%；竣工验收合格经跟踪审计事务所初审后，付至初审价的 80%；经××省教育厅委托的审计机构终审后作为工程最终结算价，在终审结束后 28 天内，付至工程最终结算价的 95%。余款 5% 作为工程保修金，在保修期满后按保修协议的规定支付。

七、材料设备供应

21. 发包人供应材料设备

22. 承包人采购材料设备

22.1　承包人采购材料设备的约定：

1. 承包人采购材料设备按甲方约定的质量要求采购。

2. 其他材料设备质量按相关标准执行。

3. 材料进场按规定办理手续。

八、工程变更

详见本招标文件 17.4 条的规定。

九、竣工验收与结算

23. 竣工验收

23.1 承包人提供竣工图的约定：工程竣工后 28 天内按相关竣工图的要求提供壹套竣工图。

23.2 中间交工工程的范围和竣工时间：_____无_____。

十、违约、索赔和争议

24. 违约

24.1 本合同中关于发包人违约的具体责任如下：

本合同通用条款约定发包人违约应承担的违约责任：__按通用条款的有关规定执行。__

双方约定的发包人其他违约责任：_____/_____。

24.2 本合同中关于承包人违约的具体责任如下：

本合同通用条款约定承包人违约应承担的违约责任：执行通用条款，每拖延一天扣合同总额的千分之一。

双方约定的承包人其他违约责任：

1. 将甲方支付的工程进度款挪作他用，并影响工程质量、进度等，下一次进度款经监理工程师批准建设单位核准后，由建设单位安排此项款专款专用。

2. 中标后注册建造师及项目部组成人员的管理：

（1）本工程对项目部组成人员的要求：工程实施过程中项目部组成人员必须与投标文件中所报的组成人员相一致，原则上不得更换。

（2）本工程对工程实施过程中注册建造师要求如下：注册建造师中标后，如变更，应以书面材料征得招标人的同意后报经招投标办核准，按照有关规定办理变更手续，并处以中标价 3% 的违约金。

（3）本工程对工程实施过程中项目部组成人员（五大员）要求如下：如五大员有变更，应以书面材料征得招标人的同意后，按照有关规定办理变更手续，并处以中标价 1% 的违约金。

（4）注册建造师在项目实施期间应保持至少平均每周在现场办公不少于三天，且应及时参加由发包人、监理组织的例会，协调施工现场的各项工作，保持施工能及时有序、正常顺畅地进行，否则每次给予 2000 元的处罚。

25. 争议

双方约定，在履行合同过程中产生争议时：

本合同在履行过程中发生的争议，由双方当事人协商解决；也可由当地建设行政管理部门调解；协商或调解不成时，按下列第（二）种方式解决：

（一）向_____/_____仲裁委员会提请仲裁。

（二）向_____××县_____人民法院提起诉讼。

十一、其　　他

26. 工程分包

本工程发包人同意承包人分包的工程：_____/_____。

分包施工单位为：_____／_____。

27. 不可抗力

双方关于不可抗力的约定：<u>按通用条款的有关规定执行。</u>_____

28. 保险

本工程双方约定投保内容如下：

（1）发包人投保内容：__<u>按通用条款有关规定执行</u>_____。

发包人委托承包人办理的保险事项：_____／_____。

（2）承包人投保内容：__<u>按通用条款有关规定执行</u>_____。

29. 担保

本工程双方约定担保事项如下：

（1）发包人向承包人提供履约担保，担保方式为：_____／_____，担保合同作为本合同附件。

（2）承包人向发包人提供履约担保，担保方式为：_____／_____，担保合同作为本合同附件。

（3）双方约定的其他担保事项：_____／_____。

30. 合同份数

双方约定合同副本份数：__<u>正本 2 份，双方各执 1 份。副本 8 份，双方各执 4 份。</u>

31. 补充条款

31.1　工程结算审计按下列规定支付审计费用：

31.1.1　经审计，单项工程核减率达 15% 以上（含 15%）的，其审计费用由施工单位承担，并由建设单位从施工单位工程款中扣交。××省将在全省内对此施工单位进行通报，各单位在三年内不得再使用被通报的施工单位。

31.1.2　经审计，单项工程核减率达 10%（含 10%）~15% 的，其审计费用由施工单位承担 80%（由建设单位从施工单位工程款中扣交），建设单位承担 20%。

31.1.3　经审计，单项工程核减率达 5%（含 5%）~10% 的，其审计费用由施工单位承担 20%（由建设单位从施工单位工程款中扣交），建设单位承担 80%。

31.1.4　经审计，单项工程核减 5% 以下的，其审计费用由建设单位承担。

31.2　现场安全、文明施工措施费结算时依竣工结算时按实际达到的创建标准计取相应的费用。

31.2.1　生活用水电在生活区接表计量，每月按实际用量及××市有关行政管理部门规定的价格向业主交纳水电费。

31.2.2　施工用水电在施工现场接表计量，工程竣工结算时，按实际用量及××市有关行政管理部门规定的价格在工程款中扣除。

31.3　达不到合同约定的工程质量标准，除由乙方在合同期限内自行整改合格外，罚经审定的标底价的 0.5%，同时甲方保留进一步索赔的权利。

31.4　为确保工程项目全面履行，施工方要按其投标书的承诺，积极履行合同，严格遵照甲方审核批准的施工组织设计对工程实施管理，对施工中存在的质量、安全、文明施工隐患，在下达整改通知后，不按规定日期整改视为违约，并按 500 元/项·次处理。

31.5　为确保工期，实行麦收、秋收保勤，麦收、秋收期间施工人员的数量不得低于所报进度计划（当月）人数，少一人按30元/人·次处理。

31.6 工程税票应在建设方约定处开票。

31.7 工程付款时施工方凭含税建筑发票向发包人结算。

31.8 中标单位必须按月及时足额支付工人工资。

第四部分 附 件

附件1：承包人承揽工程项目一览表

承包人承揽工程项目一览表

单位工程名称	建设规模	建筑面积/m²	结构	层数	跨度/m	设备安装内容	工程造价/元	开工日期	竣工日期

附件2：发包人供应材料设备一览表

发包人供应材料设备一览表

序号	材料设备品种	规格型号	单位	数量	单价	质量等级	供应时间	送达地点	备注

附件3：

工程质量保修书

发包人（全称）：××学院_____

承包人：（全称）_____/_____

为保证_____公寓楼、浴室_____（工程名称）工程在合理使用期限内正常使用，发包人、承包人协商一致签订工程质量保修书。承包人在质量保修期内按照有关管理规定及双方约定承担工程质量保修责任。

一、工程质量保修范围和内容

质量保修范围包括地基基础工程、主体结构工程、屋面防水工程和双方约定的其他土建工程，以及电气管线、上下水管线的安装工程，供热、供冷系统工程等项目。具体质量保修内容双方约定如下：

1. 屋面工程，有防水要求的卫生间、房间，外墙防渗漏，外墙保温保修期为5年。

2. 装修工程保修期为2年。

二、质量保修期

质量保修期从工程实际竣工之日算起。分单项竣工验收的工程，按单项工程分别计算质量保修期。

双方根据国家有关规定，结合具体工程约定质量保修期如下：

1. 土建工程为__工程结构50__年，屋面防水工程为___5___年。

2. 电气管线、上下水管线安装工程为__2__年。

3. 供热及供冷为___2___个采暖期及供冷期。

4. 室外的上下水和小区道路等市政公用工程为 ＿2＿ 年。

5. 其他约定：＿＿＿＿＿＿＿＿＿＿＿＿＿＿／＿＿＿＿＿＿＿＿＿＿＿

＿＿＿＿＿＿＿＿＿＿＿＿＿。

三、质量保修责任

1. 属于保修范围和内容的项目，承包人应在接到修理通知之日后 7 天内派人修理。承包人不在约定期限内派人修理，发包人可委托其他人员修理，保修费用从质量保修金内扣除。

2. 发生须紧急抢修事故（如上水跑水、暖气漏水漏气、燃气漏气等）时，承包人接到事故通知后，应立即到达事故现场抢修。非承包人施工质量引起的事故，抢修费用由发包人承担。

3. 在国家规定的工程合理使用期限内，承包人确保地基基础工程和主体结构的质量。因承包人原因致使工程在合理使用期限内造成人身和财产损害的，承包人应承担损害赔偿责任。

四、质量保修金的支付

本工程约定的工程质量保修金为施工合同价款的 ＿5＿ ％。

本工程双方约定承包人向发包人支付工程质量保修金金额为＿＿＿＿＿＿＿／＿＿＿＿＿＿（大写）。质量保修金银行利率为＿＿＿＿＿＿＿＿／＿＿＿＿＿＿＿＿。

五、质量保修金的返还

发包人在质量保修期满后 14 天内，将剩余保修金和利息返还承包人。

六、其他

双方约定的其他工程质量保修事项：＿＿＿＿＿＿＿／＿＿＿＿＿＿＿＿＿＿＿

＿＿＿＿＿。

本工程质量保修书作为施工合同附件，由施工合同发包人承包人双方共同签署。

发　包　人（公章）：　　　　　　　　　　承　包　人（公章）：

法定代表人（签字）：　　　　　　　　　　法定代表人（签字）：

＿＿＿＿＿年＿月＿日　　　　　　　　　　＿＿＿＿＿年＿月＿日

第五部分　保　　函

一、承包人履约保函

＿＿＿＿＿＿＿＿＿＿＿＿＿＿（业主）：

鉴于贵方与＿＿＿＿＿＿＿＿（以下简称"承包人"）就＿＿＿＿＿＿＿＿＿＿＿项目于＿＿年＿月＿日签订编号为＿＿＿＿＿＿＿＿的"建设工程施工合同"（以下简称主合同），应承包人申请，我方愿就承包人履行主合同约定的义务以保证的方式向贵方提供如下担保：

一、保证的范围及保证金额

我方的保证范围是承包人未按照主合同的约定履行义务，给贵方造成的实际损失。

我方保证的金额是主合同约定的合同总价款＿＿＿％，数额最高不超过人民币＿＿＿＿＿元（大写：＿＿＿＿＿＿＿＿）。

二、保证的方式及保证期间

我方保证的方式为：连带责任保证。

我方保证的期间为：自本合同生效之日起至主合同约定的工程竣工日期后_____日内。

贵方与承包人协议变更工程竣工日期的，经我方书面同意后，保证期间按照变更后的竣工日期作相应调整。

三、承担保证责任的形式

我方按照贵方的要求以下列方式之一承担保证责任：

（1）由我方提供资金及技术援助，使承包人继续履行主合同义务，支付金额不超过本保函第一条规定的保证金额。

（2）由我方在本保函第一条规定的保证金额内赔偿贵方的损失。

四、代偿的安排

贵方要求我方承担保证责任的，应向我方发出书面索赔通知及承包人未履行主合同约定义务的证明材料。索赔通知应写明要求索赔的金额，支付款项应到达的账号，并附有说明承包人违反主合同造成贵方损失情况的证明材料。

贵方以工程质量不符合主合同约定标准为由，向我方提出违约索赔的，还需同时提供符合相应条件要求的工程质量检测部门出具的质量说明材料。

我方收到贵方的书面索赔通知及相应证明材料后，在____工作日内进行核定后按照本保函的承诺承担保证责任。

五、保证责任的解除

1. 在本保函承诺的保证期间内，贵方未书面向我方主张保证责任的，自保证期间届满次日起，我方保证责任解除。

2. 承包人按主合同约定履行了义务的，自本保函承诺的保证期间届满次日起，我方保证责任解除。

3. 我方按照本保函向贵方履行保证责任所支付的金额达到本保函金额时，自我方向贵方支付（支付款项从我方账户划出）之日起，保证责任即解除。

4. 按照法律法规的规定或出现应解除我方保证责任的其他情形的，我方在本保函项下的保证责任亦解除。

我方解除保证责任后，贵方应自我方保证责任解除之日起____个工作日内，将本保函原件返还我方。

六、免责条款

1. 因贵方违约致使承包人不能履行义务的，我方不承担保证责任。

2. 依照法律法规的规定或贵方与承包人的另行约定，免除承包人部分或全部义务的，我方亦免除其相应的保证责任。

3. 贵方与承包人协议变更主合同的，如加重承包人责任致使我方保证责任加重的，需征得我方书面同意，否则我方不再承担因此而加重部分的保证责任。

4. 因不可抗力造成承包人不能履行义务的，我方不承担保证责任。

七、争议的解决

因本保函发生的纠纷，由贵我双方协商解决，协商不成的，通过诉讼程序解决，诉讼管辖地法院为_____法院。

八、保函的生效

本保函自我方法定代表人（或其授权代理人）签字或加盖公章并交付贵方之日起生效。

本条所称交付是指：

保证人：

法定代表人（或授权代理人）：

年　　月　　日

二、业主支付保函

_____（承包人）：

鉴于贵方与_____（以下简称"业主"）就_____项目于___年__月__日签订编号为_____的"建设工程施工合同"（以下简称主合同），应业主的申请，我方愿就业主履行主合同约定的工程款支付义务以保证的方式向贵方提供如下担保：

一、保证的范围及保证金额

我方的保证范围是主合同约定的工程款。

本保函所称主合同约定的工程款是指主合同约定的除工程质量保修金以外的合同价款。

我方保证的金额是主合同约定的工程款的_____％，数额最高不超过人民币_____元（大写：_____）。

二、保证的方式及保证期间

我方保证的方式为：连带责任保证。

我方保证的期间为：自本合同生效之日起至主合同约定的工程款支付之日后_____日内。

贵方与业主协议变更工程款支付日期的，经我方书面同意后，保证期间按照变更后的支付日期作相应调整。

三、承担保证责任的形式

我方承担保证责任的形式是代为支付。业主未按主合同约定向贵方支付工程款的，由我方在保证金额内代为支付。

四、代偿的安排

贵方要求我方承担保证责任的，应向我方发出书面索赔通知及业主未支付主合同约定工程款的证明材料。索赔通知应写明要求索赔的金额，支付款项应到达的账号。

在出现贵方与业主因工程质量发生争议，业主拒绝向贵方支付工程款的情形时，贵方要求我方履行保证责任代为支付的，还需提供项目总监理工程师、监理单位或符合相应条件要求的工程质量检测机构出具的质量说明材料。

我方收到贵方的书面索赔通知及相应证明材料后，在_____工作日内进行核定后按照本保函的承诺承担保证责任。

五、保证责任的解除

1. 在本保函承诺的保证期间内，贵方未书面向我方主张保证责任的，自保证期间届满次日起，我方保证责任解除。

2. 业主按主合同约定履行了工程款的全部支付义务的，自本保函承诺的保证期间届满次日起，我方保证责任解除。

3. 我方按照本保函向贵方履行保证责任所支付金额达到本保函金额时，自我方向贵方支付（支付款项从我方账户划出）之日起，保证责任即解除。

4. 按照法律法规的规定或出现应解除我方保证责任的其他情形的，我方在本保函项下的保证责任亦解除。

我方解除保证责任后，贵方应自我方保证责任解除之日起____个工作日内，将本保函原件返还我方。

六、免责条款

1. 因贵方违约致使业主不能履行义务的，我方不承担保证责任。

2. 依照法律法规的规定或贵方与业主的另行约定，免除业主部分或全部义务的，我方亦免除其相应的保证责任。

3. 贵方与业主协议变更主合同的，如加重业主责任致使我方保证责任加重的，需征得我方书面同意，否则我方不再承担因此而加重部分的保证责任。

4. 因不可抗力造成业主不能履行义务的，我方不承担保证责任。

七、争议的解决

因本保函发生的纠纷，由贵我双方协商解决，协商不成的，通过诉讼程序解决，诉讼管辖地法院为_____法院。

八、保函的生效

本保函自我方法定代表人（或其授权代理人）签字或加盖公章并交付贵方之日起生效。本条所称交付是指：

保证人：

法定代表人（或授权代理人）：

年　　月　　日

第三章　技术规范（略）

第四章　图纸、资料及附件（略）

第五章　工程量清单与报价表

（GB 50500—2013 规范）（略）

第六章　投标文件投标函部分格式（略）

第七章　投标文件商务部分格式（略）

第八章　投标文件技术部分格式（略）

附录 B 投标文件示例
投标文件密封封面

投标项目名称：××学校学生宿舍×#、×#楼土建工程

投标文件分类：【√】投标函件【√】技术标书【√】商务标书

投标人全称（法人章）：××建设工程总公司

法定代表人或其委托代理人签名（或盖章）：＿＿＿××× ＿＿＿

投标人地址：略＿＿＿＿＿＿＿＿＿＿＿＿＿＿＿＿ 邮编：＿＿＿＿＿

投标联系人：＿＿＿＿＿＿＿办公电话：＿＿＿＿＿＿＿手机：＿＿＿＿＿＿

文件开封时：＿＿＿＿年＿＿月＿＿日＿＿时＿＿分前不得开封

说明	1. 投标文件密封封面必须用永久性笔迹详细填写或打印。 2. 本封面复印或打印有效。 3. 在确定的"函件"或"技术"或"经济"前打"√"。 4. 投标文件密封各封口处须加盖投标人公章，否则按废标处理。

_____工程投标文件

项目编号：×××× - ××_____

项目名称： ××学校学生宿舍×#、×#楼土建工程_____

项目地址： ××市××路××号_____

投 标 人（公章）： ××建设工程总公司_____

法定代表人或其委托代理人（签名）： _____

联系人： _____**电话：** _____**手机：** _____

目　　录

一、投　标　函

致：<u>××学校</u>

1. 根据已收到的你方招标工程项目编号为<u>××××－××</u>的<u>××学校学生宿舍×#、××</u>
<u>#楼土建工程（招标工程项目名称）</u>工程招标文件，遵照《中华人民共和国招标投标法》及
××市建设工程招投标管理有关规定，经踏勘项目现场和研究上述招标文件的投标须知、合
同条款、图纸、工程建设标准和工程量清单及其他有关文件后，我方愿以人民币（大写）<u>肆</u>
<u>佰捌拾陆万陆仟伍佰叁拾元整</u>（RMB <u>4866530</u> 元）的投标报价并按上述图纸、合同条款、
工程建设标准和工程量清单（如有时）的条件要求承包上述工程的施工、竣工，并承担任
何质量缺陷保修责任。

2. 我方已详细审核全部招标文件，包括修改文件（如有时）及有关附件；我方完全知
道必须放弃提出含糊不清或误解的权利；我方承认投标函附录是我方投标函的组成部分。

3. 一旦我方中标，我方保证按合同协议书中规定的工期<u>　180　</u>日历天内完成并移交
全部工程。

4. 如果我方中标，我方承诺工程质量达到<u>　合格　</u>标准。

5. 如果我方中标，我方将按照规定提交上述总价 5 ％的银行保函或上述总价<u>　／　</u>％的
由具有担保资格和能力的担保机构出具的履约担保书作为履约担保。

6. 我方同意所提交的投标文件在招标文件的投标须知前附表中规定的投标有效期内有
效，在此期间内如果中标，我方将受此约束。

7. 除非另外达成协议并生效，你方的中标通知书和本投标文件将成为约束双方的合同
文件的组成部分。

8. 我方将与本投标函一起，提交银行保函作为投标担保。

投　标　人：<u>　　××建设工程总公司　　　　　</u>（盖章）

单位地址：<u>　　××市××路××号　　　</u>

法定代表人或其委托代理人：<u>　　×××　　</u>（签字或盖章）

邮政编码：<u>　　　　　</u>电话：<u>　　　　</u>传真：<u>　　　　　</u>

日期：<u>　　　</u>年<u>　　</u>月<u>　　</u>日

二、投标书附录

序 号	项　　目	协议条款号	内　　容
1	履约保证金：履约担保书金额		合同价的5%
2	工期		<u>180</u> 天（日历日）
3	延误工期赔偿金额		／元/天
4	延误工期赔偿限额		1. 合同价的 <u>1</u> % 2. _____ 元
5	赶工措施奖		合同价的 ／ %
6	提前竣工奖		合同价的 ／ %
7	自报质量等级		合格
8	达到自报质量等级（优良及优良以上）的质量奖		1. 合同价的 ／ % 2. _____ 元/m²
9	达不到自报质量等级的赔偿金额		1. 合同价的 ／ % 2. _____ 元/m²
10	预付款金额		合同价的 ／ %
11	保留金金额		每次付款额的<u>10</u> %
12	保留金限额		合同价的 <u>5</u> %
13	保修期		按相关规定
14	备注		

三、投标银行保函

致：×× 学校

鉴于（××工程总公司）（下称"投标单位"）拟向 ××学校（下称"招标单位"）送交关于 宿舍 ×#、×#楼土建工程（招标工程项目名称）的投标书（下称"投标书"），根据招标文件的规定，投标单位须按规定的金额由其委托银行出具一份投标保函（下称"保函"）作为履行招标文件中规定的义务担保。

我行同意为投标单位出具人民币（大写）壹万 元的保函，作为向招标单位的投标担保。本保函的条件是：

（1）如果投标单位在投标书有效期内撤回投标书；或

（2）如果投标单位在接到中标通告书后28天内：

（a）未能或拒绝签署合同协议书；或

（b）未能按照招标文件规定提供履约担保。

我行将履行担保义务，保证在收到招标单位的书面要求、说明其索款是由于出现了上述任何一种原因的具体情况后，即凭招标单位出具的索款凭证，向招标单位支付上述款项。

本保函在按投标须知第12条规定的投标书有效期或经延长的投标书有效期期满后28天内保持有效，任何索赔要求应在上述期限内交到我行。招标单位延长投标书有效期的决定，应通知我行。

银行地址：

邮　　编：　　　　　担保银行（全称）（盖章）

电话号码：

电　　挂：　　　　　法定代表人或其授权的代理人（职务）（姓名）（签字）

电　　传：

传　　真：　　　　　日期：　　　年　　月　　日

四、法定代表人身份证明书

单位名称：＿＿×× 建设工程总公司＿＿＿＿＿

单位性质：＿集体＿＿＿＿＿＿＿＿＿＿＿

地　　址：＿×× 市 ×× 路 ×× 号＿＿＿＿＿

成立时间：＿×××× 年 × 月 × 日经营期限：＿＿×× ＿＿＿

资质证书编号：＿×××××× ＿＿＿营业执照编号：＿×××××× ＿

姓名：＿×××＿　性别：＿＿＿年龄：＿＿＿职务：＿总经理＿系 ×× 建设工程总公司的法定代表人。为施工、竣工和保修的工程，签署上述工程的投标文件、进行合同谈判、签署合同和处理与之有关的一切事务。

特此证明。

　　投 标 人：＿＿×× 建设工程总公司＿＿＿＿（盖公章）

　　日　　期：＿×××× 年＿×× 月＿×× 日

五、投标文件签署授权委托书

本授权委托书声明：我 ＿＿×××＿＿（姓名）系＿××建设工程总公司＿＿（投标人名称）的法定代表人，现授权委托＿＿××建设工程总公司＿＿（单位名称）的＿＿×××＿＿（姓名）为我公司签署本工程投标文件的法定代表人授权委托代理人，我承认代理人全权代表我所签署的本工程的投标文件的内容。

代理人无转委托权，特此委托。

代理人：＿＿（签字）＿＿ 性别：＿＿＿＿＿＿ 年龄：＿＿＿

身份证号码：＿＿＿＿＿＿＿＿＿职务：＿＿＿＿＿＿＿

投标人：＿＿××建设工程总公司＿＿＿＿＿（盖章）

法定代表人：＿＿＿×××＿＿＿＿＿＿（签字或盖章）

授权委托日期：＿＿＿××××＿＿年＿＿××＿＿月＿＿××＿＿日

六、投标承诺书

致：_____××学校_____

本投标人已详细阅读了 ××学校学生宿舍×#、×#楼土建工程（工程名称）工程招标文件，自愿参加上述工程投标，现就有关事项向招标人郑重承诺如下：

1. 本投标人自愿在 180 个日历天内按照招标文件及施工合同、设计图纸、工程量清单、工程建设要求完成施工任务，按时竣工验收并向招标人移交工程。工程质量目标、文明施工和安全生产管理按照投标文件的承诺并满足招标文件要求。

2. 遵守中华人民共和国、省、市有关招标投标的法律法规规定，自觉维护建筑市场秩序。否则，同意被废除投标资格并接受处罚。

3. 服从招标文件规定的时间安排，遵守招标有关会议现场纪律。否则，同意被废除投标资格并接受处罚。

4. 接受招标文件全部内容。否则，同意被废除投标资格并接受处罚。

5. 保证投标文件内容无任何虚假。若评标过程中查出有虚假，同意作无效投标文件处理并被没收投标担保，若中标之后查出有虚假，同意废除中标资格、被没收投标担保，并接受招投标行政管理部门依法进行的严厉处罚。

6. 保证投标文件不存在低于成本的恶意报价行为，也不存在恶意抬高报价行为。否则，同意接受招标人违约处罚并被没收投标担保。

7. 保证按照招标文件及中标通知书规定提交履约担保并商签施工合同。否则，同意接受招标人违约处罚并被没收投标担保。

8. 保证按照施工合同约定完成施工合同范围内的全部内容，履行保修责任。否则，同意接受招标人对投标人违诺处罚并被没收履约担保。

9. 保证中标之后不转包、不用挂靠施工队伍，若分包将征得招标人同意并遵守相关法律法规，通过招标选定专业分包队伍。否则，同意接受违约处罚并被没收履约担保。

10. 保证中标之后按投标文件承诺向招标项目派驻管理人员及投入机械设备、办公设备及检测设备。否则，同意接受违约处罚并被没收履约担保。

11. 保证中标之后密切配合建设单位及监理单位开展工作，服从建设单位驻现场代表及现场监理人员的监督管理。

12. 保证按招标文件及施工合同约定的原则处理造价调整事宜，不发生签署施工合同之后恶意提高造价的行为。

13. 保证不参与陪标、围标行为。否则，同意接受建设行政主管部门最严厉的处罚。

14. 如我方中标，保证按照市政府及招标文件要求，按月薪制足额支付参加项目建设的农民工工资，决不拖欠。如有拖欠，无条件接受有关规定的制裁。

本投标人在规定的投标有效期限内及合同有效期内，将受招标文件的约束并履行投标文件的承诺。若有违背上述承诺问题，将自觉接受建设行政主管部门依照法律法规和有关规定进行的任何处罚。

投　标　人（法人章）：××建设工程总公司

法定代表人（签名或盖章）：×××

××××年××月××日

七、项目经理投标承诺

致：_____××学校_____

我___×××___（姓名）在此郑重承诺：我是___××建设工程总公司___（投标人）编制内项目经理，目前没有在建工程项目，近两年内没有不良记录。

在___××学校学生宿舍×#、×#楼土建工程___（工程名称）投标中所提供的个人资格及业绩均属实，不存在其他公司借用我项目经理资格投标的现象。如我公司中标，我保证按期作为项目经理承担该项目建设，在该项目建设期间，不再承担其他工程建设。

如在评标、定标、公示过程中发现本人承诺有虚假问题，或被举报核实有上述违反承诺行为，或在项目建设中有违规行为，我愿意无条件地接受市建设行政主管部门以下处罚：视情节严重，半年至两年内不得以项目经理身份参与工程管理，严重的吊销项目经理资格证书。

承诺人签字：×××

身份证号码：（略）

项目经理资格证书编码：（略）

办公电话：

手　　机：

××××年××月××日

八、造价工程师投标承诺

致：＿＿×× 学校＿＿＿＿＿＿＿＿＿

　　我＿＿×××＿＿（姓名）在此郑重承诺：我是＿＿＿×× 建设工程总公司＿＿（投标人）在编造价工程师，近两年内没有不良记录。在 ×× 学校学生宿舍 ×#、×# 楼土建工程（工程名称）投标中所提供的个人资格及业绩均属实，且没有低于企业成本价编制工程量清单及投标价，在编制投标文件中没有恶意欺诈行为和恶意抬高投标报价行为。

　　如在评标、定标、公示过程中发现有与承诺违背行为，或被举报核实有上述违反承诺行为，我愿意无条件地接受工程造价主管部门以下处罚：记入不良记录；视情节严重，半年至一年内不得参与投标项目工程量清单的编制工作，严重的吊销造价师资格证书。

承诺人签字：×××　　　　　　　　　　（印鉴）

身份证号码：（略）

造价师资格证书编码：（略）

办公电话：　　　　　手机：

　　　　　　　　×××× 年 ×× 月 ×× 日

九、投标单位安全资格审查意见书

工程名称	××学校学生宿舍×#、×#楼土建工程		
建设单位	××学校		
投标企业	××建设工程总公司	安全生产许可编号	（略）
项目经理	×××	安全生产知识考核 合格证书编号	（略）

企业安全管理业绩：

　　（略）

　　　　　　　　　　　　　　　　　　　负责人：×××

　　　　　　　　　　　　　　　　　　　　（公章）

　　　　　　　　　　　　　　　　　　　××××年××月××日

企业所在地建筑安全监督管理部门审查意见：

　　　　　　　　　　　　　　　　　　　负责人：×××

　　　　　　　　　　　　　　　　　　　　（公章）

　　　　　　　　　　　　　　　　　　　××××年××月××日

十、具有标价的工程量清单和报价表及报价汇总表（略）

十一、施工规划或施工组织设计（略）

十二、拟投入的主要施工人员及机械设备表（略）

十三、招标文件要求投标人提交的其他投标资料（略）

招标文件要求投标人提交的其他投标资料（资质证书、营业执照、项目经理证、安全生产许可证、法人代码证、税务登记证、管理体系认证证书、近两年来企业及项目经理的业绩证明、各种荣誉等相关文件）。

附录 C　模拟招投标实训指导

一、课程设计

（一）课程设计的目的和任务

本设计通过实际工程招投标文件的编写、招投标模拟演练，让学生系统地、综合地运用所学的工程招投标、施工组织、建筑工程定额与预算的基本原理和基本技能，加深、巩固学生对所学知识的理解，指导学生比较完整地编制工程招标及投标文件、施工合同文件，培养学生工程招投标工作的实际操作能力。

（二）课程设计的安排及内容

首先将学生分为两大组、六小组，每组 6~8 名同学，组长一名。分组情况按指导老师意见确定。各组完成课程设计具体内容如下：

第一大组为招标小组，编制一份完整的建设工程施工招标文件，并完成招标方相应的各项工作。

第二大组为投标小组，分成 5 个小组，各小组分别代表不同的施工企业，编制和第一大组对应的某单位办公楼土建工程施工投标文件，并参加投标竞争。

二、课程设计题目

（1）某单位办公楼工程公开招标。

（2）某单位办公楼土建工程施工合同。

三、设计内容

（一）招标小组

（1）发布招标公告。

（2）编制工程量清单。

（3）编制招标文件。

（4）准备资格预审。

（5）资格预审，发招标文件。

（6）答疑，编最高限价。

（7）发布最高限价。

（8）开标、评标。

（9）发布中标通知书。

（10）签订承包合同。

（二）投标小组

（1）获取信息。

（2）调研，熟悉图纸。

（3）获取投标报名表，填资格预审资料，申请预审。

（4）获取招标文件，勘察现场。

（5）参加答疑，编制施工组织设计。

（6）编制投标报价。

（7）编制投标文件、投标。

（8）优胜组签订合同。

四、课程设计时间及进度安排

课程设计时间及进度安排见表1。

表1　课程设计时间及进度安排

序号	时间/天	招标小组	投标小组	备注
1	1	发布招标公告	获取信息	
2	3~5	编制工程量清单，编制招标文件	调研，熟悉图纸，小组分工	
3	1	准备资格预审	获取投标报名表，填资格预审资料，申请预审	
4	1	资格预审，发招标文件	获取招标文件，勘察现场	
5	3~5	答疑，编最高限价	参加答疑，编制施工组织设计	
6	3~5		编制投标报价	
7	1	发布最高限价	编制投标文件、投标	
8	1	开标、评标		
9	1	发布中标通知书		
10	1	签订承包合同	优胜组签订合同	
11		答辩	答辩	
12		教师总结		

五、设计原始资料

（1）一套某办公楼单位土建工程施工图纸。

（2）有关的标准图集、图册。

（3）国家工期定额。

（4）《建设工程施工合同（示范文本)》。

（5）《××省建筑与装饰工程计价表》及《建设工程工程量清单计价规范》。

（6）国家有关招投标的规定。

（7）现行调价文件。

（8）现行费用规定。

六、设计成果

（一）招标小组

一份完整的建设工程施工招标文件与招标控制价表。

（1）封面。

（2）总说明。

（3）分部分项工程量清单与计价表。

（4）措施项目清单与计价表。

（5）其他项目工程量清单与计价表。

（6）工程量计算表。

（二）投标小组

一份完整的投标文件。

（1）投标书。

（2）投标保证金。

（3）投标书附录。

（4）法定代表人资格证明。

（5）授权委托书。

（6）投标报价。

（7）施工组织设计（施工方案）。

（8）工程量计算表。

七、设计期间的基本要求（略）

八、成绩评价标准

课程设计的成绩由日常考核、设计成果考核、小组考核三方面综合评价组成，详见表2。

表2　成绩综合评价表

序号	姓名	日常表现（25%）	小组合作情况（25%）	任务考核（50%）	综合评价
1					
2					
3					
4					
5					
...					

参考文献

[1] 卢谦. 建设工程招投标与合同管理 [M]. 2 版. 北京：知识产权出版社，2005.

[2] 刘仲莹. 建设工程招标投标 [M]. 南京：东南大学出版社，2007.

[3] 全国造价工程师考试培训教材编审组. 工程造价案例分析 [M]. 北京：中国计划出版社，2014.

[4] 成虎. 土木工程合同管理 [M]. 北京：中国建筑工业出版社. 2005.

[5] 曲修山，何红峰. 建设工程施工合同纠纷处理实务 [M]. 北京：知识产权出版社，2004.

[6] 严玲，尹贻林. 工程造价导论 [M]. 天津：天津大学出版社，2004.

[7] 林密. 工程项目招投标与合同管理 [M]. 3 版. 北京：高等教育出版社，2013.

[8] 危道军. 招投标与合同管理实务 [M]. 北京：高等教育出版社，2005.

[9] 史商于，陈茂明. 工程招投标与合同管理 [M]. 北京：科学出版社，2004.

[10] 全国招标师职业水平考试辅导教材指导委员会. 招标采购专业实务 [M]. 北京：中国计划出版社，2009.

[11] 江苏省建设厅. 江苏省建筑与装饰工程计价定额 [M]. 北京：知识产权出版社，2014.

[12] 中华人民共和国住房与城乡建设部标准定额研究所.《建筑工程工程量清单计价规范》宣贯辅导教材 [M]. 北京：中国计划出版社，2013.

[13] 中华人民共和国住房与城乡建设部. GB 50500—2013 建筑工程工程量清单计价规范 [M]. 北京：中国计划出版社，2013.

[14] 全国建设工程招标投标从业人员培训教材编写委员会. 建设工程施工发包承包价格 [M]. 北京：中国计划出版社，2002.

[15] 中华人民共和国住房与城乡建设部. 中华人民共和国标准施工招标资格预审文件（2007 年版）[M]. 北京：中国建筑工业出版社，2009.

[16] 中华人民共和国住房与城乡建设部. 中华人民共和国标准施工招标文件（2007 年版）[M]. 北京：中国建筑工业出版社，2009.